高职高专规划教材

U0367835

建筑装饰材料

质量控制与检测

朱波 姚通稳 主编

田炳忠 唐越 副主编

化学工业出版社

·北京·

本书共分十一章，内容涉及陶瓷、石材、木质制品、胶凝材料等建筑装饰材料的质量控制与检测，主要介绍各种建筑装饰材料的质量控制指标、要求及其检测方法等内容。通过本课程的学习，可掌握建筑装饰材料及相关装饰工程的质量验收技术指标、重要参数以及验收手段，进一步提高对装饰材料质量的判断和选用能力。

本书主要用作高职高专建筑装饰材料及检测专业的教材，也可作为工业与民用建筑、装饰装潢等相关专业教材，还可作为从事建筑装饰行业的专业技术人员的学习参考书和培训教材。

图书在版编目（CIP）数据

建筑装饰材料质量控制与检测/朱波，姚通稳主编.
北京：化学工业出版社，2009.5（2023.2重印）
高职高专规划教材
ISBN 978-7-122-05099-1

Ⅰ. 建… Ⅱ. ①朱…②姚… Ⅲ. ①建筑材料：装饰
材料-质量控制-高等学校：技术学院-教材 ②建筑材
料：装饰材料-质量检验-高等学校：技术学院-教材
Ⅳ. TU56

中国版本图书馆 CIP 数据核字（2009）第 039272 号

责任编辑：王文峡　　　　　　　　　文字编辑：郑　直
责任校对：徐贞珍　　　　　　　　　装帧设计：尹琳琳

出版发行：化学工业出版社（北京市东城区青年湖南街 13 号　邮政编码 100011）
印　　装：北京七彩京通数码快印有限公司
787mm×1092mm　1/16　印张 15½　字数 380 千字　2023 年 2 月北京第 1 版第 5 次印刷

购书咨询：010-64518888　　　　　　　售后服务：010-64518899
网　　址：http://www.cip.com.cn
凡购买本书，如有缺损质量问题，本社销售中心负责调换。

定　　价：45.00 元

前　言

随着建筑材料行业的蓬勃发展，建筑装饰材料已经成为当今建筑业品种最多、用量最大、使用范围最广的材料之一。建筑装饰材料已经从建筑材料学科中独立出来，为适应这一变化，许多高等职业技术学院开设了建筑装饰材料及检测专业，但作为新办专业，在课程设置和可选用教材方面仍有不足。为了满足当前建筑装饰材料及检测专业职业教育的需要，我们特编写《建筑装饰材料质量控制与检测》教材，与其他相关专业课程共同组成一套比较完整的建筑装饰材料及检测专业教材。

建筑装饰材料质量控制与检测作为建筑装饰材料及检测专业的一门专业技术课程，主要介绍各种建筑装饰材料的质量控制指标、要求及其检测方法等内容，并通过建筑装饰材料质量的检测进一步加强对装饰材料质量的判断和选用能力。通过本课程的学习，可掌握相关装饰工程质量验收规范和验收过程，掌握质量验收的技术指标、重要参数以及验收的手段。本课程是本专业的必修课程，是将来从事材料生产、装饰工程质量监督、管理的重要基础。

本教材在编写过程中，根据教育部高职高专职业能力的培养目标要求，注重理论知识适度，更加注重学生能力的培养，力求突出教材的实用性，体现能力本位的教学思想。本教材结合常用建筑装饰材料，并注重国内外建筑装饰材料的发展动态，介绍建筑装饰材料质量控制与检测的新技术、新标准、新方法，符合教育部《关于加强高职高专人才培养工作意见》中的要求，能够反映当前装饰材料先进水平和现行岗位资格的要求，以应用为目的，"以必需、够用为度，专业课教学针对性和实用性特征明显；实践教学占有较大比重，形成以培养学生职业技能、职业综合能力和职业素质为目的并与教学体系有机结合的实践教学体系，能满足培养目标中对能力培养标准的要求，并与国家职业资格鉴定接轨。

本教材作为建筑装饰材料及检测专业的专业课程，注意与其他课程的衔接，在保持教材内容完整性的同时，尽量避免不必要的重复。根据职业技术教育的特点，弱化理论与公式推导等内容，尽量深入浅出，以通俗易懂的语言阐述，便于学生学习。学习本课程必须重视理论联系实际，注意将课堂学习、讨论和现场教学紧密结合起来，努力培养认识问题和解决问题的能力。

本教材由昆明冶金高等专科学校朱波和山西综合职业技术学院姚通稳担任主编，河北广厦建筑工程检测有限公司田炳忠和昆明冶金高等专科学校唐越担任副主编，其他参加教材编写的教师有王颖莉、李文宇、赵北龙和张虹。各章节执笔人员如下：朱波，第1章和第11章；姚通稳，第6章和第10章；田炳忠，第2章；唐越，第5章；张虹，第7章；王颖莉，第4章和第9章；李文宇，第3章；赵北龙，第8章。

作为与实际建筑装饰工程紧密相关的课程，建筑装饰材料涉及的内容很多。由于本教材也是第一次编写，编者时间仓促、水平有限，在编写过程中疏漏与欠妥之处在所难免，敬请广大读者和使用本教材的广大师生不吝指正。

编　者

2009 年 5 月

目　录

1 绪 论

随着国民经济的持续增长，房地产业、建筑业的健康发展，人民生活水平的提高，以及建筑材料行业新技术、新品种的不断出现，"十一五"期间，我国建筑装饰行业仍将保持较高的发展速度。预计到 2010 年全行业实现工业产值将达到 2 万亿元，建筑装饰企业拥有广阔的发展空间。

1.1 建筑装饰材料的功能与发展

现代建筑要求设计新颖、功能合理、设施先进、装饰美观，这就需要品种多样、性能优良、造型美观及保护环境的建筑装饰材料。近年来，我国的建筑装饰材料从品种规格、质量档次、数量规模等各方面都有长足的发展。建筑装饰的目的是美化建筑空间环境，同时实现一些功能，如耐久、防火、防霉、隔热保温、隔声等，而建筑装饰材料对建筑物的室内外装饰效果和功能有着很大的影响。

1.1.1 建筑装饰材料的功能

建筑物的装饰设计效果除了与它的立面造型、空间尺度和功能分区等建筑设计手法和建筑风格有关以外，还与建筑物中所选用的装饰材料有着重要的联系。由于建筑饰面的装饰效果往往是通过材料的色调、质感和形状尺寸来表现的，因而装饰材料的首要作用就是装饰建筑物、美化室内外环境。材料的质感是指材料表面质地给人的感觉，如材料表面的粗糙度、光泽度等，在光线的照射下会给人不同的感觉，产生不同的艺术效果。

建筑装饰材料的功能是兼顾建筑物的美观和对建筑物的保护作用。建筑物的外墙和屋顶是直接与大自然接触的，在长期使用过程中经常会受到日晒、雨淋、风吹、冰冻等作用，也经常会受到腐蚀性气体和微生物的侵蚀，使其出现粉化、裂缝，甚至脱落等现象，影响到建筑物的耐久性。选用材料性能适当的室外装饰材料，不仅能对建筑物起到良好的装饰功能，且能有效地提高建筑物的耐久性，降低维修费用。一些新型、高档装饰材料除了具有装饰、保护作用之外，往往还具有某方面的优异适用功能。如现代建筑中大量采用的吸热玻璃和热反射玻璃，可以吸收或反射太阳辐射热能的 30% 以上，国际上流行的高效能中空玻璃（即在室外一侧玻璃的内表面镀金属膜层）能使进入室内的太阳辐射热减少 40%～70%，同时还具有防结露（可在 -40℃ 使用）和隔声（降低 30dB 以上）等功能。

室内装饰主要指内墙装饰、地面装饰和顶棚装饰。室内装饰的目的是美化并保护主体结构，创造一个舒适、整洁、美观的生活和工作环境。室内装饰材料除了具有装饰功能和保护功能外，还具有室内环境调节功能，如浴室的地面应有防滑、防水的作用，舞厅的墙面必须具备防火和隔声功能等。内墙和顶棚装饰材料常应有良好的适用功能，如发泡壁纸具有耐擦洗、吸声功能；纸面石膏纸、石膏装饰板兼有防火、隔声、调节室内空气的相对湿度、改善使用环境等多种功能。地面装饰的目的是为了保护基底材料并达到装饰效果，满足使用要求。如木地板、塑料地板、地毯等，不仅美观，而且能给人以温暖舒适的感觉和舒服的脚感，同时还具有保温、隔热、防潮、隔声与吸声等功能，以改善室内的生活环境。

由于建筑装饰材料大多数是用在各种基体的表面上，常常会受到室内外各种不利因素的作用，所以装饰材料还能够保护建筑基体不受或少受这些不利因素的影响，从而起到保护建筑物、延长建筑物使用寿命的作用，这就要求建筑装饰材料应该具有较好的耐久性。总之，建筑装饰材料不仅要有较好的装饰美化作用和保护建筑物的作用，而且还应具备相应的装饰使用功能，满足建筑装饰场所的功能需要。

1.1.2　建筑装饰材料的发展趋势

建筑装饰材料的使用已有几千年的历史了，装饰性很好的各种建筑琉璃制品与闪闪发光的金箔在许多古建筑中被广泛地使用，各种天然的花岗岩和大理石将古罗马时期庙宇神坛装饰得富丽堂皇，古代劳动人民创造和使用的这些建筑装饰材料为世界建筑材料宝库增添了精彩的内容。但由于受当时生产技术水平低下和森严的社会等级制度的限制，古代的装饰材料不仅品种较少、功能单一，而且使用范围只局限于皇家贵族使用的建筑中。随着社会生产力的发展和人类文明的进步，现代装饰材料的品种不仅大大增加，而且装饰材料的性能也越来越好，人们可选用的装饰材料范围十分宽广。现在一户普通家庭装饰中所使用的装饰材料就有上百个品种。

由于历史的原因，我国现代装饰材料的发展在 20 世纪 80 年代前已落后于世界发达国家，材料的品种少、档次低。但是从 80 年代后，随着改革开放的不断深入，我国从国外引进了两千多项装饰材料的生产技术和设备，这些设备的投产使用将我国现代装饰材料的生产和使用水平提高到了一个新的水平。通过我国建筑装饰材料科技工作者的不断努力，现代装饰材料的新品种如雨后春笋般不断涌现。我国目前已形成了品种全、档次高的装饰材料制造体系，已能为星级宾馆提供全套的装饰材料和设备，有些装饰材料已打入到国际市场中。我国新型装饰材料从数量、质量、品种、性能、规格和档次等各方面都已进入了新的时期，今后一段时间内，建筑装饰材料将向以下几个方向发展。

(1) 高性能　研制轻质、高强度、高耐久性、高保温性、高抗震性、高防火性、高吸声性及优异防水性的建筑装饰材料，对提高建筑物的艺术性、安全性、适用性、经济性及使用寿命等有着非常重要的作用。

(2) 复合化、多功能化、预制化　利用复合技术生产多功能材料、特殊性能材料及预制的装饰材料，对提高建筑物的艺术效果、使用功能、经济性及加快施工速度等有着十分重要的作用。主体结构、设备和装饰材料合而为一的预制构件正在发展中。如由浴缸、坐便器、洗面盆、墙地面、吊顶组成的标准盒子卫生间等，极大地加快了施工速度，一些企业开发出了外墙饰面砖铺贴在混凝土墙板上的复合墙体。

(3) 绿色环保　有些装饰材料在使用时会产生对人体有毒副作用的物质，2002 年国家标准化管理委员会负责制定实施的"室内装饰装修材料有害物质限量"国家标准，对我国装饰装修材料提高档次，促进产品质量不断提高，将室内污染危害降到最低限度，保障人体健康和人身安全，具有重要意义。

1.2 建筑装饰材料的分类

装饰材料品种繁多，现代装饰材料的发展速度又十分迅速，材料品种的更新换代速度异常迅猛，要掌握和了解每种材料是很难实现的，只有按其材料类别才能弄清各种装饰材料的基本性能和共同特点。因此，建筑装饰材料的分类具有十分重要的意义。

建筑装饰材料的分类方法较多，常见的分类方法有以下几种。

1.2.1 按材料的材质分类

无机材料：如石材、陶瓷、玻璃、不锈钢、铝型材、水泥等装饰材料。

有机材料：如木材、塑料、有机涂料等装饰材料。

复合材料：如人造大理石、彩色涂层钢板、铝塑板、真石漆等装饰材料。

1.2.2 按材料在建筑物中的装饰部位分类

外墙装饰材料：如天然石材、人造石材、建筑陶瓷、玻璃制品、水泥、装饰混凝土、外墙涂料、铝合金蜂窝板、铝塑板、铝合金-石材复合板等。

内墙装饰材料：如石材、内墙涂料、墙纸、墙布、玻璃制品、木制品等。

地面装饰材料：如地毯、塑料地板、陶瓷地砖、石材、木地板、地面涂料、抗静电地板等。

顶棚装饰材料：如石膏板、纸面石膏板、矿棉吸声板、铝合金板、玻璃、塑料装饰板及各类顶棚龙骨材料等。

屋面装饰材料：如聚氨酯防水涂料、玻璃、玻璃砖、陶瓷、彩色涂层钢板、卡普隆阳光板、玻璃钢板等。

1.2.3 按材料的燃烧性能情况分类

A级材料：具有不燃性，如装饰石膏板、花岗岩、大理石、玻璃等。

B1级材料：具有难燃性，如装饰防火板、阻燃塑料地板、阻燃墙纸等。

B2级材料：具有可燃性，如胶合板、木工板、墙布等。

B3级材料：具有易燃性，如油漆、酒精、香蕉水等。

1.2.4 按建筑装饰材料的用途分类

骨架材料：如天棚木龙骨、铝合金龙骨和轻钢龙骨等。

饰面材料：如大理石、玻璃和铝合金装饰板等。

胶黏剂：如塑料地板胶黏剂、塑料管道胶黏剂和多用途建筑胶黏剂。

1.2.5 按建筑装饰材料性状分类

抹灰材料：如水泥砂浆、水刷石、水磨石等。

块材：如花岗岩、预制水磨石板、瓷砖及无釉面砖等。

板材：如石膏板、宝丽板、胶合板及镁铝曲板等。

油漆涂料：如803内墙涂料、过氯乙烯外墙涂料及氯化橡胶涂料等。

1.3 建筑装饰材料的相关技术标准

要对建筑材料进行现代化的科学管理，必须对材料产品的各项技术性能制定统一的执行标准。建筑材料的标准，是企业生产的产品质量是否合格的依据，也是供需双方对产品质量进行验收的依据。

目前，中国常用的标准有国家标准和行业标准，各级标准分别由相应的标准化管理部门批准并颁布。国家标准和行业标准是全国通用标准，是国家指令性文件，各级生产、设计、施工部门必须严格遵照执行。

1.3.1　国家标准

国家标准有强制性标准（代号 GB）和推荐性标准（代号 GB/T）。对强制性国家标准，任何技术（或产品）不得低于规定的要求；对推荐性国家标准，表示也可执行其他标准的要求。例如：《建筑材料放射性核素限量》（GB 6566—2001），其中"GB"为国家标准的代号，"6566"为标准的编号，"2001"为标准的颁布年份；《室内装饰装修材料人造板及其制品中甲醛释放限量》（GB/T 18580—2001），其中"GB"为国家标准的代号，"T"为推荐性标准，"18580"为标准的编号，"2001"为标准的颁布年份。

1.3.2　行业标准

建筑材料的行业标准主要有建材行业标准（代号 JC）、建工行业标准（代号 JG）、冶金部行业标准（代号 YB）、建工行业工程建设标准（代号为 JGJ）等。例如：《天然大理石建筑板材》（JC/T 79—2001），"JC"为建材行业标准的代号，"T"为推荐性标准，"79"为标准的编号，"2001"为标准的颁布年份（颁布年代为 2001 年）；《混凝土拌和用水标准》（JGJ 63—89），"JGJ"为建工行业工程建设标准的代号，"163"为标准的编号，"89"为标准的颁布年份（颁布年代为 1989 年）。

1.4　建筑装饰材料检测的目的

建筑装饰材料检测就是根据有关标准的规定和要求，采取科学合理的检测手段，对建筑装饰材料的性能参数进行检验和测定的过程。

建筑装饰材料的品种很多，形态各异，性能相差很大。建筑装饰材料质量、性能的好坏直接影响工程质量。要判断建筑装饰材料的质量好坏，必须对建筑装饰材料进行检测。近年来，人们对环保装修的重视不断提高，又增加了对建筑装饰材料污染控制与检测。

建筑装饰材料的检测，主要分为生产单位检测和施工单位检测两方面。生产单位检测的目的，是通过测定材料的主要质量指标，判定材料的各项性能是否达到相应的技术标准规定，以评定产品的质量等级，判断产品质量是否合格，确定产品能否出厂。施工单位的检测是采用规定的抽样方法，抽取一定数量的材料送交具备相应资质等级的检测机构进行检测。其主要目的是对建筑装饰材料的主要技术指标进行检测，判定材料的各项性能是否符合质量等级的要求，即是否合格，以确定该批建筑装饰材料能否用于工程中。

对建筑装饰材料检测，不仅是评定和控制建筑装饰材料质量、施工质量的手段和依据，而且也是推动科技进步、合理选择使用建筑装饰材料、降低生产成本、提高企业经济效益的有效途径。

2 建筑装饰材料检测基础知识

【本章要点】 熟悉并掌握国际单位制、数值的修约规则、误差理论，了解不确定度的基本知识，掌握建筑装饰材料的各种基本性质。

2.1 法定计量单位及其应用

法定计量单位是政府以法令的形式，明确规定要在全国范围内采用的计量单位。

2.1.1 我国法定计量单位及使用方法

我国现行法定计量单位是国务院于 1984 年 2 月 27 日颁布的《关于在我国统一实行法定计量单位的命令》所规定的《中华人民共和国法定计量单位》。我国的法定计量单位由以下部分组成。

① 国际单位制的基本单位；
② 包括辅助单位在内的具有专门名称的国际单位制导出单位；
③ 国家选定作为法定计量的非国际单位制单位；
④ 由以上单位构成的组合形式的单位；
⑤ 由国际单位制词头和以上单位构成的十进倍数和分数单位。

2.1.2 法定计量单位的名称与符号

2.1.2.1 国际单位制的基本单位（SI 基本单位）

见表 2-1。

表 2-1 国际单位制的基本单位

量的名称	单位名称	单位符号	量的名称	单位名称	单位符号
长度	米	m	热力学温度	开[尔文]	K
质量	千克(公斤)	kg	物质的量	摩[尔]	mol
时间	秒	s	发光强度	坎[德拉]	cd
电流	安[培]	A			

注：1. [ ] 内的字，是在不致混淆的情况下，可以省略的字。
2. ( ) 内的词，是前者的同义词。
3. 人民生活和贸易中，质量习惯称为重量。

2.1.2.2 包括辅助单位在内的具有专门名称的国际单位制导出单位

见表 2-2。

表 2-2 国际单位制导出单位

量的名称	单位名称	单位符号	其他表示示例	量的名称	单位名称	单位符号	其他表示示例
平面角	弧度	rad		电导	西[门子]	S	A/V
立体角	球面度	sr		磁通量	韦[伯]	Wb	V·s
频率	赫[兹]	Hz	S^{-1}	磁通量密度,磁感应强度	特[斯拉]	T	Wb/m^2
力,重力	牛[顿]	N	$kg·m/s^2$	电感	亨[利]	H	Wb/A
压力,压强,应力	帕[斯卡]	Pa	N/m^2	摄氏温度	摄氏度	℃	
能量,功,热	焦[耳]	J	N·m	光通量	流[明]	lm	cd·sr
功率,辐射通量	瓦[特]	W	J/s	光照度	勒[克斯]	lx	$1m/m^2$
电荷量	库[仑]	C	A·s	放射性活度	贝可[勒尔]	Bq	s^{-1}
电压,电动势,电位	伏[特]	V	W/A	吸收剂量	戈[瑞]	Gv	J/kg
电容	法[拉]	F	C/V	剂量当量	希[沃特]	Sv	J/kg
电阻	欧[姆]	Ω	V/A				

2.1.2.3 国家选定的非国际单位制单位

见表 2-3。

表 2-3 国家选定的非国际单位制单位

量的名称	单位名称	单位符号	换算关系和说明
时间	分	min	1min＝60s
	[小]时	h	1h＝60min＝3600s
	日(天)	d	1d＝24h＝86400s
平面角	[角]秒	(″)	1″＝(π/648000)rad(π 为圆周率)
	[角]分	(′)	1′＝60″＝(π/10800)rad
	度	(°)	1°＝60′＝(π/180)rad
旋转速度	转每分	r/min	1r/min＝(1/60)s^{-1}
长度	海里	nmile	1nmile＝1.852km(只用于航程)
速度	节	kn	1kn＝1 n mile/h＝(1852/3600)m/s(只用于航行)
质量	吨	t	1t＝10^3kg
	原子质量单位	u	1u≈1.6605655×10^{-27}kg
体积	升	L,(l)	1L＝1dm^3＝$10^{-3}m^3$
能	电子伏	eV	1eV≈1.6021892×10^{-19}J
级差	分贝	dB	
线密度	特[克斯]	tex	1tex＝1g/km
土地面积	公顷	hm^2	1hm^2＝10^4m^2

2.1.2.4 国际单位制词头

见表 2-4。

表 2-4 国际单位制词头

所代表的因数	词头名称		词头符号	所代表的因数	词头名称		词头符号
	中文名称	外文名称			中文名称	外文名称	
10^{24}	尧[它]	yotta	Y	10^{-1}	分	deci	d
10^{21}	泽[它]	zetta	Z	10^{-2}	厘	centi	c
10^{18}	艾[可萨]	exa	E	10^{-3}	毫	milli	m
10^{15}	拍[它]	peta	P	$10^{-6}=ppm$	微	micro	μ
10^{12}	太[拉]	tera	T	10^{-9}	纳[诺]	nano	n
10^{9}	吉[咖]	giga	G	10^{-12}	皮[可]	pico	p
10^{6}	兆	mega	M	10^{-15}	飞[母托]	femto	f
10^{3}	千	kilo	k	10^{-18}	阿[托]	atto	a
10^{2}	百	hecto	h	10^{-21}	仄[普托]	zepto	z
10^{1}	十	deca	da	10^{-24}	幺[科托]	yocto	y

2.1.2.5 我国常用法定计量单位的名称与符号

见表 2-5。

表 2-5 我国常用法定计量单位的名称与符号

序号	量的名称	量的符号	单位名称	单位符号	附注
1	长度	$l(L)$	千米(公里)	km	
			米	m	
			厘米	cm	
			毫米	mm	
			微米	μm	
2	面积	A	平方米	m^2	
			平方厘米	cm^2	
			平方毫米	mm^2	
3	体积	V	立方米	m^3	
			升	L(l)	$1L=1dm^3$
			毫升	mL	
4	平面角	α,β	弧度	rad	
			度	(°)	$1°=(\pi/180)rad$
			分	(′)	$1°=60'$
			秒	(″)	$1'=60''$
5	立体角	Ω	球面度	sr	
6	时间	t	天(日)	d	
			[小]时	h	
			分	min	
			秒	s	
7	速度	v	米每秒	m/s	
8	加速度	a	米每二次方秒	m/s^2	

续表

序号	量的名称	量的符号	单位名称	单位符号	附注
9	频率	f	赫[兹]	Hz	
10	旋转速度	n	转每分	r/min	
11	质量	m	吨	t	
			千克(公斤)	kg	
			克	g	
			毫克	mg	
12	密度	ρ	吨每立方米	t/m^3	
			克每立方厘米	g/cm^3	
13	线密度	ρ_1	千克每米	kg/m	
14	力	F	牛[顿]	N	1kgf=9.80665N
15	重力	G	牛[顿]	N	
16	压强,应力	p	帕[斯卡]	Pa	$1Pa=1N/m^2$
17	材料强度	f	帕[斯卡]	Pa	$1kgf/cm^2=0.0980665MPa$
18	[动力]黏度	$\eta(\mu)$	帕[斯卡]秒	Pa·s	
19	运动黏度	ν	二次方米每秒	m^2/s	
20	功,能[量]	W	焦[耳]	J	1kgf·m=9.80665J
			千瓦小时	kW·h	1kW·h=3.6MJ
21	功率	P	瓦[特]	W	1kcal/h=1.163W
22	温度	T	开[尔文]	K	热力学温度与摄氏温度的间隔相等
			摄氏度	℃	
23	热[量]	Q	焦[耳]	J	1cal=4.1868J
24	热导率	λ	瓦[特]每米开	W/(m·K)	1kcal/(m·h·℃)
25	传热系数	K	瓦[特]每平方米开[尔文]	W/(m²·K)	1kcal/(m²·h·℃)
26	热阻	R	平方米开[尔文]每瓦	m²·K/W	
27	比热容	C	千焦[耳]每千克开[尔文]	kJ/(kg·K)	1kcal/(kg·℃)
28	电流	I	安[培]	A	
29	电荷[量]	Q	库[仑]	C	
30	电位	V	伏[特]	V	
	电压	U			
	电压势	E			
31	电容	C	法[拉]	F	
32	电阻	R	欧[姆]	Ω	
33	磁场强度	H	安[培]每米	A/m	
34	发光强度	$I(I_v)$	坎[德拉]	cd	
35	声压级差	L	分贝	dB	

注:1. [ ]内的字,是在不致混淆的情况下,可以省略的字;

2. ( )内的字,是前者的同义字;

3. 摄氏温度(T)与热力学温度(T_0)的换算关系为:$T=T_0-273.15$。

2.2 误差分析与数值修约

2.2.1 概述

在科学试验中，当测试一个现象中的某一性质，或对现象某一性质作一系列测量时，一方面必须对所测对象进行分析研究，选择适当的测试方法，估计所测结果的可靠程度，并对所测数据给予合理的解释；另一方面，还必须将所得数据进行归纳整理，以一定的方式表示出各数值之间的相互关系。前者需要误差理论方面的基础知识，后者需要数据处理的基本技术。关于误差理论、概率论和数理统计这些原理本身的讨论以及公式的推导，在有关专著中都有详细叙述。本章的目的在于如何运用这些原理解决测试的一些具体问题，至于原理本身，必要时仅作简要介绍。

2.2.1.1 误差的种类

任何一种测试工作都必须在一定的环境下，通过测试工作者用一定的测试仪表或工具来进行的。但是，无论测试仪表多么精密，测试方法多么完善，测试者多么细心，所测得的结果都不可避免要产生误差，即误差的存在是绝对的，不能也不可能完全消除它。随着科学水平、测试技术水平和测试技术的不断提高和发展，人们只能使测量值逐步逼近客观存在的真值。

根据误差产生的原因，可将误差分为下述三类：即过失误差、系统误差和偶然误差。

(1) 过失误差 这是一种显然不符合实际的误差，完全是由于测试者的粗心大意、操作错误、记录错误等所致。此种误差无规律可循，只有通过认真细致的操作去力求避免，或对同一物理量重复多次测量，在整理数据时经过分析予以剔除。

(2) 系统误差 系统误差是指在测试中由于测试系统不完善，如仪表设备校正误差、测试方法不得当、测试环境的变化（如外界温度、压力、湿度变化），以及观测者的习惯性误差。一般来说系统误差的出现往往是有规律的，它可能是符号和数值都不变的一个定值，也可能是一个按某一规律改变其大小和符号的变值，它不能依靠增加量测次数的方法使之减小或消除。通过实验前对仪表的校验调整、实验环境的改善和测试人员技术水平的提高以及实验数据的修正，可以减少甚至消除系统误差。

(3) 偶然误差 当消除引起系统误差的一些因素后，在测试中仍会有许多随机因素，使测试数据波动不稳，这种误差即为偶然误差。这些随机因素包括了测试环境和条件不稳定（温度、湿度、气压、电压的少量波动）、仪表设备不稳定、测试数据的不准确等。偶然误差表面看来无规律可循，有随机性，无法防止，但对同一物理量用增加量测次数的方法，可以发现该误差服从统计规律。因此，实际工作中可以根据误差理论，适当增加量测次数减少该误差对测量结果的影响。

偶然误差的大小，决定了测量工作的精确度，因此它是误差理论的研究对象。

2.2.1.2 精确度与准确度

精确度（也称精密度或精度），是指多次测量时，各次量测数据最接近的程度。准确度则表示所测数值与真值相符合的程度。在一组测量值中，若其准确度越好，则精确度一定也高；但是若精确度很高，则准确度不一定很好。这一点可以用打靶的实例说明：图 2-1 中 (a) 表示精确度准确度都很好；(b) 表示精确度很好，但准确度不高；而 (c) 中各点分散，表示准确度与精确度都不好。

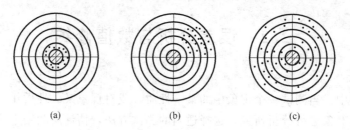

图 2-1　精确度与准确度的打靶实例

2.2.1.3　误差的表示方法

由于测试仪器、测试条件和人为因素，严格说来，真值是无法求得的。在实验科学中，每次测试所得的值都不可避免地与真值有差异。测量值与真值的差异称为误差。若令其真值为 x，测量值为 x_0，则误差可用下值表示。

$$\Delta x = x - x_0 \tag{2-1}$$

这里的 Δx 称为绝对误差。在实际工作中，常用相对误差 e 来表示测量精度。相对误差 e 可用下式表示（常用百分数表示）。

$$e = \frac{\Delta x}{x_0} \times 100\% \tag{2-2}$$

误差 Δx 可以为正值或负值，但 Δx 与 x_0 相比，Δx 是很小的，即 $|\Delta x| \ll |x_0|$。这样可近似将 x 看成 x_0，因而相对误差可近似地记为：

$$e = \frac{\Delta x}{x} \times 100\% \tag{2-3}$$

2.2.1.4　真值与平均值

真值，是指一个现象中物理量客观存在的真实数值。严格说来，由于各种主客观的原因，真值是无法测得的。在实验科学中，为了使真值这个概念具有实际的含义，通常可以这样来定义实验科学中的真值：在没有过失误差和系统误差的情况下，无限多次的观测值的平均值即为真值。在实际测试中不可能观测无限多次，故用有限测试次数求出的平均值，只能是近似值，称之为最佳值或平均值。

常用的平均值有算术平均值、均方根平均值、加权平均值、中位值、几何平均值等。

（1）算术平均值　算术平均值是最常用的一种平均值。在一组等精度的量测中，算术平均值是最接近真值的最佳值。

设某一物理量的一组观测值为 x_1，x_2，$\cdots$，x_n，n 表示观测的次数，则其算术平均值为

$$\bar{x} = \frac{x_1 + x_2 + \cdots + x_n}{n} = \frac{1}{n}\sum_{i=1}^{n} x_i \tag{2-4}$$

（2）加权平均值　当同一物理量用不同的方法去测定，或由不同的人去测定时，常对可靠的数值予以加权平均，称此平均值为加权平均值。其定义是

$$\bar{x}_k = \frac{k_1 x_1 + k_2 x_2 + \cdots + k_n x_n}{k_1 + k_2 + \cdots + k_n} = \frac{\sum\limits_{i=1}^{n} k_i x_i}{\sum\limits_{i=1}^{n} k_i} \tag{2-5}$$

式中，$k_1 + k_2 + \cdots + k_n$ 代表各观测值的对应的权，其权数可依据经验多少、技术高低

而给定。

（3）中位值　中位值是将同一状态物理量的一组测试数据按一定的大小次序排列起来的中间值。若遇测试次数为偶数，则取中间两个值的平均值。该法的最大优点是简单，与两端变化无关。只有观测值的分布呈正态分布时，它才能代表一组观测值的近似真值。

上述之各种平均值的计算方法，其目的都是企图在一组测试数据中找出最接近真值的那个值，即最佳值。平均值的选择主要取决于一组观测数据的分布类型。以后讨论的重点都是指正态分布类型且平均值将以算术平均值为主。

2.2.2　数值修约

根据中华人民共和国国家标准《数值修约规则》（GB 8170—87）规定，该标准适用于科学技术与生产活动中试验测定和计算得出的各种数值。需要修约时，除另有规定者外，应按本标准给出的规定进行。

2.2.2.1　有效数字

（1）（末）的概念　所谓（末），指的是任何一个数最末一位数字所对应的单位量值。例如：用分度值为 1mm 的钢卷尺测量某物体的长度，测量结果为 19.8mm，最末一位的量值 0.8mm，即为最末一位数字 8 与其所应的单位量值 0.1mm 的乘积，故 19.8mm 的（末）为 0.1mm。

（2）有效数字的概念　人们在日常生活中接触到的数，有准确数和近似数。对于任何数，包括无限不循环小数和循环小数，截取一定位数后所得的即是近似数。同样，根据误差公理，测量总是存在误差，测量结果只能是一个接近于真值的估计值，其数字也是近似数。

【例 2-1】　将无限不循环小数 $\pi=3.14159\cdots\cdots$ 截取到百分位，可得到近似数 3.14，则此时引起的误差绝对值为：

$$|3.14-3.14159\cdots\cdots|=0.00159\cdots\cdots$$

近似数 3.14 的（末）为 0.01，因此 0.5（末）$=0.5\times0.01=0.005$，而 $0.00159\cdots\cdots$ <0.005，故近似数 3.14 的误差绝对值小于 0.5（末）。

由此可以得出关于近似数有效数字的概念：当该近似数的绝对误差的模小于 0.5（末）时，从左边的第一个非零数字算起，直到最末一位数字为止的所有数字。根据这个概念，3.14 有 3 位有效数字。

测量结果的数字，其有效位数代表结果的不确定度。例如：某长度测量值为 19.8mm，有效位数为 3 位；若是 19.80mm 则有效位数为 4 位。它们的绝对误差的模分别小于 0.5（末），即分别小于 0.05mm 和 0.005mm。

显而易见，有效位数不同，它们的测量不确定度也不同，测量结果 19.80mm 比 19.8mm 的不确定度要小。同时，数字右边的"0"不能随意取舍，因为这些"0"都是有效数字。

2.2.2.2　数据修约

对某一拟修约数，根据保留数位的要求，将其多余位数的数字进行取舍，按照一定的规则，选取一个其值为修约间隔整数倍的数（称为修约数）来代替拟修约数，这一过程称为数据修约，也称为数的化整或数的凑整。为了简化计算，准确表达测量结果，必须对有关数据进行修约。

修约间隔又称为修约区间或化整间隔，它是确定修约保留位数的一种方式。修约间隔一般以 $k\times10^n$（$k=1$，2，5；n 为正、负整数）的形式表示。人们经常将同一 k 值的修约间隔，简称为"k"间隔。

一个数值一经确定了修约间隔，则修约后的数值一定是修约间隔的整数倍。其进舍的规则：当拟舍取数字的最左一位数小于 5 则舍，大于 5 则进；当等于 5 或 5 后面皆为 0 时，所保留的末位数为奇数（1，3，5，7，9）则进，偶数（2，4，6，8，0）则舍。这就是所谓的"四舍六入五单双"。

【例 2-2】 修约间隔为 0.001。

1.0005 依据国标修约规则，修约后的值应为 1.000。

【例 2-3】 修约间隔为 0.01。

1.005000001 依据国标修约规则，修约后的值应为 1.01。

【例 2-4】 修约间隔为 5。

142.002 依据国标修约规则，先将 142.532 乘以 2，得 284.04，修约到十位数为 280，再除以 2，则修约后的值应为 140。

国标中还规定：拟修约的数值应一次修约，不得连续修约。

【例 2-5】 修约间隔为 0.01。

1.014501 修约为 1.01（正确）。

1.014501 先修约为 1.015，再修约为 1.02（错误）。

2.2.2.3 数据修约的电算化

任何测量中的数据是形成检测结果以及形成最终结论的重要组成部分，大部分的检测数据只是中间结果，需要通过计算才能得出最终结果。在计算过程中，必须进行数据的修约，正确的检测过程、数据修约是形成正确检测结论的基础，为了提高数据处理的速度和准确性，可更多地依靠计算机进行处理，但所有计算机语言中的函数均不能实现正确的数据修约。下面以 Excel 中自带的 VBA 语言自行开发为例，使开发的函数满足应用需要。

（1）函数数学模型的建立 从数据修约的国家标准已经知道，当修约间隔中的 k 为 2 或 5 时，通常采用先乘以 5 或 2，修约到十位后再除以 2 或 5，但该计算方法应用于编程比较困难，通过对修约过程的分析，建立以下模型：

拟修约的数据 --除以修约间隔--> 修约至个位 --乘以修约间隔--> 修约值

（2）宏函数的建立

① 打开空白的 Excel 电子表格并进入 VBA 编辑器（ALT＋F11）。

② 在 VBA 编辑窗口中插入一个模块，然后在声明中给出函数的名称。如：myround $(x，y)$，其中 x 为拟修约的数值；y 为修约间隔。

③ 在编辑窗口添加如下 VBA 语言的函数体。

```
Function myround(x, y)
    If Round(x / y  - Int(x / y), 10) > 0.5 Then        '判断小数第 1 位如果大于 0.5 则进 1
    myround = (Int(x / y) + 1) * y
    ElseIf  Round(x / y   -  Int(x / y), 10) = 0.5 And Int(x / y) Mod 2 <> 0 Then
        myround = (Int(x / y) + 1) * y              '小数第 1 位如果等于 0.5 且个位数为奇数则进1
    Else
        my round = Int(x / y) * y
    End If
End Function
```

④ 点击【文件】保存为加载宏。

为使函数具备通用性,将当前用户"我的文档"中的 Application Data \ Microsoft \ IddIns 下保存的函数剪切复制到 c:\ program files \ microsoft officell \ library 文件夹下并运行。但要注意的是,将 Excel【工具】\ 宏 \ 安全性 \ 安全级设置为"中",在【工具】\ 加载宏下找到 myround 函数并在函数前的方框中打上√即可。至此该函数如同 Excel 内置函数一样即行计算。

【例 2-6】 将数值 332.56 修约为个位数 0 或 5。

在 Excel 任一单元格中输入"＝myround（332.56,5）",其值为 335。

【例 2-7】 某材料长、宽、高分别为 390mm、240mm、190mm,测得其质量为 13.56kg。试计算该材料的容重,要求修约至个位数为 0（即最小值为 $10kg/m^3$）。

在 Excel 任一单元格中输入"＝myround（13.56/0.39/0.24/0.19,10）",其值为 $760kg/m^3$。

2.2.3 试验数据的整理

通常,试验的目的都是为寻求两个或更多的物理量之间的关系,试验后,经过整理的数据都要用一定的方式表达出来,以供进一步分析、使用。常用的表达方式有列表表示法、曲线表示法和回归方程表示法。列表表示法简单易行,在此不再赘述,下面仅介绍曲线表示法和回归方程表示法。

2.2.3.1 曲线表示法

曲线表示法简明、直观,可一目了然统观测试结果的全貌。然而,根据试验数据做试验曲线时要注意以下几点。

① 选择适当坐标（直角坐标、对数坐标、三角坐标）、坐标比例尺和分度,习惯上自变量用横坐标表示,因变量用纵坐标表示;

② 曲线要光滑匀整,曲折少,且尽量与所有测试数据点接近;

③ 试验曲线两侧的试验数据点数要大体相等,分布均匀。

为达到上述要求,用曲线表示法时就必须有足够的试验数据点,否则精度会降低。

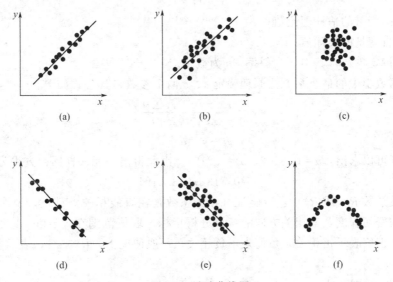

图 2-2 试验曲线图

（a）正相关;（b）弱正相关;（c）不相关;（d）负相关;（e）弱负相关;（f）非线性相关

2.2.3.2 回归方程表示法

做出试验曲线后，往往还需要用函数的解析表达形式，以便做有关计算用。所谓回归方程公式就是根据试验数据而建立起来的物理量间近似的函数表达式。一般来说，将测试数据应用回归方程的方法表达，其步骤如下。

① 首先对测试数据进行检查、修正，舍去有明显过失误差的数据，并做出系统误差的修正；

② 先在普通直角坐标系中描出实验点，并描出光滑的试验曲线，如图 2-2 所示；

③ 判断曲线有无一次或二次等线性特征；

④ 根据经验和解析几何原理，选择经验公式应有的形式；

⑤ 确定所选定回归方程的系数，一般可用选点法、平均值法，或最小二乘法等；

⑥ 根据试验数据对所回归方程偏差的均方差值，估计公式的精度。

【例 2-8】 有一组试验数据列表如下：

x	1	3	7	10	13	15	18	20
y	4.0	6.0	9.0	11.5	14.0	15.5	18.0	19.5

建立以水平为 x 轴、垂直为 y 轴的直角坐标系，并在坐标系上描绘出各点对应的值，形成散点图（见图 2-3）。

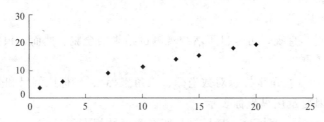

图 2-3　变量 x 与 y 对应值散点图

从对应的散点图大致表现为一条直线，因此建立一元线性回归方程的模型为

$$y = ax + b \tag{2-6}$$

式中　y——因变量的估计理论值；

x——自变量的实际值；

a，b——待定参数，其中 a 为斜率，b 为截距。

通常根据数学中的最小平方法原理确定 a、b 两个参数，其公式如下。

$$a = \frac{n\sum xy - \sum x \sum y}{n\sum x^2 - (\sum x)^2} \tag{2-7}$$

$$b = \bar{y} - a\bar{x} \tag{2-8}$$

通过计算可以求出：$a = 0.8132$，$b = 3.2191$。因此得出一元线性回归方程为

$$y = 0.8132x + 3.2191$$

利用相关系数 R（或 R^2）进行验证（相关系数是在直线相关条件下，说明两个现象之间相关关系的密切程度及其相关方向的统计分析指标。取值范围在 -1 和 $+1$ 之间。计算结果有正有负，正值表示正相关，负值表示负相关。一般情况下，$R \propto \pm 1$，表示相关性越强，反之越弱）。

$$R = \frac{\sum (x - \bar{x}) \sum (y - \bar{y})}{\sqrt{\sum (x - \bar{x})^2 \sum (y - \bar{y})^2}} \tag{2-9}$$

将数值代入式(2-9)计算得出，$R^2 = 0.9958$，表明变量 x、y 之间高度相关。

一元线性回归技术广泛应用于统计分析中，除此之外，指数函数、对数函数等回归分析也较普遍，这里不再赘述。随着计算机技术的广泛应用，使得上述工作变得轻而易举，图2-4 就是利用 Excel 组件完成的绘图及统计分析。

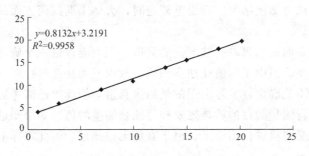

图 2-4　变量 x、y 散点图及线性回归方程图

2.3　不确定度原理和应用

测量是科学技术、工农业生产、国内外贸易以至日常生活各个领域中不可缺少的一项工作。测量的目的是确定被测量的值或获取测量结果。测量结果的质量（品质），往往会直接影响国家和企业的经济利益。例如，对出口货物称重不准就会造成很大的损失，多了白白送给外商，少了则要赔款。测量结果的质量还是科学实验成败的重要因素之一。例如，对卫星的质量或对运载火箭燃料的质量若测量不准，就有可能导致卫星发射因推力不足而失败。测量结果的质量也会影响到人身的健康和安全。例如，在使用 γ 射线治疗疾病时，若对剂量测量不准，过少达不到治病的目的，延误治疗；过多则会对人体造成伤害。测量结果和由测量结果得出的结论，还可能成为执法和决策的重要依据。因此，当报告测量结果时，必须对其质量给出定量的说明，以确定测量结果的可信程度。测量不确定度就是对测量结果质量的定量表征，测量结果的可用性很大程度上取决于其不确定度的大小。所以，测量结果必须附有不确定度说明才是完整并有意义的。

测量不确定度的概念在测量历史上相对较新，其应用具有广泛性和实用性。正如国际单位制（SI）计量单位已渗透到科学技术的各个领域并被全世界普遍采用一样，无论哪个领域进行的测量，在给出完整的测量结果时也普遍采用了测量不确定度。

2.3.1　基本概念

测量不确定度是对测量结果可信性、有效性的怀疑程度或不肯定程度，是定量说明测量结果的质量的一个参数。

通俗来讲，测量不确定度即是对任何测量的结果存有怀疑。你也许认为制作良好的尺子、钟表和温度计应该是可靠的，并应给出正确答案。但对每一次测量，即使是最仔细的，总是会有怀疑的余量。日常中这可以表述为"出入"，例如一根绳子可能 2m 长，有 1cm 的"出入"。由于对任何测量总是存在怀疑的余量，所以需要回答"余量有多大？"和"怀疑有多差？"，这样为了给不确定度定量实际上需要有两个数。一个是该余量（或称区间）的宽度；另一个是置信概率，说明对"真值"在该余量范围内有多大把握。

例如：用钢卷尺测量窗的长度为 1200mm，误差为 ±1mm，有 95% 的置信概率。这结果可写成：（1200±1）mm，置信概率为 95％，这表明该窗的长度在 1199～1201mm 之间有 95％的把握。

2.3.2 测量不确定度评定代替偏差评定的原因

测量结果是由测量所得到的赋予被测量的值。测量结果仅仅是被测量的最佳估计值，并非真值。在用传统方法对测量结果进行误差评定时，大体上遇到两方面的问题：逻辑概念上的问题和评定方法问题。

测量误差的定义是测量结果减去被测量的真值。误差应该是一个确定的值，是客观存在的测量结果与真值之差。但由于真值往往不知道，故误差无法准确得到。虽然误差定义中同时还指出：由于真值不能确定，实际上用的是约定真值，但此时还需考虑约定真值本身的误差。对一个被测量进行测量的目的就是想要知道该被测量的值。如果知道了被测量的真值或约定真值，也就没有必要再进行测量了。由于真值无法知道，因此实际上误差的概念只能用于已知约定真值的情况。

从另一个角度来说，误差等于测量结果减真值，即真值等于测量结果减误差，因此一旦知道了测量结果的误差，就可以对测量结果进行修正而得到真值。这是经典的误差评定遇到的第一个问题。

误差评定遇到的第二个问题是评定方法的问题。在进行误差评定时通常要求先找出所有需要考虑的误差来源，然后根据这些误差来源的性质将其分为随机误差和系统误差两类。随机误差通常用测量结果的标准偏差 [样本标准偏差 $s = \sqrt{\dfrac{\sum\limits_{i=1}^{n}(x_i - \bar{x})^2}{n-1}}$] 来表示，将所有的随机误差分量按方和根法进行合成，得到测量结果的总的随机误差。由于在正态分布情况下与标准偏差所对应区的置信概率仅为 68.26％，故通常采用两倍或三倍的标准偏差来表示总的随机误差。而系统误差则通常用该分量最大误差限来表示，同样采用方和根法将各系统误差分量进行合成，得到测量结果的总的系统误差。最后再将总的随机误差和总的系统误差进行合成得到测量结果的总误差。而问题正是来自于随机误差和系统误差的合成方法上。由于随机误差和系统误差是两个性质不同的量，前者用标准偏差表示，而后者则用最大可能误差来表示，在数学上无法解决两者之间的合成方法问题。正因为如此，长期以来，在随机误差和系统误差的合成方法上从来没有统一过。误差评定方法的不一致，使得不同的测量结果之间缺乏可比性，这与当今全球化的市场经济的发展不相适应。社会、经济和科技的发展和进步也要求改变这一状况，用测量不确定度统一评价测量结果就是在这种背景下产生的。

2.3.3 测量不确定度的来源

测量中，可能导致不确定度的因素很多。测量中的缺陷可能看得见，也可能看不见。由于实际的测量决不会是在完美条件下进行的，不确定度大体上来源于下述几个方面。

2.3.3.1 对被测量的定义不完整或不完善

例如：定义被测量是一根标称值为 1m 长的钢棒的长度。如果要求测准至 μm 量级，则被测量的定义就不够完整。因为 1m 长的被测钢棒受温度和压力的影响已较明显，而这些条件没有在定义中说明，由于定义的不完整使测量结果引入温度和压力影响的不确定度。这时完整的被测量定义是：标称值为 1m 的钢棒在 25℃和 101325Pa 时的长度。

2.3.3.2 实现被测量定义的方法不理想

如上例，完整定义的被测量，由于测量时温度和压力实际上达不到定义的要求（包括由于温度和压力的测量本身存在不确定度），使测量结果引入不确定度。

2.3.3.3 取样的代表性不够，即被测量的样本不能完全代表所定义的被测量

例如，被测量为某种介质材料在给定频率时的相对介电常数。由于测量方法和测量设备的限制，只能取这种材料的一部分做成样块，然后对其进行测量，如果测量所用的样块在材料的成分或均匀性方面不能完全代表定义的被测量，则样块就引起测量不确定度。

2.3.3.4 对测量过程受环境影响的认识不周全，或对环境条件的测量与控制不完善

同样以上述钢棒为例，不仅温度和压力影响其长度，实际上，湿度和钢棒的支撑方式都有明显影响，但由于认识不足，没有采取措施，就会引起不确定度。此外在按被测量的定义测量钢棒的长度时，测量温度和压力所用的温度计和压力表的不确定度也是不确定度的来源。

2.3.3.5 对模拟式仪器的读数存在人为偏差（偏移）

模拟式仪器在读取其示值时，一般是估读到最小分度值的 1/10。由于观测者的位置、不同的观测习惯等原因，可能对同一状态下的显示值会有不同的估读值，这种差异将产生不确定度。

2.3.3.6 测量仪器计量性能（如灵敏度、鉴别力、分辨力、死区及稳定性等）上的局限性

数字仪器的不确定度来源之一，是其指示装置的分辨力。例如，即使示值为理想重复，重复性所贡献的测量不确定度仍然不为零，因为仪器的输入信号在一个已知区间内变动，却给出同样的示值。

2.3.3.7 赋予计量标准的值和标准物质的值不准确

通常的测量是将被测量与测量标准的给定值进行比较实现的，因此，标准的不确定度直接引入测量结果。例如用天平测量时，测得质量的不确定度中包括了标准砝码的不确定度。

2.3.3.8 引用的数据或其他参量的不确定度

例如，在测量黄铜的长度随温度变化时，要用到黄铜的线热膨胀系数 α_t，查数据手册可以找到所需的 α_t 值，该值的不确定度也可由手册查出，它同样是测量结果不确定度的一个来源。

2.3.3.9 与测量方法和测量程序有关的近似性和假定性

例如，被测量表达式的近似程度，自动测试程序的迭代程度，电测量中由于测量系统不完善引起的绝缘漏电、热电势、引线电阻上的压降等，均会引起不确定度。

2.3.3.10 在表面上看来完全相同的条件下，被测量重复观测值的变化

在实际工作中经常会发现，无论怎样控制环境条件以及各类对测量结果可能产生影响的因素，而最终的测量结果总会存在一定的分散性，即多次测量的结果并不完全相等。这种现象是一种客观存在，是由一些随机效应造成的。

由此可见，测量不确定度一般来源于随机性或模糊性。前者归因于条件不充分，后者归因于事物本身概念不明确。因而测量不确定度一般由许多分量组成，其中一些分量具有统计性，另一些分量具有非统计性。所有这些不确定度来源，若影响到测量结果，都会对测量结果的分散性做出贡献。也就是说，由于这些不确定度来源的综合效应，使测量结果的可能值服从某种概率分布。可以用概率分布的标准差来表示的测量不确定度，称为标准不确定度，它表示测量结果的分散性。也可以用具有一定置信概率的区间来表示测量不确定度。

2.3.4 测量不确定度的评定

在测量不确定度评定中，所有的测量值均应是测量结果的最佳估计值（即对所有测量结果中系统效应的影响均应进行修正）。对各影响量产生的不确定度分量不应有遗漏，也不能有重复。在所有的测量结果中，均不应存在由于读取、记录或数据分析失误或仪器不正确使用等因素引入的明显的异常数据。如果发现测量结果中有异常值，则应将其剔除，但在剔除数据前应对异常值依据适当规则（例如 GB 4883—85《正态分布中异常值的判断和处理》）进行检验，而不能仅凭经验或主观感觉作判断。

在有些情况下，系统效应引起的不确定度分量本身很小，对测量结果的合成不确定度影响也很小，这样的分量在评定不确定度时就可以忽略。如果修正值本身与合成标准不确定度相比也是很小的值，修正值本身也可以忽略不计。比如，用等级很高的标准器校准低等级的计量器具时，标准器的修正值及标准器修正值引入的不确定度分量均可忽略不计。

又如，在法制计量领域内，通常要求计量标准及测量方法和程序引入的测量不确定度应小到可忽略的程度，即要求标准装置的扩展不确定度为被测件允许误限差的 $1/3 \sim 1/10$。这时，测量方法、过程及测量标准本身引起的不确定度，通常可以忽略不计。评定测量不确定度的主要步骤如下。

2.3.4.1 确定被测量和测量方法

由于测量结果的不确定度和测量方法有关，因此在进行不确定度评定之前必须首先确定被测量和测量方法。此处的测量方法包括测量原理、测量仪器、测量条件以及测量和数据处理程序等。

2.3.4.2 找出所有影响测量不确定度的影响量

原则上，测量不确定度来源既不能遗漏，也不能重复计算。

2.3.4.3 建立满足测量不确定度评定所需的数学模型

在实际测量的很多情况下，被测量 Y（输出量）不能直接测得，而是由 X_1，X_2，…，X_N（输入量）通过函数关系 f 来确定，因此也就建立了满足测量所要求准确度的数学模型，即被测量 Y 和所有各影响量 X_i 之间的函数关系。

$$Y = f(X_1, X_2, \cdots, X_N) \tag{2-10}$$

从原则上说，数学模型应该就是用以计算测量结果的计算公式。但许多情况下的计算公式都经过了一定程度的近似和简化，因此数学模型和计算公式经常是有差别的。

要求所有对测量不确定度有影响的输入量都应包含在数学模型中。在测量不确定度评定中，所考虑的各不确定度分量，要与数学模型中的输入量一一对应。

2.3.4.4 确定各输入量的标准不确定度 $u(x_i)$

各输入量最佳估计值的确定大体上分成两类：由实验测量得到的和由其他各种信息来源得到的。对于这两类输入量，可以采用不同的方法评定其标准不确定度，即标准不确定度的 A 类评定和标准不确定度的 B 类评定。

A、B 的分类目的是表明不确定度评定的两种方法，仅为讨论方便，并不意味着两类评定之间存在本质上的区别。它们都基于概率分布，并都用方差或标准差表征。

表征 A 类评定所得不确定度分量的方差估计值记为 u^2，由重复观测列算得。u^2 就是熟知的统计方差 σ^2 的估计值 s^2，而 u^2 的正平方根即为估计标准差 s，记为 u，即 $u = s$，称为 A 类标准不确定度。B 类评定所得的不确定度分量的估计方差 u^2 依据有关信息评定，估计标准差为 u，称为 B 类标准不确定度。因此，A 类标准不确定度由以观测列频率分布导出的概率密度函数得到；B类标准不确定度由一个认定的或假定的概率密度函数得到，此函数基于事件发生的信任度（常称主观概率或先验概率）。两种方式都用已知的概率解释。

2.3.4.5　确定对应于各输入量的标准不确定度分量 $u_i(y)$

若输入量 x_i 的标准不确定度为 $u(x_i)$，则标准不确定度分量 $u_i(y)$ 为

$$u_i(y) = c_i u(x_i) = \frac{\partial f}{\partial x_i} u(x_i) \tag{2-11}$$

式中，c_i 为灵敏系数，它可由数学模型对输入量 x_i 求偏导数而得到，也可由实验测量得到，在数值上它等于当输入量 x_i 变化一个单位量时，被测量 y 的变化量。

当数学模型为非线性模型时，灵敏系数 c_i 的表示式中将包含输入量。从原则上说，灵敏系数 c_i 表示式中的输入量应取其数学期望值。

2.3.4.6　对各标准不确定度分量 $u_i(y)$ 进行合成得到合成标准不确定度 $u_c(y)$

根据方差合成定理，当数学模型为线性模型，并且各输入量 x_i 彼此间独立无关时，合成标准不确定度 $u_c(y)$ 为

$$u_c(y) = \sqrt{\sum_{i=1}^{n} u_i^2(y)} \tag{2-12}$$

上式常称为不确定度传播定律。当数学模型为非线性模型时，原则上上式已不再成立，而应考虑其高阶项。若非线性不很明显，则通常高阶项因远小于一阶项而仍可以忽略；但若非线性很明显时，则应考虑高阶项。

当各输入量之间存在相关性时，则要考虑他们之间的协方差，即在合成标准不确定度的表示式中应加入相关项。

2.3.4.7　确定被测量 Y 可能值分布的包含因子

根据被测量 Y 分布情况的不同，所要求的置信概率 p，以及对测量不确定度评定具体要求的不同，分别采用不同的方式来确定包含因子 k。

2.3.4.8　确定扩展不确定度 U

扩展不确定度 $U=ku_c$。当包含因子 k 由所规定的置信概率 p 得到时，扩展不确定度用 $U_p=k_p u_c$ 表示。

2.3.4.9　给出测量不确定度报告

简要给出测量结果及其不确定度，以及如何由合成标准不确定度得到扩展不确定度。报告中应给出尽可能多的信息，避免用户对所给测量不确定度产生错误的理解。

【例2-9】 水泥抗压强度测量不确定度评定。

（1）测定方法　试验按《水泥胶砂强度检验方法》（GB/T 17671—1999）的要求进行，养护龄期28d，共做了10组强度试验，数据如下。

组数　　　　　强度	28d 抗压强度/MPa						
	1	2	3	4	5	6	平均值
第一组	51.5	53.6	51.3	51.2	52.2	52.1	52.0
第二组	52.0	51.4	52.0	50.5	53.5	55.3	52.5
第三组	53.1	51.2	51.8	52.0	49.8	51.6	51.6
第四组	53.7	50.8	51.5	52.6	50.9	51.5	51.8
第五组	53.2	54.8	51.9	51.7	52.2	51.5	52.6
第六组	51.5	51.7	53.2	50.6	51.3	50.6	51.5
第七组	52.0	52.1	51.8	51.5	51.6	53.0	52.0
第八组	51.8	51.8	52.2	51.7	52.6	50.4	51.8
第九组	52.0	52.0	52.7	53.0	52.4	53.6	52.6
第十组	49.9	50.0	51.0	51.3	52.1	51.7	51.0

（2）建立数学模型　数学模型如下。

$$y = R(x_1, x_2, \cdots, x_{12}) + \Delta F$$

式中　　　　　　y——水泥 28d 抗压强度值；

　　　　　　　　R——观测值；

x_1，x_2，$\cdots$，x_{12}——各影响量；

　　　　　　　x_1——水泥、标准砂、水的不均匀性；

　　　　　　　x_2——配合比的误差；

　　　　　　　x_3——搅拌的不均匀性；

　　　　　　　x_4——成型的不均匀性；

　　　　　　　x_5——养护的不均匀性；

　　　　　　　x_6——加荷偏心；

　　　　　　　x_7——加荷速度不均匀性；

　　　　　　　x_8——试验机本身的重复性；

　　　　　　　x_9——分辨力的影响；

　　　　　　x_{10}——人的操作不一致性；

　　　　　　x_{11}——抗折试验时试体破损影响；

　　　　　　x_{12}——其他未知因素的影响；

　　　　　　ΔF——压力试验机的误差。

在数学模型中 x_1，x_2，$\cdots$，x_{12} 这 12 个影响量的大小很难用物理或数学方法分析，相互关系也很复杂，只能用 A 类评定，综合 12 个影响因素，通过试验来评定它的综合影响。数学模型中 ΔF 分量可通过压力机的鉴定证书获得，做 B 类评定。

（3）计算不确定度

① 合并样本标准偏差

$$S_P(R) = \sqrt{\frac{\sum\limits_{j=1}^{10} \sum\limits_{i=1}^{6} (R_{ji} - \bar{R}_j)^2}{m(n-1)}}$$

$$i = 1, 2, 3 \cdots, 6 \ (n)$$

$$j = 1, 2, 3 \cdots 10 \ (m)$$

代入试验数据得：

$$S_P(R) = 1.03\text{MPa}$$

表中 60 块试体强度的平均值：

$$\bar{R} = 51.9\text{MPa}$$

② 计算各不确定度分量

a. 标准不确定度 $u(R)$

$$u(R) = S_P(R) = 1.03\text{MPa}$$

b. 求 $u(\Delta F)$。由压力试验机检定证书得到 $\Delta F = 1\% \times F$，$F \approx 52\text{MPa}$（试验数据的平均值），所以

$$\Delta F = 1\% \times 52 = 0.52 \ (\text{MPa})$$

取均匀分布 $k = \sqrt{3}$，则

$$u(\Delta F)=\frac{\Delta F}{k}=\frac{0.52}{\sqrt{3}}=0.30 \text{（MPa）}$$

③ 合成标准不确定度

$$u_c=\sqrt{u^2(R)+u^2(\Delta F)}=\sqrt{1.03^2+0.30^2}=1.07 \text{（MPa）}$$

④ 扩展不确定度。从表 2-6 查得，当置信概率 $p=95.45\%$ 时包含因子 $k=2$。

表 2-6　正态分布 k、p 对应值

$p/\%$	50	68.27	90	95	95.45	99	99.72
k	$\frac{2}{3}\approx0.67$	1	1.65	1.96	2	2.58	3

因此计算出扩展不确定度：

$$U=ku_c=2\times1.07=2.14 \text{（MPa）}$$

相对扩展不确定度：

$$\frac{U}{R}=2.14/51.9=4.1\%$$

（4）实际检测情况下的不确定度

① 由于上面计算的不确定度是 10 组试验针对 60 个数据样本中的任何一个数据的不确定度，而在水泥强度的正常检测中 28d 抗压强度不可能做 10 组而只有一组，且最终的抗压强度值是一组中 6 个试体的抗压强度值的平均值（数据不离群的情况下）。因此对于水泥检测室来说，需提供给客户的是抗压强度平均值（6 个试体）的不确定度。在实际检测中，如果检测数据接近上面计算用的 10 组数据的平均值，可利用上面计算的合并样本标准偏差来计算实际单组试验抗压强度的不确定度。

② 平均值的标准不确定度

$$u(\overline{R})=S_P(\overline{R})=S_P(R)/\sqrt{n}=1.03/\sqrt{6}=0.42 \text{（MPa）}$$

③ 平均值的合成标准不确定度

$$\begin{aligned}U_c&=\sqrt{u^2(\overline{R})+u^2(\Delta F)}\\&=\sqrt{0.42^2+0.30^2}\\&=0.52 \text{（MPa）}\end{aligned}$$

④ 扩展不确定度。包含因子取 $k=2$（置信概率 95.45%），则：

$$\begin{aligned}U&=ku_c=2\times0.52\\&=1.04 \text{（MPa）}\end{aligned}$$

相对扩展不确定度：

$$\begin{aligned}\frac{U}{R}&=\frac{1.04}{52.3}\times100\%\\&=2.0\%\end{aligned}$$

⑤ 测量不确定度报告。对于水泥 28d 抗压强度实测值为 52.3MPa，在包含因子为 2 时（置信概率 95.45%）测量的扩展不确定度是 1.04MPa，相对扩展不确定度为 2.0%。

【思考题】

1. 下列数值的修约间隔分别为 0.01、0.2、5、10，对其加以修约。

(1) 101.454991; (2) 450.768; (3) 547.5369; (4) 742.756

2. 一直径 $\phi 20$ 的钢筋,经检测测得抗拉极限值为 142.6kN,试计算抗拉强度值(修约间隔为 0 或 5)。

3. 用标准物质做一条标准曲线,试计算该曲线的线性回归方程及相关系数。测得的数据如下。

序号	浓度/(mg/mL)	测得值
1	10	0.0259
2	100	0.2578
3	1000	2.5489

3 胶凝材料与胶黏剂

【本章要点】 胶凝材料与胶黏剂是生产建筑装饰材料的基本材料之一。本章学习水泥、装饰混凝土、装饰砂浆、石膏装饰材料、胶黏剂的技术指标以及主要质量指标的测试方法，重点掌握其测试方法、检测的步骤、结果的计算及质量评定。

3.1 胶凝材料质量检测概述

在建筑材料中，凡是经过一系列物理、化学作用，能由浆体变成坚固的石状体，并能将散粒状材料（如砂、石等）或块、片状材料（如砖、砌块等）胶结成整体的物质，称胶结料，又称为胶凝材料。

胶凝材料按其化学成分不同，可分为无机胶凝材料和有机胶凝材料，沥青和各种树脂属于有机胶凝材料；无机胶凝材料又称矿物胶凝材料，它根据硬化条件可分为气硬性胶凝材料与水硬性胶凝材料。气硬性胶凝材料拌水后只能在空气中硬化而不能在水中硬化，如石灰、石膏等；水硬性胶凝材料拌水后既能在空气中硬化又能在水中硬化，如各种水泥。

胶凝材料是生产建筑装饰材料的基本材料之一。在建筑装饰工程中常用的胶凝材料有水泥和石膏。

胶凝材料的质量直接影响工程的质量，故胶凝材料的质量控制和检测尤为重要。胶凝材料的质量由其性能表述，可以通过检测进行质量评价。胶凝材料及其产品的技术指标及性能的检验必须按产品标准来进行。

3.2 水泥质量检测

水泥质量检测是研究水泥性能，进行水泥生产控制，保证和提高水泥产量、质量的必要手段，也是贯彻执行水泥国家标准，保证工程质量的重要措施。

水泥主要质量检测项目有水泥的密度、水泥的细度、水泥标准稠度用水量、凝结时间、安定性、水泥的强度。

3.2.1 一般规定

3.2.1.1 取样方法

① 水泥检验应按同一生产厂家、同一等级、同一品种、同一批号且连续进场的水泥，袋装不超过 200t 为一批，散装不超过 500t 为一批，每批抽样不少于一次。取样方法按 GB 12573—90 进行。可连续取，亦可从 20 个以上不同部位取等量样品，总量至少 12kg。

② 检测前，把上述方法取得的水泥样品，按标准规定将其分成两等份。一份用于标准检测，另一份密封保管三个月，以备有疑问时复检。

③ 仲裁试验，对水泥质量发生疑问需作仲裁试验时，应按仲裁试验的办法进行。

3.2.1.2 检测前的准备及注意事项

① 样品取得后应存放在密封的干燥容器（一般用铁桶、塑料桶）中，加封条，并在容器上注明生产厂名称、品种、强度等级、出厂日期、送检日期等。容器应洁净、干燥、防潮、密闭、不易破损、不与水泥发生反应。

② 检测前应将试样混合均匀并通过 0.9mm 方孔筛，记录试样筛余百分数。

③ 试验室温度为（20±2）℃，相对湿度大于 50%。湿气养护箱的温度为（20±1）℃，相对湿度大于 90%。养护池水温（20±1）℃。

④ 试验用水应是清洁的饮用水，如有争议时采用蒸馏水。

⑤ 试验用材料（水泥、标准砂、试验用水）、仪器、用具的温度与试验室一致。

3.2.2 水泥密度测定

3.2.2.1 检测目的

通过测定水泥的密度，计算水泥孔隙率和密实度。在进行混凝土配合比设计和储运水泥时，需知道水泥的密度。测定按 GB/T 208—94 来进行。

3.2.2.2 基本原理

将水泥倒入装有一定量液体介质的李氏瓶内，并使液体介质充分地浸透水泥颗粒。根据阿基米德定律，水泥的体积等于它所排开的液体体积，从而算出水泥单位体积的质量即为密度，为使测定的水泥不产生水化反应，液体介质采用无水煤油。

3.2.2.3 主要仪器及参数

① 李氏瓶，见图 3-1；

② 恒温水槽、温度计、干燥计；

③ 天平，感量为 0.01g；

④ 无水煤油，应符合 GB 253—2008 要求。

3.2.2.4 试验条件

（1）李氏瓶 李氏瓶横截面形状为圆形，外形尺寸应严格遵守关于公差、符号、长度、间距以及均匀刻度的要求；最高刻度标记与磨口玻璃塞最低点之间的间距至少为 10mm，任何标明的容量误差都不大于 0.05mL。

（2）试样制备 水泥试样应预先通过 0.90mm 方孔筛，在（110±5）℃温度下干燥 1h，并在干燥器内冷却至室温。称取水泥 60g，称准至 0.01g。

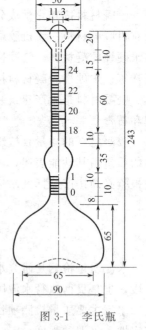

图 3-1 李氏瓶

3.2.2.5 检验步骤

① 将无水煤油注入李氏瓶中到 0~1mL 刻度线后（以弯月面下部为准），盖上瓶塞放入恒温水槽内，使刻度部分浸入水中（水温应控制在李氏瓶标定刻度时的温度），恒温 30min，记下初始（第一次）读数 V_1（mL）。

② 从恒温水槽中取出李氏瓶，用滤纸将李氏瓶细长颈内没有煤油的部分仔细擦干净。

③ 用小匙将水泥样品一点点地装入李氏瓶中，反复摇动（亦可用超声波震动），至没有

气泡排出，再次将李氏瓶静置于恒温水槽中，恒温 30min，记下第二次读数 V_2（mL）。

3.2.2.6　结果计算及处理

① 水泥密度 ρ_c（g/cm³）按下式计算（精确至 0.001g/cm³）。

$$\rho_c = \frac{m}{V_2 - V_1} \tag{3-1}$$

式中　m——试样质量，g；

　　V_2——第二次读数，mL 或 cm³；

　　V_1——第一次读数，mL 或 cm³。

② 试验结果取两次测定结果的算术平均值，精确至 0.01g/cm³。两次测定结果之差不得超过 0.02g/cm³。

3.2.3　水泥细度测定（负压筛法）

3.2.3.1　检测目的

通过 80μm 方孔筛对水泥试样进行筛析，测定筛余物的质量百分数，为判定水泥质量提供依据。本试验测定按 GB 1345—2005 来进行。

3.2.3.2　基本原理

采用 80μm 方孔筛对水泥试样进行筛析试验，用筛网上所得筛余量的质量占试样原始质量的百分数来表示水泥样品的细度。

3.2.3.3　主要仪器及参数

（1）负压筛析仪　由筛座、负压筛、负压源及收尘器组成，其中筛座由转速为 30r/min±2r/min 的喷气嘴、负压表、控制板、微电机和机壳等构成。

（2）试验筛　由圆形筛框和筛网组成，分负压筛、水筛和手工筛三种。

（3）水筛架和喷头　符合 JC/T 728—2005 规定。

（4）天平　最小分度值不大于 0.01g。

3.2.3.4　检验步骤

（1）负压筛法

① 筛析试验前，应把负压筛放在筛座上，盖上筛盖，接通电源，检查控制系统，调节负压至 4000～6000Pa 范围内。

② 称取试样 25g，精确至 0.01g，置于洁净的负压筛中，放在筛座上，盖上筛盖，接通电源，开动筛析仪连续筛析 2min，在此期间如有试样附着在筛盖上，可轻轻敲击筛盖使试样落下。筛毕，用天平称量筛余物。

③ 当工作负压小于 4000Pa 时，应清理吸尘器内水泥，使负压恢复正常。

（2）水筛法

① 筛析试验前，应检查水中无泥、砂，调整好水压及水筛架的位置，使其能正常运转。喷头底面和筛网之间的距离为 35～75mm。

② 称取试样 50g，精确至 0.01g，置于洁净的水筛中，立即用淡水冲洗至大部分细粉通过后，放在水筛架上，用水压为 0.05MPa±0.02MPa 的喷头连续冲洗 3min。筛毕，用少量水把筛余物冲至蒸发皿中，等水泥颗粒全部沉淀后，小心倒出清水，烘干并用天平称量筛余物。

（3）手工干筛法　在没有负压筛析和水筛的情况下，允许用手工干筛法测定，操作方法如下。

① 称取水泥试样 50g 试样，精确至 0.01g，倒入干筛内。

②　用一只手持筛往复摇动，另一只手轻轻拍打，往复摇动和拍打过程应保持近于水平。拍打速度每分钟约 120 次，每 40 次向同一方向转动 60°，使试样均匀分布在筛网上，直至每分钟通过的试样量不超过 0.03g 为止。

③　称量全部筛余物。

3.2.3.5　数据处理及试验结果

（1）计算　水泥试样筛余百分数按下式计算。

$$F = \frac{R_t}{W} \times 100\% \tag{3-2}$$

式中：F——水泥试样的筛余百分数，%；

　　　R_t——水泥筛余物的质量，g；

　　　W——水泥试样的质量，g。

结果计算至 0.1%。

（2）筛余结果的修正　由于水泥筛易被水泥颗粒堵塞，或在清洗水泥筛的过程中损伤筛网。因此，水泥筛应经常进行校正，筛析结果应进行修正。修正的方法是将（1）的结果乘以该试验筛按 GB1345—2005 中附录 A 标定后得到的有效修正系数，即为结果。

例如，用 A 号筛对某水泥样的筛余值为 5.0%，而 A 号筛的试验结果修正系数为 1.10，则该水泥样的最终结果为：5.0%×1.10＝5.5%。

合格评定时，每个样品应称取两个试样分别筛析，取筛余平均值为筛析结果。若两次筛余结果绝对误差大于 0.5% 时（筛余值大于 5.0% 时可放至 1.0%）应再做一次试验，取两次相近结果的算术平均值，作为最终结果。

（3）试验结果　负压筛法、水筛法和手工干筛法测定结果发生争议时，以负压筛法为准。

3.2.4　水泥标准稠度用水量、凝结时间、安定性测定

3.2.4.1　检测目的

通过水泥标准稠度用水量试验，测定水泥的标准稠度用水量，拌制标准稠度的水泥净浆，为测定水泥的凝结时间和安定性提供依据。

水泥的凝结时间、安定性是重要的技术性质，通过这两项试验，评定水泥的质量，确定其能否用于工程中。测定按 GB/T 1346—2001 来进行。

3.2.4.2　基本原理

①　水泥标准稠度的净浆对标准试杆（或试锥）的沉入具有一定阻力。通过试验不同的含水量水泥净浆的穿透性，以确定水泥标准稠度净浆中所需加入的水量。

②　凝结时间测定，通过测定试针沉入标准稠度水泥净浆至一定深度所需的时间来表示水泥初凝和终凝时间。

③　体积安定性测定，雷氏法（标准法）是通过测定沸煮后雷氏夹中两个试针的相对位移，即水泥标准稠度净浆体积膨胀程度，以此评定水泥浆硬化后体积安定性；试饼法（代用法）是观测沸煮后水泥标准稠度净浆试饼外形变化，评定水泥浆硬化后体积安定性。体积安定性测定中，当雷氏法和试饼法发生争议时，以雷氏法为准。

3.2.4.3　主要仪器及参数

①　水泥净浆搅拌机，符合 JC/T 729—2005 规定；

②　标准法维卡仪，盛放水泥净浆试模 [见图 3-2 (a)]，标准稠度测定试杆 [见图 3-2 (c)]，初凝时间测定试针 [见图 3-2 (d)]，终凝时间测定试针 [见图 3-2 (e)]；

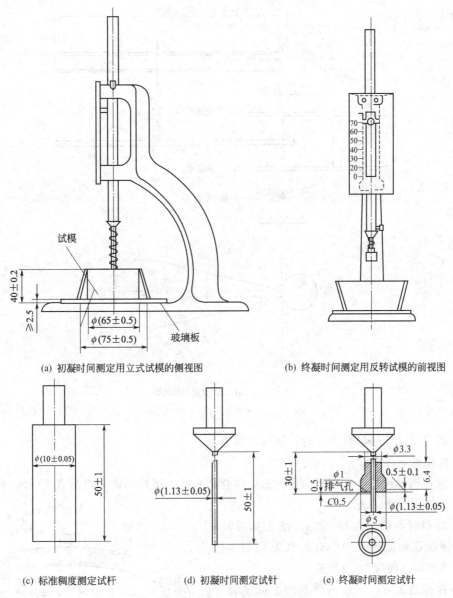

(a) 初凝时间测定用立式试模的侧视图　　　(b) 终凝时间测定用反转试模的前视图

(c) 标准稠度测定试杆　　　(d) 初凝时间测定试针　　　(e) 终凝时间测定试针

图 3-2　水泥凝结时间测定仪及配置

③ 代用法维卡仪，符合 JC/T 729—2005 规定；

④ 雷氏夹，由铜质材料制成，结构如图 3-3 所示；

⑤ 沸煮箱，有效容积约为 410mm×240mm×310mm；

⑥ 雷氏夹膨胀测定仪，标尺最小刻度为 0.5mm，如图 3-4 所示；

⑦ 量水器，最小刻度为 0.1mL，精度 1%；

⑧ 天平，分度值不大于 1g，最大称量不小于 1000g。

3.2.4.4　检验步骤

（1）水泥标准稠度用水量测定（标准法）

① 测定前准备工作

a. 维卡仪的金属棒能自由滑动；

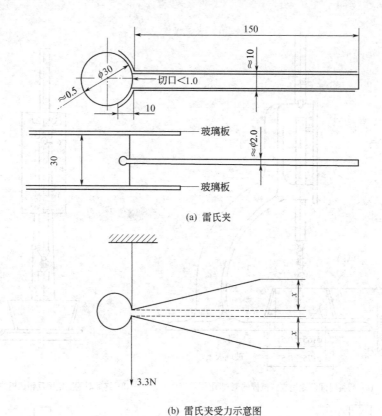

(a) 雷氏夹

(b) 雷氏夹受力示意图

图 3-3 雷氏夹及受力示意图

　　b. 调整至试杆接触玻璃板时，指针对准零点；

　　c. 搅拌机运行正常。

　　② 搅拌锅和搅拌叶片用湿布擦过后，将拌和水倒入搅拌锅内，然后在 5~10s 内小心将称好的 500g 水泥加入水中。

　　③ 拌和时，低速搅拌 120s，停 15s，同时将搅拌锅壁和搅拌叶片粘有的水泥浆刮入锅内，接着高速搅拌 120s 停机。

　　④ 拌和结束后，立即将拌和的水泥浆装入已置于玻璃底板上的试模内，用小刀插捣，轻振数次，刮去多余的净浆。抹平后迅速将试模和底板移至维卡仪上，调整试杆与水泥浆表面接触，拧紧螺丝 1~2s 后，突然放松，使试杆垂直自由沉入水泥浆中，在试杆停止沉入或放松 30s 时记录试杆距底板之间的距离。整个操作过程应在搅拌后 1.5min 内完成。

　　⑤ 结果评定。以试杆沉入净浆并距底板 6mm±1mm 的水泥浆为标准稠度净浆，其拌和水为该水泥的标准稠度用水量（P），按水

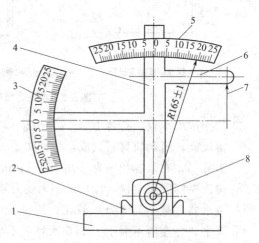

图 3-4 雷氏夹膨胀值测定仪

1—底座；2—模子座；3—测弹性标尺；
4—立柱；5—测膨胀值标尺；6—悬臂；
7—悬丝；8—弹簧顶钮

泥质量百分比计算。

（2）水泥标准稠度用水量测定（代用法）

① 水泥净浆的拌制同标准法①、②条。

② 采用代用法测定水泥标准稠度用水量时，可采用调整水量法或不变水量法，采用调整水量法时拌和水据经验确定，采用不变水量法时拌和水用 142.5mL。

③ 水泥净浆搅拌结束后，立即将拌和好的水泥浆装入锥模中，用小刀插捣，轻振数次，刮去多余的净浆，抹平后迅速放至锥下面固定的位置上，将试锥与水泥净浆表面接触，拧紧螺钉 1～2s 后，突然放松，让试锥垂直自由沉入净浆中。到试锥停止下沉或释放试锥 30s 时，记录试锥下沉深度。整个操作过程应在搅拌后 1.5min 内完成。

④ 数据处理及试验结果

a. 当采用调整水量方法测定时，以试锥下沉深度为 28mm±2mm 时的净浆为标准稠度净浆，其拌和水量为该水泥的标准稠度用水量（P），按水泥质量百分比计算。如下沉深度超出范围需另称试样，调整水量，重新试验，直至达到 28mm±2mm 为止。

b. 用不变水量方法测定时，根据试锥下沉深度 S（mm）按下式计算得标准稠度用水量 $P(\%)$：$P = 33.4 - 0.185S$。标准稠度用水量可从仪器上对应的标尺上直接读取，当 $S < 13mm$ 时，应改用调整水量法测定。

（3）水泥凝结时间测定

① 测定前准备工作。调整凝结时间测定仪的试针接触玻璃板时，指针对准零点。

② 试件制备。以标准稠度用水量测定方法制备标准稠度水泥净浆，一次装满试模，振动数次刮平，立即放入湿气养护箱内，记录水泥全部加入水中的时间即为凝结时间的起始时间。

③ 初凝时间测定。试件在养护箱中养护至加水后 30min 时进行第一次测定。测定时，将试针与水泥净浆表面接触，拧紧螺钉 1～2s 后，突然放松，让试针垂直自由沉入净浆，观察试针停止下沉或释放试针 30s 时指针的读数，并同时记录此时的时间。

④ 终凝时间测定。为了准确观察试针沉入的状况，在试针上安装了一个环形附件［见图 3-2(e)］。在完成初凝测定后，立即将试模连同浆体从玻璃板上平移取下，并翻转 180°，将小端向下放在玻璃板上，再放入湿气养护箱内继续养护。接近终凝时间时，每隔 15min 测定一次，并同时记录测定时间。

⑤ 数据处理及结果评定

a. 初凝时间确定。当试针沉至距底板 4mm±1mm 时，为水泥达到初凝状态，水泥全部加入水中起至初凝状态的时间为初凝时间，用"min"表示。

b. 终凝时间确定。当试针沉入试体 0.5mm 时，即环形附件开始不能在试件上留下痕迹时，为水泥达到终凝状态，水泥全部加入水中起至终凝状态的时间为终凝时间，用"min"表示。

c. 若初凝时间和终凝时间未达到标准要求，则判定为不合格品。

⑥ 注意事项

a. 整个测试过程中试针以自由下落为准，且沉入位置至少距试模内壁 10mm。

b. 每次测定不能让试针落入原孔，每次测定须将试针擦净并将试模放入养护箱，整个测试防止试模受振。

c. 临近初凝，每隔 5min 测定一次；临近终凝，每隔 15min 测定一次。达到初凝或终凝时应立即重复测一次，当两次结论相同时，才能定为达到初凝状态或终凝状态。

（4）安定性的测定（雷氏法）

① 测定前准备工作。每个试样需成型两个试件，每个雷氏夹需配备质量约 75～85g 的玻璃板两块，凡与水泥净浆接触的玻璃板和雷氏夹内表面都要稍稍涂上一层油。

② 成型。将预先准备好的雷氏夹放在已稍擦油的玻璃板上，并立即将制好的标准稠度净浆一次装满雷氏夹，装浆时一只手轻轻扶持雷氏夹，另一只手用小刀插捣数次后抹平，盖上稍涂油的玻璃板，立即置于湿气养护箱内养护 24h±2h。

③ 沸煮。调整好沸煮箱内的水位，使其能保证在整个沸煮过程中都超过试件，不需中途加水，又能保证在 30min±5min 内升至沸腾。

④ 脱去玻璃板取下试件，先测量雷氏夹指针尖端间的距离（A），精确到 0.5mm，接着将试件放入沸煮箱水中的试件架上，指针朝上，然后在 30min±5min 内加热至沸腾并恒沸 180min±5min。

⑤ 沸煮结束后，立即放掉沸煮箱中的热水，打开箱盖，冷却至室温，取出试件，测量雷氏夹指针夹端的距离（C），精确到 0.5mm。

⑥ 结果评定。沸煮结束后，放掉热水，冷却至室温，取出试件观察、测量。当沸煮前后两个试件指针尖端距离差（$C-A$）的平均值不大于 5.0mm 时，即认为该水泥安定性合格，当 $C-A$ 相差超过 4.0mm 时，应用同一样品立即重做一次试验，再如此，则认为水泥安定性不合格。

（5）安定性的测定（试饼法）

① 测定前准备工作，每个试样需成型两个试件，准备两块约 100mm×100mm 的玻璃板，凡与水泥净浆接触的玻璃板都要稍稍涂上一层油。

② 将制好的标准稠度净浆分成两等份，使之成球，放在准备好的玻璃板上，制成直径 70～80mm，中心厚约 10mm，边缘渐薄，表面光滑的试饼，放入养护箱内养护 24h±2h。

③ 接着沸煮，同雷式法③。

④ 脱去玻璃板取下试饼，在试饼无缺陷的情况下，将试饼放入沸煮箱水中的箅板上，然后在 30min±5min 内加热至沸腾并恒沸 180min±5min。

⑤ 结果评定。沸煮结束后，放掉热水，冷却至室温，取出试件观察、测量。目测试饼未发现裂缝，钢直尺测量未弯曲（钢直尺和试饼底部紧靠，以两者间不透光为不弯曲）的试饼为安定性合格，当两个试饼判别结果不一致时，该水泥的安定性不合格。

3.2.5 水泥胶砂强度测定（ISO 法）

3.2.5.1 检测目的

通过检验不同龄期的抗压强度、抗折强度，确定水泥的强度等级或评定水泥强度是否符合标准要求。

3.2.5.2 基本原理

通过测定以标准方法制备成标准尺寸的胶砂试块的抗压破坏荷载、抗折破坏荷载，确定其抗压强度、抗折强度。

3.2.5.3 主要仪器及参数

（1）试验筛　金属丝网试验筛应符合 GB/T 6003—1997 要求，其筛网孔尺寸见表 3-1（R20 系列）。

表 3-1 试验筛网孔尺寸

系列	网孔尺寸/mm	系列	网孔尺寸/mm
	2.0		0.5
R20	1.6	R20	0.16
	1.0		0.08

（2）胶砂搅拌机　搅拌机属行星式，由搅拌锅、搅拌叶、电动机等组成，应符合 JC/T 681—2005 要求。用多台搅拌机工作时，搅拌锅和搅拌叶片应保持配对使用。叶片与锅之间的间隙，是指叶片与锅壁最近的距离，应每月检查一次。

（3）试模　由三个水平的模槽组成，可同时成型三条截面为 40mm×40mm，长 160mm 的菱形试体，其材质和制造尺寸应符合 JC/T 726—2005 要求。成型操作时，应在试模上面加有一个壁高 20mm 的金属模套。为了控制料层厚度和刮平胶砂，应备有两个播料器和一金属刮平直尺。

（4）振实台　应符合 JC/T 682—2005 要求。

（5）抗折强度试验机　应符合 JC/T 724—2005 的要求。

（6）抗压强度试验机　在较大的五分之四量程范围内使用时记录的荷载应有 ±1% 精度，并具有按 2400N/s±200N/s 速率的加荷能力。

（7）抗压强度试验机用夹具　夹具应符合 JC/T 683—2005 的要求，受压面积为 40mm×40mm。夹具要保持清洁，球座应能转动以使其上压板能从一开始就适应试体的形状并在试验中保持不变。

3.2.5.4　检验步骤

（1）材料准备

① 中国 ISO 标准砂。应符合 ISO 67 中要求，可以单级分包装，也可以各级预混合以 1350g±5g 量的塑料袋混合包装。

② 水泥。从取样至试验要保持 24h 以上时，应储存在基本装满和气密的容器内，容器不得与水泥起反应。

③ 水。仲裁试验或其他重要试验用蒸馏水，其他试验可用饮用水。

（2）胶砂制备

① 配合比。胶砂的质量配合比是一份水泥、三份标准砂和一份水（水灰比为 0.5）。每一锅胶砂成型三条试件，每锅材料需要量见表 3-2。

表 3-2　每锅胶砂的材料质量　　　　　　　　　　　　　　　　　单位：g

材料 水泥品种	水泥	标准砂	水
硅酸盐水泥 普通硅酸盐水泥 矿渣硅酸盐水泥 粉煤灰硅酸盐水泥 复合硅酸盐水泥	450±2	1350±5	225±1

② 配料。水泥、标准砂、水和试验用具与试验室相同，应保持在（20±2）℃，相对湿度不低于 50%。称量用天平的精度应为 ±1g。当用自动滴管加 225mL 水时，滴管精度应

为±1mL。

③ 搅拌。将水加入胶砂搅拌锅内，再加入水泥，把锅放在固定架上，升至固定位置。然后启动机器，低速搅拌 30s，在第二个 30s 开始时，同时均匀地加入标准砂，再高速搅拌 30s。停 90s，在第一个 15s 内用一胶皮刮具将叶片上和锅壁上的胶砂刮入锅内，再继续高速搅拌 60s。胶砂搅拌完成。各阶段的搅拌时间误差应在±1s 以内。

（3）试件制作

① 胶砂制备后立即成型，将试模内壁均匀涂刷一层机油，并将空试模和套模固定在振实台上。

② 用一个适当的勺子将搅拌锅内的水泥胶砂分两次装模。装第一层时，每个槽里先放入 300g 胶砂，并用大播料器刮平，接着振动 60 次，再装第二层胶砂，用小播料器刮平，再振动 60 次。

③ 移走套模，取下试模，用金属直尺以近视 90°的角度架在试模模顶一端，沿试模长度方向做锯割动作，慢慢向另一端移动，一次将超过试模部分的胶砂刮去，并用同一直尺以近视水平的情况将试件表面抹平。接着在试模上作标记或加字条标明试件编号。

（4）水泥胶砂试件的养护

① 养护。将成型好的试件连同试模一起放入标准养护箱内，在温度（20±1)℃，相对湿度不低于 90%的条件下养护。

② 脱模。养护到 20～24h 之间脱模（对于龄期为 24h 的应在破坏实验前 20min 内脱模）。将试件从养护箱中取出，用防水墨汁或颜料笔编号，编号时应将每个三联试模中的三条试件编在两龄期内，同时编上成型与测试日期。然后脱模，脱模时应防止损伤试件。对于硬化较慢的水泥允许 24h 后脱模，但须记录脱模时间。

③ 水中养护。试件脱模后立即水平或垂直放入水槽中养护，养护水温为（20±1)℃，水平放置时刮平面朝上，试件之间留有间隙，水面至少高出试件 5mm，并随时加水以保持恒定水位，不允许在养护期间完全换水。

④ 强度试验试件的规定龄期。试件龄期是从水泥加水搅拌开始起算。不同龄期的强度在下列时间里进行测定：24h±15min；48h±30min；72h±45min；7d±2h；>28d±8h。

⑤ 注意事项

a. 试模内壁应在成型前涂层薄的隔离剂。

b. 脱模时应小心操作，防止试件受到损伤。

c. 养护时不应将试模叠放。

（5）水泥胶砂试件的强度测定 水泥胶砂试件在破型试验前 15min 从水中取出。揩去试件表面的沉积物，并用湿布覆盖至试验为止。先用抗折试验机以中心加荷法测定抗折强度；然后将折断的试件进行抗压试验测定抗压强度。

① 抗折强度测定。将试件安放在抗折夹具内，试件的侧面与试验机的支撑圆柱接触，试件长轴垂直于支撑圆柱。启动试验机，以 50N/s±10N/s 的速率均匀地加荷直至试体断裂。记录最大抗折破坏荷载。

② 抗压强度测定。抗折强度试验后的六个断块试件保持潮湿状态，并立即进行抗压试验。将断块试件放入抗压夹具内，并以试件的侧面作为受压面。启动试验机，以 2400kN/s ±200kN/s 的速率进行加荷，直至试件破坏。记录最大抗压破坏荷载。

3.2.5.5 数据处理与结果评定

① 抗折强度。每个试件的抗折强度 R_f 按下式计算（精确至 0.1MPa）。

$$R_f = \frac{1.5FL}{b^3} = 0.00234F \tag{3-3}$$

式中 R_f——试件的抗折强度，MPa；

F——折断时施加于棱柱体中部的荷载，N；

L——支撑圆柱体之间的距离，mm，$L=100mm$；

b——棱柱体截面正方形的边长，mm，$b=40mm$。

以一组三个试件抗折结果的平均值作为试验结果。当三个强度值中有超出平均值±10%的值时，应剔除后再取平均值作为抗折强度实验结果。试验结果精确至 0.1MPa。

② 抗压强度。每个试件的抗压强度 R_c 按下式计算（精确至 0.1MPa）。

$$R_c = \frac{F}{A} = 0.000625F \tag{3-4}$$

式中 R_c——试件的抗压强度，MPa；

F——试件破坏时的最大抗压荷载，N；

A——受压部分面积，mm^2，$A=40mm\times40mm=1600mm^2$。

以一组三个棱柱体上得到的六个抗压强度测定值的算术平均值作为试验结果。如六个测定值中有一个超出六个平均值的±10%，就应剔除这个结果，而以剩下五个的平均值作为结果。如果五个测定值中再有超过它们平均值±10%的，则此组结果作废。

3.2.6 水泥质量评定

3.2.6.1 通用硅酸盐水泥的技术指标

水泥的基本性能是通过技术指标来体现。根据标准《通用硅酸盐水泥》（GB 175—2007）规定，通用硅酸盐水泥的技术指标主要有不溶物、烧失量、细度、凝结时间、安定性、氧化镁、三氧化硫、碱、氯离子及强度指标共 10 项。

① 通用硅酸盐水泥各品种的化学指标应符合表 3-3 规定。

表 3-3 通用硅酸盐水泥的化学指标 单位：%

品种	代号	不溶物（质量分数）	烧失量（质量分数）	三氧化硫（质量分数）	氧化镁（质量分数）	氯离子（质量分数）
硅酸盐水泥	P·I	≤0.75	≤3.0	≤3.5	≤5.0	
	P·II	≤1.50	≤3.5			
普通硅酸盐水泥	P·O	—	≤5.0			≤0.06
矿渣硅酸盐水泥	P·S·A	—	—	≤4.0	≤6.0	
	P·S·B	—	—			
火山灰质硅酸盐水泥	P·P	—	—	≤3.5		
粉煤灰硅酸盐水泥	P·F	—	—		≤6.0	
复合硅酸盐水泥	P·C	—	—			

② 国家标准 GB 175—2007 规定不同品种有不同强度等级，其各龄期的强度应不低于表 3-4 所示数值。

表 3-4　不同品种水泥各龄期的强度规定　　　　　　　单位：MPa

品种	强度等级	抗压强度		抗折强度	
		3d	28d	3d	28d
硅酸盐水泥	42.5	17.0	42.5	3.5	6.5
	42.5R	22.0		4.0	
	52.5	23.0	52.5	4.0	7.0
	52.5R	27.0		5.0	
	62.5	28.0	62.5	5.0	8.0
	62.5R	32.0		5.5	
普通硅酸盐水泥	42.5	17.0	42.5	3.5	6.5
	42.5R	22.0		4.0	
	52.5	23.0	52.5	4.0	7.0
	52.5R	27.0		5.0	
矿渣硅酸盐水泥 火山灰质硅酸盐水泥 粉煤灰硅酸盐水泥 复合硅酸盐水泥	32.5	10.0	32.5	2.5	5.5
	32.5R	15.0		3.5	
	42.5	15.0	42.5	3.5	6.5
	42.5R	19.0		4.0	
	52.5	21.0	52.5	4.0	7.0
	52.5R	23.0		4.5	

③ 细度：硅酸盐水泥和普通硅酸盐水泥以比表面积表示，不小于 $300m^2/kg$。

④ 硅酸盐水泥和普通硅酸盐水泥初凝不小于 45min，终凝不大于 390min；普通硅酸盐水泥、矿渣硅酸盐水泥、火山灰质硅酸盐水泥、粉煤灰硅酸盐水泥和复合硅酸盐水泥初凝不小于 45min，终凝不大于 600min。

⑤ 国家标准规定，体积安定性用沸煮法检验必须合格。体积安定性不合格的水泥严禁用于工程中。

3.2.6.2　水泥质量评定

① 凡化学指标、凝结时间、安定性、强度的检验结果都符合国家标准规定的为合格品。

② 凡化学指标、凝结时间、安定性、强度的检验结果中的任一项求不符合国家标准规定的为不合格品。

3.3　装饰混凝土质量检测

3.3.1　概述

装饰混凝土是通过使用彩色水泥或白水泥，或掺加颜料，或选用彩色骨料，在一定的工艺条件下制得的。装饰混凝土用于制作具有一定颜色、质感、线型或花饰的、结构与饰面结合的混凝土墙体或其他混凝土构件。它是把构件制作和装饰处理同时进行的一种施工技术，具有减少现场抹灰工作量，减轻自重，省工省料，缩短施工周期，从根本上解决抹灰脱落，且其装饰效果和耐久性得到提高的特点。

装饰混凝土通常按表面处理方法分为清水混凝土和露骨料混凝土两类。清水混凝土是靠成型时利用模具和衬模浇筑，在混凝土表面做出线型、花饰或质感，获得装饰效果的；露骨料混凝土是通过水洗、酸洗、缓凝剂或水磨、喷砂、抛丸、凿剁、火焰喷射、劈裂等手段，使混凝土骨料外露，达到一定装饰效果的。

装饰混凝土是通过其表面的线型、质感、色彩等，达到装饰目的的。因此，装饰混凝土的饰面质量要求有色彩、耐久性、线型与质感等。

目前，整体着色的彩色混凝土应用较少，而在普通混凝土或硅酸盐混凝土基材表面加做彩色饰面层，制成面层着色的彩色混凝土便道砖，彩色混凝土便道砖有路面砖、人行道砖及车行道砖多种，分普通型砖与异型砖。砖形有方形、圆形、椭圆形、六角形等。表面可做成各种图案，又称花阶砖。采用彩色路面砖铺路，可使路面形成多彩美丽的图案和永久性的交通管理标志，既美化了城市，又能令步行者足下生辉。

国家现行的混凝土质量标准规范对彩色混凝土的配制和施工验收没有明确的规定和要求。彩色混凝土配合比设计原则应按照高性能混凝土设计要求进行，在满足泵送要求的前提下尽量降低水灰比，增加密实性；同时应使混凝土具有均一的外观感，良好的流变性能，内在的匀质性能、力学性能、体积稳定性及其耐久性。

装饰混凝土质量检测主要检测混凝土拌和物的基本性能、力学性能、长期性能和耐抗性能，其检验方法同普通混凝土试验方法。

3.3.2　装饰混凝土质量检测

装饰混凝土常规质量检测项目主要有混凝土抗压强度、混凝土拌和物的和易性和体积密度。检测方法按《普通混凝土拌和物性能试验方法》（GB/T 50080—2002）和《普通混凝土力学性能试验方法》（GB/T 50081—2002）进行。

3.3.2.1　一般规定

① 混凝土拌和物试验用料应根据不同要求，从同一盘搅拌或同一车运送的混凝土中取出，或在试验室用机械单独拌制。

② 在试验室拌制混凝土进行试验时，拌和用的骨料应提前运入室内，拌和时试验室的温度应保持在（20±5）℃。

③ 拌制混凝土时，材料用量以质量计，称量的精度：骨料为±1%，水、水泥与外加剂均为±0.5%。

④ 混凝土试配时的最小搅拌量为：当集料最大粒径小于30mm时，搅拌量为15L；最大粒径为40mm时，搅拌量为25L。搅拌量不应小于搅拌机的额定搅拌量。

⑤ 从试样制备完毕到开始做各项性能试验不宜超过5min。

3.3.2.2　拌和方法

（1）人工拌和

① 按所定配合比备料，以全干状态为准。

② 将拌板和拌铲用湿布润湿后，将砂倒在拌板上，然后加入水泥，用拌铲自拌板一端翻拌至另一端，然后再翻拌回来，如此重复直至颜色混合均匀，再加入石子翻拌至混合均匀为止。

③ 将干混合料堆成堆，在中间作一凹槽，将已称量好的水，倒入一半左右在凹槽中（勿使水流出），然后仔细翻拌，并徐徐加入剩余的水，继续翻拌。每翻拌一次，用拌铲在混合料上铲切一次，直至拌和均匀为止。

④ 拌和时力求动作敏捷，拌和时间从加水时算起，应大致符合以下规定。

a. 拌和物体积为 30L 以下时为 4~5min;

b. 拌和物体积为 30~50L 时为 5~9min;

c. 拌和物体积为 51~75L 时为 9~12min。

⑤ 拌好后,根据试验要求,即可做拌和物的各项性能试验或成型试件。从开始加水时至全部操作完必须在 30min 内完成。

(2) 机械搅拌

① 按所定配合比备料,以全干状态为准。

② 预拌一次,即用按配合比的水泥、砂和水组成的砂浆和少量石子,在搅拌机中涮膛,然后倒出多余的砂浆,其目的是使水泥砂浆先黏附满搅拌机的筒壁,以免正式拌和时影响混凝土的配合比。

③ 开动搅拌机,将石子、砂和水泥依次加入搅拌机内,干拌均匀,再将水徐徐加入。全部加料时间不得超过 2min。水全部加入后,继续拌和 2min。

④ 将拌和物从搅拌机中卸出,倒在拌板上,再经人工拌和 1~2min,即可做拌和物的各项性能试验或成型试件。从开始加水时算起,全部操作必须在 30min 内完成。

3.3.2.3 混凝土拌和物的和易性测定 (坍落度法)

(1) 检测目的 采取定量测定流动性,根据直观经验判定黏聚性和保水性的原则,来评定混凝土拌和物的和易性。定量测定流动性的方法有坍落度法和维勃稠度法两种。坍落度法适合于坍落度值不小于 10mm 的塑性拌和物;维勃稠度法适合于维勃稠度在 5~30s 之间的干硬性混凝土拌和物。要求集料的最大粒径均不得大于 40mm。主要介绍坍落度法。

(2) 主要仪器及参数

① 坍落度筒,截头圆锥形,由薄钢板或其他金属板制成,形状和尺寸见图 3-5。

② 捣棒,端部应磨圆,直径 16mm,长度 650mm,见图 3-5。

③ 装料漏斗、小铁铲、钢直尺、抹刀等。

(3) 检验步骤

① 润湿坍落度筒及其他用具,并把筒放在不吸水的刚性水平底板上,然后用脚踩住两边的脚踏板,使其在装料时保持位置固定。

② 把混凝土试样用小铲分 3 层,均匀地装入筒内,使捣实后每层高度为筒高的三分之一左右,每层用捣棒沿螺旋方向由外向中心捣 25 次,且应在截面上均匀分布。插底层时,捣棒应贯穿整个深度,插捣第二层和顶层时,应插透本层至下一层的表面。浇灌顶层时,混凝土应灌到高出筒口。插捣过程中,如混凝土沉落到低于筒口,则应随时添加。顶层插捣完后,刮去多余的混凝土,并用抹刀抹平。

③ 清除筒边底板上的混凝土后,垂直平稳地提起坍落度筒,提离过程应在 5~10s 内完成。从开始装料到提筒的整个过程不间断进行,并在 150s 内完成。

④ 提起筒后,测量筒高与坍落后混凝土试体最高点之间的差值,即为坍落度值 (以mm 为单位,读数精确至 5mm)。如混凝土发生崩坍或一边剪坏的现象,则应重新取样进行测定。如第二次实验仍出现上述现象,则表示该混凝土和易性不好,应予以记录备查。坍落度试验见图 3-6。

⑤ 测定坍落度后,观察拌和物的黏聚性、保水性。

a. 黏聚性的检查方法,用捣棒轻轻敲打已坍落的混凝土锥体,此时,如果锥体逐渐下沉,则表示黏聚性良好;如锥体倒坍、部分崩裂或出现离析现象,则表示黏聚性不好。

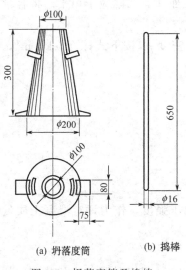

图 3-5　坍落度筒及捣棒

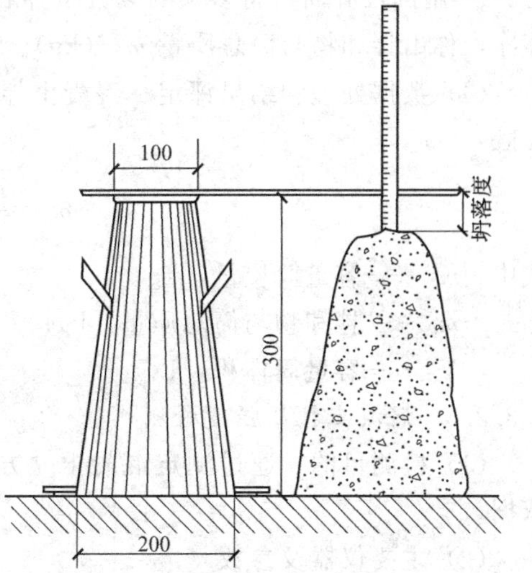

图 3-6　坍落度试验示意图

b. 保水性的检查方法，以混凝土拌和物中稀浆析出的程度来评定，坍落度筒提起后如有较多的浆液从底部析出，锥体混凝土也因浆液流失而局部骨料外露，则表明此混凝土拌和物的保水性能不好；如坍落度筒提起后无稀浆或仅有少量稀浆自底部析出，则表示此混凝土拌和物保水性良好。

⑥ 坍落度的调整

a. 在按初步配合比计算好试拌材料的同时，内外还须备好两份为调整坍落度用的水泥和水。备用水泥和水的比例符合原定水灰比，其用量可为原计算用量的 5% 和 10%。

b. 当测得的坍落度小于规定要求时，可掺入备用的水泥或水，掺量可根据坍落度相差的大小确定；当坍落度过大，黏聚性和保水性较差时，可保持砂率一定，适当增加砂和石子的用量。如保水性较差，可适当增大砂率，即其他材料不变，适当增加砂的用量。

3.3.2.4　混凝土拌和物体积密度测定

（1）检测目的　通过试验测定混凝土拌和物的体积密度，即湿体积密度，对混凝土的配合比进行调整。

（2）主要仪器及参数

① 容量筒。集料最大粒径不大于 40mm 时，容积为 5L；当粒径大于 40mm 时，容量筒内径与高均应大于集料最大粒径的 4 倍。

② 台秤。称量 50kg，感量 50g。

③ 振动台。频率（3000±200）次/min，空载振幅为（0.5±0.1）mm。

（3）检验步骤

① 润湿容量筒，称其质量 m_1（kg），精确至 50g。

② 配制好的混凝土拌和物装入容量筒并使其密实。当拌和物坍落度不大于 70mm 时，可用振动台振实，大于 70mm 时用捣棒捣实。

③ 振动台振实时，将拌和物一次装满，振动时随时准备添料，振至表面出现水泥浆，没有气泡向上冒为止。用捣棒捣实时，混凝土分两层装入，每层插捣 25 次（对 5L 容量筒），每一层插捣完后可把捣棒垫在筒底，用双手扶筒左右交替颠击 15 次，使拌和物布满插孔。

④ 用刮尺齐筒口将多余的混凝土拌和物刮去，表面如有凹陷应予填平。将容量筒外壁擦净，称出拌和物与筒总质量 m_2（kg）。

（4）数据处理和结果评定　混凝土拌和物的体积密度 ρ_{c0} 按下式计算（kg/m³，精确至 10kg/m³）。

$$\rho_{c0} = \frac{m_1 - m_2}{V_0} \times 1000 \tag{3-5}$$

式中　m_1——容量筒质量，kg；

$\quad\quad m_2$——拌和物与筒总质量，kg；

$\quad\quad V_0$——容量筒体积，L。

3.3.2.5　混凝土抗压强度检测

（1）检测目的　通过测定混凝土立方体试件的抗压强度，作为评定混凝土质量的主要依据。

（2）主要仪器及参数

① 压力试验机。精度不低于 ±2%，试验时据试件最大荷载选择压力机量程。使试件破坏时的荷载位于全量程的 20%～80% 范围内。

② 振动台。频率（50±3）Hz，空载振幅约为 0.5mm。

③ 其他设备。搅拌机、试模、捣棒、抹刀等。

（3）试件的制作及养护

① 混凝土立方体抗压强度测定，以三个试件为一组。每组试件所用的拌和物的取样或拌制方法按 3.3.2.2 的方法进行。

② 混凝土试件的尺寸按集料最大粒径选定。

③ 制作试件前，应将试模擦干净并在试模内表面涂一层脱模剂，再将混凝土拌和物装入试模成型。混凝土试件的尺寸见表 3-5。

表 3-5　混凝土试件的尺寸

粗集料最大粒径/mm	试件尺寸/mm	结果乘以换算系数
31.5	100×100×100	0.95
40	150×150×150	1.00
60	200×200×200	1.05

④ 对于坍落度不大于 70mm 的混凝土拌和物，将其一次装入试模并高出试模表面，将试件移至振动台上，开动振动台振至混凝土表面出现水泥浆并无气泡向上冒时为止。振动时应防止试模在振动台上跳动。刮去多余的混凝土，用抹刀抹平。记录振动时间。

对于坍落度大于 70mm 的混凝土拌和物，将其分两层装入试模，每层厚度大约相等。用捣棒按螺旋方向从边缘向中心均匀插捣，次数一般每 100cm² 应不少于 12 次。用抹刀沿试模内壁插入数次，最后刮去多余混凝土并抹平。

⑤ 试件养护。按照试验目的不同，试件可采用标准养护或与构件同条件养护。采用标准养护的试件成型后表面应覆盖，以防止水分蒸发，并在（20±5）℃ 的条件下静置 1～2 昼夜，然后编号拆模。拆模后的试件立即放入温度为（20±2）℃，湿度为 95% 以上的标准养护室进行养护，直至试验龄期 28d。在标准养护室内试件应搁放在架上，彼此间隔为 10～20mm，避免用水直接冲淋试件。当无标准养护室时，混凝土试件可在温度为（20±2）℃ 的不流动的 $Ca(OH)_2$ 饱和溶液中养护。水的 pH 值不应小于 7。

（4）检验步骤

① 试件从养护室取出后尽快试验。将试件擦拭干净，测量其尺寸（精确至1mm），据此计算出试件的受压面积。如实测尺寸与公称尺寸之差不超过1mm，则按公称尺寸计算。

② 将试件安放在压力试验机的下压板上，试件的承压面与成型面垂直。开动试验机，当上压板与试件接近时，调整球座，使其接触均匀。

③ 加荷时应连续而均匀，加荷速度为：当混凝土强度等级低于C30时，取（0.3～0.5）MPa/s；高于或等于C30时，取（0.5～0.8）MPa/s。当试件接近破坏而开始迅速变形时，停止调整试验机油门，直至试件破坏，记录破坏荷载 P（N）。

（5）数据处理和结果评定

① 混凝土立方体抗压强度按下式计算（MPa，精确至0.01MPa）。

$$f_{cu} = \frac{P}{A} \tag{3-6}$$

式中　f_{cu}——混凝土立方体试件抗压强度，MPa；

　　　P——破坏荷载，N；

　　　A——试件受压面积，mm^2。

② 取标准试件 150mm×150mm×150mm 的抗压强度值为标准，对于 100mm×100mm×100mm 和 200mm×200mm×200mm 的非标准试件，须将计算结果乘以表3-5相应的换算系数换算为标准强度。

③ 以三个试件强度值的算术平均值作为该组试件的抗压强度代表值（精确至0.1MPa）。三个测值中的最大值或最小值与中间值之差超过中间值的15%时，取中间值作为该组试件的抗压强度代表值；如最大值和最小值与中间值之差均超过中间值的15%时，则该组试件的试验结果无效。

（6）试验过程中的注意事项　试件从养护地点取出后，应尽快进行试验，以免试件内部的温湿度发生显著变化。

（7）在试验过程中发生异常情况的处理方法　当试件在抗压强度试验的加荷过程中，发生停电、试验机意外故障时，所施加的荷载远未达到破坏荷载时，则卸下荷载，记下荷载值，保存样品，待恢复后继续试验（但不能超过规定的龄期）。如施加的荷载已接近破坏荷载，则试件作废，检测结果无效，如施加荷载已达到或超过破坏荷载，则检测结果有效。

3.4　装饰砂浆质量检测

3.4.1　概述

装饰砂浆是由胶凝材料、细骨料和水（有时还掺入了某些外掺材料）按一定比例配制而成的具有装饰效果的砂浆。装饰砂浆专门用于建筑物室内外表面装饰，主要增加建筑物的美观效果。

装饰砂浆品种很多，装饰效果也各不相同。按装饰砂浆的饰面手法分为早期塑型和后期塑型。早期塑型是在凝结硬化前进行，主要手法有抹、粘、洗、压（印）、模（制）、拉、划、扫、甩、喷、弹、塑等；后期塑型是在凝结硬化后进行，主要手法有斩（斧剁）、磨等。按装饰砂浆的组成及砂粒是否外露分为灰浆类砂浆和石碴类砂浆。灰浆类砂浆饰面是通过水泥砂浆的着色或水泥砂浆表面形态的艺术加工，获得一定色彩、线条、纹理、质感，达到装饰目的，形成的饰面有拉毛灰、甩毛灰、搓毛灰、扫毛灰、拉条、假面砖、假大理石、弹涂等。石碴类砂浆饰面是在水泥浆中掺入各种彩色石碴作骨料，制得水泥石碴浆抹于墙体基层表面，然后用水洗、斧剁、水磨等手法除去表面水泥浆皮，露出石碴的颜色、质感的饰面做法，形成的饰面有水刷石、斩假石、拉假石、干粘石、水磨石等。石碴类砂浆饰面与灰浆类砂浆饰面的主要区别在于：石碴类饰面主要靠石碴的颜色、颗粒形状来达到装饰目的；而灰浆类饰面则主要靠掺入颜料，以及砂浆本身所能形成的质感来达到装饰目的。

装饰砂浆专门用于建筑物室内外表面装饰。装饰砂浆与普通抹面砂浆性质基本相同。与砌筑砂浆比，抹面砂浆有以下特点：抹面砂浆不承受荷载，对其抗压强度要求不高，而对其施工和易性及黏结强度要求较高。

国家现行的砂浆质量标准规范对装饰砂浆的配制和施工验收没有明确的规定和要求。装饰砂浆质量检测主要检测新拌砂浆的基本性能，其检验方法同建筑砂浆试验方法。

3.4.2 装饰砂浆质量检测

为便于施工，装饰砂浆的质量检测主要检测砂浆拌和物的稠度、分层度、凝结时间，其检验方法依据为《建筑砂浆基本性能试验方法》（JGJ 70—90）。

3.4.2.1 砂浆的稠度测定

（1）检测目的　通过稠度测定，可以测得达到设计稠度时的加水量，或在现场对要求的稠度进行控制，以保证工程质量。

（2）主要仪器及参数

① 砂浆稠度测定仪，见图 3-7，由试锥、容器和支座三部分组成。标准试锥和杆总质量 300g。圆锥体高度 145mm，锥底直径 75mm。圆锥筒高度 180mm，底口直径 150mm。

② 拌和锅、捣棒、台秤、拌铲、量筒、秒表等。

（3）试验步骤

① 盛浆容器和试锥表面用湿布擦干净并用少量润滑油轻擦滑杆后将滑杆上多余的油用吸油纸擦净，使滑杆能自由滑动。

② 将砂浆拌和物一次装入容器使砂浆表面低于容器口约 10mm 左右。用捣棒自容器中心向边缘插捣 25 次，然后轻轻地将容器摇动或敲击 5～6 下，使砂浆表面平整，随后将容器置于稠度测定仪的底座上。

③ 放松制动螺丝，调整圆锥体，使得试锥尖端与砂浆表面接触，拧紧制动螺丝调整齿条测杆，使齿条测杆的下端刚好与滑杆上端接触，并将指针对准零点。

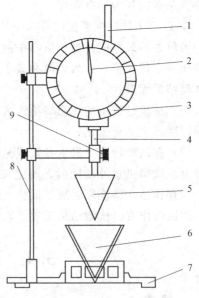

图 3-7　砂浆稠度测定仪

1—齿条测杆；2—指针；3—刻度盘；
4—滑杆；5—圆锥体；6—圆锥筒；
7—底座；8—支架；9—固定螺丝

④ 松开螺丝，圆锥体自动沉入砂浆中，同时记时，到 10 秒时固定螺丝。然后从刻度盘上读出下沉深度（精确至 1mm）。

⑤ 圆锥形容器内的砂浆只允许测定一次稠度，重复测定时应重新取样测定之。

（4）数据处理和结果评定　以两次测定结果的平均值作为砂浆稠度测定结果。如果两次测定值之差大于 20mm，应重新拌和砂浆测定。

3.4.2.2　砂浆分层度测定

（1）检测目的　通过分层度试验，测定砂浆的保水能力和内部各组织之间的相对稳定性，以评定其和易性。

（2）主要仪器及参数

① 分层度测定仪，见图 3-8，内径为 150mm，上节高度为 200mm，下节不带底净高为 100mm，用金属板制成上下层连接处需加宽 3~5mm，并设有橡胶垫圈。

② 其他同砂浆稠度试验仪器。

（3）试验步骤

① 将拌和好的砂浆，先进行稠度实验；然后将砂浆从圆锥筒中倒出，重新拌和均匀，一次注满分层度筒。用木锤在筒周围大致相等的四个不同地方轻敲 1~2 次，装满，并用抹刀抹平。

② 静置 30min，去掉上层 200mm 的砂浆。取出底层 100mm 的砂浆重新拌和均匀，再测定一次砂浆稠度。

③ 取两次砂浆稠度的差值作为砂浆的分层度（以 mm 为单位）。

（4）数据处理和结果评定　以两次试验的平均值作为该砂浆的分层度值。若两次分层度值之差大于 20mm，则应重新做试验。

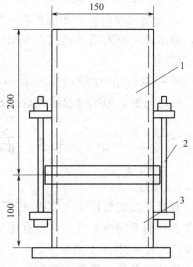

图 3-8　砂浆分层度测定仪
1—无底圆筒；2—连接螺栓；
3—有底圆

3.4.2.3　砂浆凝结时间的测定

（1）检测目的　砂浆凝结时间的试验，本方法适用于测定砌筑砂浆和抹灰砂浆以贯入阻力表示的凝结速度和凝结时间，为评定砂浆质量的依据。

（2）主要仪器及参数

① 砂浆凝结时间测定仪，由试针、容器、台秤和支座四部分组成。试针由不锈钢制成，截面积为 30mm^2；盛砂浆容器由钢制成，内径为 140mm，高为 75mm；台秤的称量精度为 0.5N。

② 定时钟等。

（3）试验步骤

① 将制备好的砂浆（控制砂浆稠度为 100mm±10mm）装入砂浆容器内，低于容器上口 10mm，轻轻敲击容器，并予抹平，将装有砂浆的容器放在（20±2）℃的室温条件下保存。

② 砂浆表面泌水不清除，测定贯入阻力值。用截面为 30m^2 的贯入试针与砂浆表面接触，在 10s 内缓慢而均匀地垂直压入砂浆内部 25mm 深，每次贯入时记录仪表读数 N_P，贯入杆至少离开容器边缘或任何早先贯入部位 12mm。

③ 在（20±2）℃条件下，实际的贯入阻力值在成型后 2h 开始测定（从搅拌加水时起算），然后每隔半小时测定一次，至贯入阻力达到 0.3MPa 后，改为每 15min 测定一次，直至贯入阻力达到 0.7MPa 为止。

注：施工现场凝结时间测定，其砂浆稠度、养护和测定的温度与现场相同。

（4）数据处理及结果评定　砂浆贯入阻力的结果计算以及凝结时间的确定。

① 贯入阻力应按式（3-7）计算。

$$f_P = N_P/A_P \tag{3-7}$$

式中　f_P——贯入阻力，MPa；

$\quad\quad N_P$——贯入压力，N；

$\quad\quad A_P$——试针截面面积，mm^2，为 $30mm^2$。

② 由测得的贯入阻力值可按下列方法确定砂浆的凝结时间。

a. 分别记录时间和相应的贯入阻力值，根据试验所得各阶段的贯入阻力与时间关系绘图，由图求出贯入阻力达到 0.5MPa 时所需的时间 t_s（mim），此 t_s 值即为砂浆的凝结时间测定值。

b. 砂浆凝结时间测定，应在一盘内取两个试样，以两个试验结果的平均值作为该砂浆的凝结时间值，两次试验结果的误差不应大于 30min，否则应重新测定。

3.5 石膏装饰材料质量检测

3.5.1 概述

石膏是以硫酸钙为主要成分的气硬性的胶凝材料。当石膏中含有的结晶水不同时，可形成多种性能不同的石膏，主要有建筑石膏（$CaSO_4 \cdot 1/2H_2O$）、无水石膏（$CaSO_4$）和生石膏（$CaSO_4 \cdot 2H_2O$）等。

建筑石膏粉也称熟石膏，是一种在建筑工程中得到广泛应用的建筑材料，主要用于生产普通纸面石膏板，石膏砌块，嵌装式装饰石膏板，耐水、耐火纸面石膏板等石膏制品。其石膏制品质轻、快凝，对火灾、噪声、电磁辐射等具有较强的抵御能力，在节能、环保、生态平衡等方面有其独特的优点，在制造、使用中无毒、无味、无公害，因而又是一种理想的绿色建筑材料。

建筑装饰材料常用的石膏制品有纸面石膏板、石膏装饰板、纤维石膏板、石膏空心条板、石膏空心砌块和石膏夹心砌块等。纸面石膏板以轻质、耐火、收缩小、保温性好、可加工性强、易于施工等优异性能广泛应用于装饰装修工程中，如办公楼、影剧院、饭店、宾馆、候车室、候机楼、住宅等建筑的室内吊顶、墙面、隔断、内隔墙等的装饰。

石膏还可用来生产各种浮雕和装饰品，如浮雕饰线、艺术灯圈、角花等。常见的艺术装饰石膏制品的质量通过感官要看厚薄、看深浅、看表面来识别。

建筑石膏作为制作石膏制品的主要材料，其质量检测尤为重要，建筑石膏的技术指标及性能的检验必须按《建筑石膏》（GB/T 9776—2008）标准来进行。

3.5.2 建筑石膏的质量检测

建筑石膏的质量检测常规项目有细度、标准稠度用水量、凝结时间、强度。

3.5.2.1 建筑石膏的技术指标及评定

建筑石膏按原材料种类分为三类，天然建筑石膏（代号 N）、脱硫建筑石膏（代号 S）、磷建筑石膏（代号 P）。按产品名称、代号、等级及标准编号的顺序标记。

例如，等级为 2.0 的天然建筑石膏标记如下：建筑石膏 N2.0GB/T 9776—2008。

根据国家标准《建筑石膏》（GB/T 9776—2008），按 2h 强度（抗折）分为 3.0、2.0、1.6 三个等级，建筑石膏技术指标见表 3-6。

表 3-6　　建筑石膏各等级的技术指标（GB/T 9776—2008）

等级	细度 (0.2mm 方孔筛筛余)/%	凝结时间/min		2h 强度/MPa	
		初凝	终凝	抗折	抗压
3.0				≥3.0	≥6.0
2.0	≤10	≥3	≤30	≥2.0	≥4.0
1.6				≥1.6	≥3.0

工业副产建筑石膏的放射性核素限量应符合 GB 6566—2001 的要求。工业副产建筑石膏中的限制成分氧化钾、氧化钠、氧化镁、五氧化二磷和氟的含量由供需双方商定。

石膏取样按规定处理后分为三份，按本节所述的方法及项目进行检验，对检验结果，如果有一个以上指标不合格，则可用其他 2 份试样对不合格项目进行复检。复检结果，如 2 个试样均合格，则该批产品判为批合格；如仍有 1 个试样不合格，则该批产品判为批不合格。

3.5.2.2　一般规定

（1）取样　产品袋装时，从一批产品中随机取 10 袋，每袋取样 2kg，总共不少于 20kg；产品散装时，在产品卸料处每 3 分钟取样约 2kg，总共不少于 20kg。将取得样品搅拌均匀，一分为二，一份做试验，另一份密封保存三个月，以备复验用。

（2）试验环境要求　试验室温度为（20±5）℃，空气相对湿度为 65%±10%。建筑石膏试样、拌和水及试模等仪器的温度应与试验室室温相同。试样应在标准试验条件下密闭放置 24h，然后再行试验。

3.5.2.3　细度的测定

（1）检测目的　检验石膏的颗粒粗细程度。

（2）主要仪器及参数

① 标准筛。筛孔边长为 0.2mm 的方孔筛，筛底有接收盘，顶部有筛盖盖严。

② 烘干箱。控温器灵敏度±1℃。

③ 天平。准确度±0.1g。

④ 干燥器。

（3）检验步骤

① 试样制备。从密封容器内取出 500g 试样，在 40℃±2℃下烘干至恒重（烘干时间相隔 1h 的质量差不超过 0.5g 即为恒重），并在干燥器中冷却至室温。

② 称取试样 50g±0.1g，倒入安上筛底的 0.2mm 的方孔筛中，盖上筛盖。

③ 拿住筛子略倾斜地摆动，使其撞击，撞击的速度为每分钟 125 次，摆动幅度为 20cm，每摆动 25 次后筛子旋转 90°，继续摆动。试验中发现筛孔被试样堵塞，可用毛刷轻刷筛网底面，使筛网疏通，继续进行筛分。筛分至 4min 时，去掉筛底，在纸上继续筛分 1min。称量筛在纸上的试样，当其小于 0.1g 时，认为筛分完成，称取筛余量，精确至 0.1g。

（4）数据处理和结果评定

① 计算，石膏细度以筛余百分数（W）表示。W 可按下式计算。

$$W = \frac{G}{50} \times 100\% \tag{3-8}$$

式中　W——筛余百分数，%；

G——遗留在筛上的试样质量，g。

结果计算至 0.1%。重复上述步骤，再做一次。

② 评定，如两次测定结果的差值小于 1%，则以其平均值作为试样细度；否则应再次测定，至两次测定值之差小于 1%，再取两者的平均值。筛余量不大于表 3-6 规定的数值。

3.5.2.4　标准稠度用水量的测定

（1）检测目的　通过试验测定石膏达到标准稠度时的用水量，作为石膏凝结时间及强度试验用水量之标准。

（2）主要仪器及参数

① 石膏稠度测定仪。如图 3-9 所示，由内径 $\phi50mm \pm 0.1mm$，高 $100mm \pm 0.1mm$ 的铜质筒体，$240mm \times 240mm$ 的玻璃板，以及筒体提升机构组成，筒体上升速度为 15cm/s，并能下降复位。在玻璃板下面的纸上画一组同心圆，其直径 60～200mm；直径小于 140mm 的圆，每隔 10mm 画一个，其余每隔 20mm 画一个。

② 天平。准确度 $\pm 1g$。

③ 搅拌碗。用不锈钢制成，碗口内径 $\phi160mm$，碗深 60mm。

④ 搅拌锅。采用 GB 177—85 中的搅拌锅，在锅外壁上装有把手，便于手持。

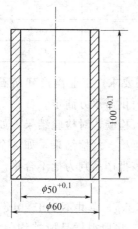

图 3-9　石膏稠度测定仪

⑤ 拌和棒。由三个不锈钢丝弯成的椭圆形套环所组成，钢丝直径 $\phi1～2mm$，环长约 100mm，宽约 45mm，具有一定弹性。

⑥ 刮刀。

（3）试验步骤

① 试验前，将稠度测定仪的筒体内部及玻璃板擦净，并保持湿润。将筒体垂直地放在玻璃板上，筒体中心与玻璃板下一组同心圆的中心重合。

② 将估计为标准稠度用水量的水，倒入搅拌碗中。初次试拌石膏时的需水量可按下式进行计算。

$$B = \frac{\gamma - \gamma_0}{\gamma} \tag{3-9}$$

式中　γ——石膏的实际密度，g/m^3；

　　　γ_0——石膏的表观密度，g/m^3。

③ 取试样（300 ± 1）g 石膏，在 5s 内倒入水中，用拌和棒搅拌 30s，得到均匀的石膏浆，边搅边迅速注入稠度测定仪筒体，用刮刀刮去溢浆，使石膏表面与筒体上端面齐平。

④ 从试样与水接触开始，至总时间为 50s 时，开动仪器提升机构。待筒体提升后，测定料浆扩展成的试饼两垂直方向上的直径，计算其平均值。

（4）数据处理和结果评定

① 记录连续两次料浆扩展直径等于（180 ± 5）mm 时的加水量，该拌和用水量与试样的质量比（以百分数表示，精确至 1%），即为石膏的标准稠度用水量。

② 如果试验中，在水量递增或递减的情况下，所测试饼直径呈反复无规律变化，则应在试验室条件下铺成厚 1cm 以下的薄层，放置 3d 以上再测定。

3.5.2.5　凝结时间的测定

（1）检测目的　测定石膏初凝和终凝所需的时间，以评定石膏的质量。

（2）主要仪器和参数

① 水泥净浆稠度与凝结时间测定仪。采用 GB 1346—2001 中的水泥净浆稠度和水泥凝结时间测定仪。

② 搅拌碗。见石膏标准稠度用水量。

③拌和棒。见石膏标准稠度用水量。

④ 天平。能准确称量至 1g。

⑤ 刮刀。

（3）试验步骤

① 开始试验前，检查仪器的活动杆能否自由落下，并检查仪器指针的位置。当钢针碰到仪器底座上的玻璃板时，指针应与刻度板的下标线相重。同时将环模涂以矿物油放在玻璃底板上。

② 称取试样 200g±1g，按标准稠度用水量量水，倒入搅拌碗中。在 5s 内将试样倒入水中，搅拌 30s，得到均匀的料浆，倒入环模中。为了排除料浆中的空气，将玻璃底板抬高约 10mm，上下震动 5 次。用刮刀刮去溢浆，使其与环模上端面齐平。

③ 将装满料浆的环模连同玻璃底板放在仪器的钢针下，使针尖与料浆的表面相接触，并离开环模边大于 10mm。迅速放松杆上的固定螺丝，针即自由插入料浆中。针的插入和升起每隔 30s 重复一次，每次都应改变插点，并将针擦净、校直。

（4）数据记录

① 记录从试样与水接触开始，到钢针第一次碰不到玻璃底板所经历的时间，此即试样的初凝时间。记录从试样与水接触开始，到钢针插入料浆的深度不大于 1mm 所经历的时间，此即试样的终凝时间。凝结时间以 min 计，带有零数 30s 时进作 1min。

② 重复上述步骤，取两次测定结果的平均值，作为试件的初凝和终凝时间。

（5）结果评定　建筑石膏的初凝时间不应小于 3min；终凝时间不应大于 30min。

3.5.2.6　强度的测定

（1）检测目的　通过测定石膏的抗折和抗压强度来评定石膏的质量等级。

（2）主要仪器及参数

① 搅拌锅。采用水泥胶砂搅拌锅，在锅外壁装有把手。

② 拌和棒。

③ 水泥胶砂三联试模。采用 GB 177—85 中的水泥胶砂强度试模。

④ 料勺。

⑤ 抗折试验机。采用 GB 3350.3—82 中的电动抗折试验机。

⑥ 电热鼓风干燥箱。控温器灵敏度±1℃。

⑦ 抗压试验机。采用最大量程为 50kN 的抗压试验机，示值误差不大于±1.0%。

⑧ 抗压夹具。采用 GB 177—85 中的抗压夹具。

⑨ 刮平刀。采用 GB 177—85 中的刮平刀。

（3）试验步骤

① 试样制备。从密封容器内取出的 1000g 试样，充分拌匀，备用。

② 试件成型

a. 成型前将试模擦净，四周模板与底板接触面上应涂黄油，紧密装配，防止漏浆，内壁均匀刷一薄层机油。

b. 称取试样 1000g±1g，并按标准稠度用水量量水，倒入搅拌锅中。在 30s 内将试样均匀地撒入水中，静置 1min，用拌和棒在 30s 内搅拌 30 次，得到均匀的料浆。

c. 接着用料勺以 3r/min 的速度搅拌，使料浆保持悬浮状态，直至开始稠化。当料浆从料勺上慢慢滴落在料浆表面能形成一个小圆锥时，用料勺将料浆灌入预先涂有一薄层矿物油的试模内。试模充满后，将模子的一端用手抬起约 10mm，突然使其落下，如此振动 5 次，以排除料浆中的气泡。当从溢出的料浆中看出已经初凝时，用刮平刀刮去溢浆，但不必抹光表面。

d. 待水与试样接触开始至 1.5h 时，在试件表面编号并将拆模、脱模后的试件存放在试验室条件下，至试样与水接触开始达 2h 时，进行抗折强度的测定。

③ 抗折强度的测定

a. 采用杠杆或抗折试验时，试样放入前，应使杠杆成平衡状态，试样放入后调整夹具，使杠杆在试件破坏时尽可能地接近平衡位置。

b. 测定抗折强度时，将试件放在抗折试验机的两个支撑辊上，试件的成型面（即用刮平刀刮平的表面）应侧立，试件各棱边与各辊垂直，并使加荷辊与两个支撑辊保持等距。

c. 开动抗折试验机，使试件折断。记录 3 个试件的抗折强度 R_f（MPa），并计算其平均值，精确至 0.1MPa。如果测得的三个值与它们平均值的差不大于 10%，则用该平均值作为抗折强度；如果有一个值与平均值的差大于 10%，应将此值舍去，以其余二值计算平均值；如果有一个以上的值与平均值之差大于 10%，应重做试验。

④ 抗压强度的测定

a. 用做完抗折试验后得到的 6 个半块试件进行抗压强度的测定。

b. 试验时将试件放在抗压夹具内，试件的成型面应与受压面垂直，受压面积为 40.0mm×40.0mm。将抗压夹具连同试件置于抗压试验机上、下台板之间，下台板球轴应通过试件受压面中心。

c. 开动机器，使试件在加荷开始后 20～40s 内破坏。记录每个试件的破坏荷载 P。

d. 抗压强度 R_c 按下式计算。

$$R_c = \frac{P}{1600} \tag{3-10}$$

式中　R_c——抗压强度，MPa；

　　　P——破坏荷载，N。

计算六个试件抗压强度平均值，如果测得的六个值与它们平均值的差不大于 10%，则用该平均值作为抗压强度；如果有某个值与平均值之差大于 10%，应将此值舍去，以其余的值计算平均值；如果有两个以上的值与平均值之差大于 10%，应重做试验。

（4）结果评定　计算抗折强度和抗压强度按表 3-6 确定石膏的等级。

3.6　胶黏剂质量检测

3.6.1　概述

胶黏剂是一种使物体与物体粘接成一体的媒介。通常其形态为液态和膏状，能使金属、陶瓷、木材、纸质、纤维、橡胶和塑料等不同材质或同一材质粘接成一体，赋予各物体有各自的应用功能。不同的胶黏剂有不同的性能，是建筑装饰工程和建筑装饰材料生产中不可缺少的材料之一。常用的胶黏剂有聚乙烯醇、醋酸乙烯、过氯乙烯、氯丁橡胶、苯-丙乳液及环氧树脂等。

用胶黏剂粘接建筑构件、装饰品等不仅美观大方，工艺简单，还能将不同材料的构件很容易地联结在一起并有足够的结合强度，此外胶黏剂还可以起到隔离、密封和防腐蚀等作用。胶黏剂的性能分为工艺性能、物理机械性能以及化学结构性能。胶黏剂的工艺性能指使用胶黏剂的涂布性、流动性与使用寿命（又称活性期）等；胶黏剂的物理机械性能指外观、状态、黏度（稠度）、有效储存期、胶接强度、耐介质性能、耐老化性能等；胶黏剂的化学结构性能指化学组分、结构、热转变温度等。当胶黏剂用于室内或室内装饰材料时，有害物的含量也是评定其质量的一个重要指标。有害物指的是胶黏剂中对人体有害的挥发性有机化合物、苯及游离甲醛等。

不合格建筑材料、装饰材料及所使用的胶黏剂释放有害气体危害人体健康，如诱发白血病、癌症等疾病。因此，强制性国家标准《室内装饰装修材料胶黏剂中有害物质限量》（GB 18583—2001）对有害物质限量值作出了规定，见表 3-7 和表 3-8。

表 3-7 溶剂型胶黏剂中有害物质限量值

项目		指标		
		橡胶胶黏剂	聚氨酯类胶黏剂	其他胶黏剂
游离甲醛/(g/kg)	≤	0.5	—	—
苯/(g/kg)	≤	5		
甲苯＋二甲苯/(g/kg)	≤	200		
甲苯二异氰酸酯/(g/kg)	≤	—	10	
总挥发性有机物/(g/L)	≤	750		

注：苯不能作为溶剂使用，作为杂质其最高含量要符合相关规定。

表 3-8 水基型胶黏剂中有害物质限量值

项目		指标				
		缩甲醛类胶黏剂	聚乙酸乙烯酯胶黏剂	橡胶类胶黏剂	聚氨酯类胶黏剂	其他胶黏剂
游离甲醛/(g/kg)	≤	1	1	1	—	1
苯/(g/kg)	≤	0.2				
甲苯＋二甲苯/(g/kg)	≤	10				
总挥发性有机物/(g/L)	≤	50				

3.6.2 胶黏剂质量检测

胶黏剂质量检测项目有游离甲醛、苯、甲苯与二甲苯总和、总挥发性有机物、甲苯二异氰酸酯（溶剂型）；游离甲醛、苯、甲苯与二甲苯总和、总挥发性有机物（水基型）。

检验结果的判定：在抽取三份样品中，取一份样品按《室内装饰装修材料胶黏剂中有害物质限量》（GB 18583—2001）规定进行测定，如果所有项目的检验结果符合本标准规定的要求，则判定为合格。如果有一项检验结果未达到本标准的要求，应对保存样品进行复检，如果结果仍未达本标准要求，则判定为不合格。

3.6.2.1 游离甲醛含量的测定（乙酰丙酮分光光度法）

（1）检测原理 水基型胶黏剂用水溶解，而溶剂型胶黏剂先用乙酸乙酯溶解后，再加水溶解。在酸性条件下将溶解于水中的游离甲醛随水蒸出。在 pH＝6 的乙酸-乙酸铵缓冲溶液中，馏出液中甲醛与乙酰丙酮作用，在沸水浴条件下迅速生成稳定的黄色化合物，冷却后在

415.40nm 处测其吸光度。根据标准曲线，计算试样中游离甲醛含量。

（2）主要仪器

① 单口蒸馏烧瓶，500mL。

② 直形冷凝管。

③ 容量瓶，250mL、200mL、25mL。

④ 水浴锅。

⑤ 分光光度计。

（3）主要试验试剂

① 在分析中仅使用确认为分析纯的试剂和蒸馏水或去离子水或相当纯度的水。

② 冰乙酸，$\rho=1.055g/mL$。

③ 乙酰丙酮，$\rho=0.975g/mL$。

④ 乙酰丙酮溶液，0.25%（体积分数）。称取 25g 乙酸铵，加少量水溶解，加 3mL② 及 0.25mL③，混匀后再加水至 100mL，调整 pH=6.0，此溶液于 pH 2～5 储存，可稳定一个月。

⑤ 碘溶液，$c(I_2)=0.1mol/L$。

⑥ 硫代硫酸钠溶液，$c(Na_2S_2O_4)=0.1mol/L$。

⑦ 淀粉溶液，1g/mL。称 1g 淀粉，用少量水调成糊状，倒入 100mL 沸水中，呈透明溶液，临用时配制。

⑧ 甲醛，质量分数为 36%～38%。

⑨ 甲醛标准储备液。取 100mL⑧置于 500mL 容量瓶中，用水稀释到刻度。

⑩ 甲醛标准储备液的标定。吸取 5.0mL 甲醛标准储备液置于 250mL 碘量瓶中，加 0.1mol/L 的碘溶液 30.0mL，立即逐滴地加入 30g/100mL 氢氧化钠溶液至颜色褪到淡黄色为止（大约 0.7mL，）。静置 10min，加入 100mL 新煮沸但已冷却的水，用标定好的硫代硫酸钠溶液滴定至淡色，加入新配制的 1g/100mL 的淀粉指示剂 1mL，继续滴定至蓝色刚刚消失为终点。同时进行空白测定。按式（3-11）计算甲醛标准储备液浓度 c（甲醛）。

$$c(甲醛)=\frac{(V_1-V_2)c\times15.0}{5.0} \tag{3-11}$$

式中　　c（甲醛）——甲醛标准储备液浓度，mg/mL；

$\quad\quad\quad V_1$——空白测定消耗硫代硫酸钠溶液的体积，mL；

$\quad\quad\quad V_2$——标定甲醛消耗硫代硫酸钠溶液的体积，mL；

$\quad\quad\quad c$——硫代硫酸钠溶液的浓度，mol/L；

$\quad\quad\quad$15.0——甲醛（1/2HCHO）摩尔质量，g/mol；

$\quad\quad\quad$5.0——甲醛标准储备液取样体积，mL；

⑪ 磷酸；乙酸乙酯；乙酸铵；氢氧化钠溶液，30g/100L；盐酸溶液（1+5）。

（4）试验步骤

① 标准曲线的绘制。按表 3-9 所列甲醛标准储备液的体积，分别加入六只 25mL 容量瓶，加 0.25%乙酰丙酮溶液，用水稀释至刻度，混匀，置于沸水中加热 3min，取出冷却至室温，用 1cm 的吸收池，以空白溶液为参比，于波长 415nm 处测定吸光度，以吸光度 A 为纵坐标，以甲醛浓度（μg/mL）为横坐标，绘制标准曲线，或用最小二乘法计算其回归方程。

表 3-9　甲醛标准储备液的体积与对应的甲醛的浓度

甲醛标准储备液/mL	对应的甲醛的浓度/(μg/mL)	甲醛标准储备液/mL	对应的甲醛的浓度/(μg/mL)
10.00	4.0	2.50	1.0
7.50	3.0	1.25	0.5
5.00	2.0	0[①]	0[①]

① 空白溶液。

② 样品测定

a. 水基型胶黏剂

(a) 称取 5.0g 试样（精确到 0.1mg），置于 500mL 的蒸馏烧瓶中，加 250mL 水将其溶解，再加 5mL 磷酸，摇匀。

(b) 装好蒸馏装置，在油浴中蒸馏，蒸至馏出液为 200mL，停止蒸馏。将馏出液转移到一 250mL 的容量瓶中，用水稀释至刻度。

(c) 取 10mL 馏出液于 250mL 容量瓶中，加 5mL 的乙酰丙酮，用水稀释至刻度，摇匀。将其置于沸水浴中煮 3min，取出冷却至室温。然后测其吸光度。

b. 溶剂型胶黏剂

(a) 称取 5.0g 试样（精确到 0.1mg），置于 500mL 的蒸馏烧瓶中，加 250mL 水将其溶解，再加 5mL 磷酸，摇匀。

(b) 装好蒸馏装置，在油浴中蒸馏，蒸至馏出液为 200mL，停止蒸馏。将馏出液转移到一 250mL 的容量瓶中，用水稀释至刻度。

(c) 取 10mL 馏出液于 250mL 容量瓶中，加 5mL 的乙酰丙酮，用水稀释至刻度，摇匀。将其置于沸水浴中煮 3min，取出冷却至室温。然后测其吸光度。

(5) 数据处理和结果评定

① 直接从标准曲线上读出试样溶液甲醛的浓度。

试样中游离甲醛含量 X，计算公式为

$$X = \frac{(c_t - c_b)Vf}{1000m} \tag{3-12}$$

式中　X——游离甲醛含量，g/kg；

　　　c_t——从标准曲线上读取的试样溶液中甲醛浓度，μg/mL；

　　　c_b——从标准曲线上读取的空白溶液中甲醛浓度，μg/mL；

　　　V——馏出液定容后的体积，mL；

　　　m——试样的质量，g；

　　　f——试样溶液的稀释因子。

② 将以上游离甲醛含量计算结果按表 3-7 或表 3-8 判定是否满足限量要求。

3.6.2.2　胶黏剂中苯含量的测定（气相色谱法）

(1) 检测原理　试样用适当的溶剂稀释后，直接用微量注射器将稀释后的试样溶液注入进样装置，并被载气带入色谱柱，在色谱柱内被分离成相应的组分，用氢火焰离子化检测器检测并记录色谱图，用外标法计算试样溶液中苯的含量。

(2) 主要仪器及参数

① 进样器，5μL 的微量注射器。

② 色谱仪，带氢火焰离子化检测器。

③ 色谱柱，大口径毛细管柱，DB-1 (30m×0.53mm×1.5μm)，固定液为二甲基聚硅

氧烷。

④ 记录装置，积分仪或色谱工作站。

（3）测定条件

① 汽化室温度，200℃。

② 检测室温度，250℃。

③ 氮气，纯度大于 99.9%，硅胶除水，柱前压为 70kPa（30℃）。

④ 氢气，纯度大于 99.9%，硅胶除水，柱前压为 65Pa。

⑤ 空气，硅胶除水，柱前压为 55Pa。

⑥ 程序升温，初始温度为 30℃，保持时间 3min，升温速率 20℃/min，终了温度150℃，保持时间 5min。

（4）试验试剂

① 苯，色谱纯。

② N,N-二甲基甲酰胺，分析纯。

（5）试验步骤

① 称取 0.2～0.3g（精确至 0.1mg）的试样，置于 50mL 容量瓶中，用 N,N-二甲基甲酰胺溶解并稀释至刻度，混匀。用 5μL 的微量注射器取 2μL 进样，测其峰面积。若试样溶解的峰面积大于表 3-10 中最大浓度的峰面积，用移液管准确移取 V 体积的试样溶液于50mL 容量瓶中，用 N,N-二甲基甲酰胺溶解并稀释至刻度，混匀后再测。

② 标准溶液的配制

a. 苯标准溶液：1.0mg/mL。称取 0.1000g 苯，置于 100mL 容量瓶中，用 N,N-二甲基甲酰胺溶解并稀释至刻度，混匀。

b. 系列苯标准溶液的配置。按表 3-10 所列苯标准溶液的体积，分别加入至六个 25mL容量瓶中，用 N,N-二甲基甲酰胺溶解并稀释至刻度，混匀。

表 3-10　标准溶液的体积与相应苯的浓度

移取的体积/mL	相应苯的浓度/(μg/mL)	移取的体积/mL	相应苯的浓度/(μg/mL)
15.00	600	2.500	100
10.00	400	1.00	50
5.00	200	0.50	20

c. 系列标准溶液峰面积的测定。开启气相色谱仪，对色谱条件进行设定，等基线稳定后，用 5μL 的微量注射器取 2μL 标准溶液进样，测定其峰面积，每一标准溶液进样五次，取其平均值。

d. 标准曲线的绘制。以峰面积 A 为纵坐标，相应浓度（μg/mL）为横坐标，即得标准曲线。

（6）数据处理和结果评定

① 直接从标准曲线上读取试样溶液中的苯的浓度。

试样中苯含量 X，计算公式为

$$X = \frac{c_t V f}{1000m} \tag{3-13}$$

式中　X——试样中苯含量，g/kg；

　　　c_t——从标准曲线上读取的试样溶液中苯浓度，μg/mL；

V——试样溶液的体积，mL；

m——试样的质量，g；

f——试样溶液的稀释因子。

② 将以上苯含量计算结果按表 3-7 或表 3-8 判定是否满足限量要求。

3.6.2.3　胶黏剂中甲苯、二甲苯含量的测定（气相色谱法）

（1）检测原理

试样用适当的溶剂稀释后，直接用微量注射器将稀释后的试样溶液注入进样装置，并被载气带入色谱柱，在色谱柱内被分离成相应的组分，用氢火焰离子化检测器检测并记录色谱图，用外标法计算试样溶液中甲苯、二甲苯的含量。

（2）主要试验仪及参数

① 进样器，5μL 的微量注射器。

② 色谱仪，带氢火焰离子化检测器。

③ 色谱柱，大口径毛细管柱，DB-1（30m×0.53mm×1.5μm），固定液为二甲基聚硅氧烷。

④ 记录装置，积分仪或色谱工作站。

（3）测定条件

① 汽化室温度，200℃。

② 检测室温度，250℃。

③ 氮气，纯度大于 99.9%，硅胶除水，柱前压为 70kPa（30℃）。

④ 氢气，纯度大于 99.9%，硅胶除水，柱前压为 65Pa。

⑤ 空气，硅胶除水，柱前压为 55Pa；

⑥ 程序升温，初始温度为 30℃，保持时间 3min，升温速率 20℃/min，终了温度 150℃，保持时间 5min。

（4）试验试剂

① 甲苯，色谱纯。

② 间二甲苯和对二甲苯，色谱纯。

③ 邻二甲苯，色谱纯。

④ 乙酸乙酯，分析纯。

（5）试验步骤

① 称取 0.2～0.3g（精确至 0.1mg）的试样，置于 50mL 容量瓶中，用乙酸乙酯溶解并稀释至刻度，混匀。用 5μL 的微量注射器取 2μL 进样，测其峰面积。若试样溶解的峰面积大于表 3-11 中最大浓度的峰面积，用移液管准确移取 V 体积的试样溶液于 50mL 容量瓶中，用乙酸乙酯溶解并稀释至刻度，混匀后再测。

表 3-11　标准溶液的体积与对应的浓度

移取的体积/mL	对应甲苯的浓度/(μg/mL)	相应间二甲苯和对二甲苯的浓度/(μg/mL)	相应邻二甲苯的浓度/(μg/mL)
15.00	600	600	600
10.00	400	400	400
5.00	200	200	200
2.500	100	100	100
1.00	50	50	50
0.50	20	20	20

② 标准溶液的配制。甲苯、间二甲苯和对二甲苯、邻二甲苯标准溶液：1.0mg/mL、1.0mg/mL、1.0mg/mL。

称取 0.1000g 甲苯、0.1000g 间二甲苯和对二甲苯、0.1000g 邻二甲苯，置于 100mL 容量瓶中，用乙酸乙酯溶解并稀释至刻度，混匀。

③ 系列标准溶液的配置。按表 3-11 所列标准溶液的体积，分别加入至六个 25mL 容量瓶中，用乙酸乙酯稀释至刻度，混匀。

④ 系列标准溶液峰面积的测定。开启气相色谱仪，对色谱条件进行设定，等基线稳定后，用 5μL 的微量注射器取 2μL 标准溶液进样，测定其峰面积，每一标准溶液进样五次，取其平均值。

⑤ 标准曲线的绘制。以峰面积 A 为纵坐标，相应浓度（μg/mL）为横坐标，即得标准曲线。

(6) 数据处理和结果评定

① 直接从标准曲线上读取试样溶液中甲苯或二甲苯的浓度。

试样中甲苯或二甲苯含量 X，计算公式为

$$X = \frac{c_t V f}{1000 m} \qquad\qquad (3-14)$$

式中　X——试样中甲苯或二甲苯含量，g/kg；

　　　c_t——从标准曲线上读取的试样溶液中甲苯或二甲苯浓度，μg/mL；

　　　V——试样溶液的体积，mL；

　　　m——试样的质量，g；

　　　f——试样溶液的稀释因子。

② 将以上甲苯和二甲苯含量计算结果按表 3-7 或表 3-8 判定是否满足限量要求。

3.6.2.4　聚氨酯胶黏剂中甲苯二异氰酸酯含量的测定（气相色谱法）

(1) 检测原理　试样用适当的溶剂稀释后，加入正十四烷作内标物。将稀释后的试样溶液注入进样装置，并被载气带入色谱柱，在色谱柱内被分离成相应的组分，用氢火焰离子化检测器检测并记录色谱图，用内标法计算试样溶液中甲苯二异氰酸酯的含量。

(2) 主要仪器及参数

① 进样器，5μL 的微量注射器。

② 色谱仪，带氢火焰离子化检测器。

③ 色谱柱，大口径毛细管柱，DB-1（30m×0.53mm×1.5μm），固定液为二甲基聚硅氧烷。

④ 记录装置，积分仪或色谱工作站。

(3) 测定条件

① 汽化室温度，160℃。

② 检测室温度，200℃。

③ 氮气，纯度大于 99.9%，硅胶除水，柱前压为 100kPa（135℃）。

④ 氢气，纯度大于 99.9%，硅胶除水，柱前压为 65Pa。

⑤ 空气，硅胶除水，柱前压为 55Pa。

(4) 试验试剂

① 乙酸乙酯，加入 100g 5Å 分子筛，放置 24h 后过滤。

② 甲苯二异氰酸酯。

③ 正十四烷，色谱纯。

④ 5Å 分子筛，在 500℃ 的高温炉中加热 2h，置于干燥器中冷却备用。

（5）试验步骤

① 内标溶液的制备。称取 1.0006g 正十四烷于 100mL 的容量瓶中，用除水乙酸乙酯溶解并稀释至刻度，混匀。

② 相对质量校正因子的测定。称取 0.2～0.3g（精确至 0.1mg）的甲苯二异氰酸酯试样，置于 50mL 容量瓶中，加入 5mL 内标物，用适量的乙酸乙酯溶解并稀释至刻度，混匀。用 5μL 的微量注射器取 1μL 进样，测定甲苯二异氰酸酯和正十四烷的色谱峰面积。根据公式计算相对质量校正因子。

相对质量校正因子的计算公式为

$$f' = \frac{W_i A_s}{W_s A_i} \tag{3-15}$$

式中　W_i——甲苯二异氰酸酯的质量，g；

　　　W_s——所加内标物的质量，g；

　　　A_s——所加内标物的峰面积；

　　　A_i——甲苯二异氰酸酯的峰面积。

③ 试样溶液的制备及测定。称取 2～3g 样品于 50mL 容量瓶中，加入 5mL 内标物，用适量的乙酸乙酯溶解并稀释至刻度，混匀。用 5μL 的微量注射器取 1μL 进样，测定试样溶液中甲苯二异氰酸酯和正十四烷的色谱峰面积。

（6）数据处理和结果评定

① 试样中游离甲苯二异氰酸酯含量 X，计算公式为

$$X = f' \frac{A_i}{A_s} \times \frac{W_s}{W_i} \times 1000 \tag{3-16}$$

式中　X——试样中甲苯二异氰酸酯含量，g/kg；

　　　f'——相对质量校正因子；

　　　W_i——待测试样的质量，g；

　　　W_s——所加内标物的质量，g；

　　　A_i——待测试样的峰面积；

　　　A_s——所加内标物的峰面积。

② 将以上游离甲苯二异氰酸酯含量计算结果按表 3-7 或表 3-8 判定是否满足限量要求。

3.6.2.5 胶黏剂中总挥发性有机物（VOC）含量的测定方法

（1）检测原理　将适量的胶黏剂置于恒定温度的鼓风干燥箱中，在规定的时间内，测定胶黏剂总挥发物含量。用卡尔·费休法测定其中水分的含量，胶黏剂总挥发物含量扣除其中水分的量，即得胶黏剂中总挥发性有机物的含量。

（2）主要仪器及参数

① 鼓风干燥箱，温度能控制在 105℃±1℃。

② 卡尔·费休滴定仪。

（3）试验试剂

① 在分析中仅使用确认为分析纯的试剂和蒸馏水或去离子水或相当纯度的水；

② 卡尔·费休试剂。

（4）试验步骤

① 胶黏剂中总挥发物含量的测定。按 GB/T 2793—1995 规定的方法进行测定。

② 胶黏剂中水分含量的测定。按 GB/T 606—1988 规定的方法进行测定。

③ 胶黏剂密度的测定。按 GB/T 13354—1992 规定的方法进行测定。

（5）数据处理和结果评定

① 试样中总有机挥发物含量 X，计算公式为

$$X = (W_总 - W_水)\rho \times 1000 \qquad (3\text{-}17)$$

式中　X——试样中总有机挥发物含量，g/kg；

　　　$W_总$——总挥发分含量的质量分数；

　　　$W_水$——水分含量的质量分数；

　　　ρ——试样的密度，g/mL。

② 将以上总有机挥发物含量计算结果按表 3-7 或表 3-8 判定是否满足限量要求。

【思考题】

1. 通用硅酸盐水泥的技术指标有哪些？如何判定其合格品、不合格品？

2. 水泥物理检验的常规检验项目有哪些？并选择一个检验项目简述其检验步骤。

3. 用雷氏法测定水泥安定性时，煮前指针间距分别为 12.5mm、11.0mm，煮后指针间距分别为 18.0mm、17.0mm，问该水泥安定性是否合格？

4. 某水泥 28d 抗折、抗压试验原始数据如下，计算该水泥的 28d 抗折、抗压强度。

抗折值/MPa	4.71	4.80	4.32			
抗压值/kN	115.1	128.7	134.3	121.7	134.9	126.6

5. 试述混凝土和易性怎样评定的。在坍落度测定过程中，如何进行坍落度的调整？

6. 试述混凝土抗压强度检测过程中注意事项。在试验过程发生异常情况的该如何处理？

7. 试述砂浆测凝结时间的过程。

8. 常用的石膏装饰材料有哪些？建筑石膏的检测项目有哪些？

9. 为什么室内装饰装修材料胶黏剂中有害物质要做限量？并选择一个检验项目简述其检验步骤。

4 玻璃装饰材料

【本章要点】 本章主要介绍平板玻璃的分类与性能，平板玻璃技术要求与主要技术指标的检测方法；安全玻璃的分类与性能，安全玻璃技术要求与主要技术指标的检测方法。

玻璃是一种无定形的硅酸盐制品，为各向同性的均质材料，其组成比较复杂，主要化学成分是 SiO_2（70%左右）、Na_2O（15%左右）、CaO（10%左右）和少量的 MgO、Al_2O_3、K_2O 等。引入 SiO_2 的原料主要有石英砂、砂岩、石英岩，引入 Na_2O 的原料是纯碱（Na_2CO_3），引入 CaO 的原料为石灰石、方解石、白垩等。玻璃的使用、制作已经有五千年的历史。玻璃及其深加工制品具有透光、透视、隔声、隔热、节能和提高建筑艺术装饰等功能。因此，其不仅在门、窗中得到广泛应用，同时，在需要提高采光度和装饰效果的墙体、墙面装饰项目中也常被选用，成为现代建筑工程的重要材料之一。

玻璃材料是现代建筑十分重要的室内外装饰材料之一。随着科技进步和人们对建筑物的功能和适用性要求的不断提高，促使玻璃材料朝着多品种、多功能方向发展，玻璃材料在装修中的应用范围日益广泛，在增加或改善建筑物的使用功能和适用性方面以及美化建筑和建筑环境方面起到了不可忽视的作用。

作为重要的装饰材料，玻璃装饰材料质量检测对提高现代建筑工程质量起着重要的作用。不同用途的玻璃需要有不同的使用性能，这些性能包括力学性能、光学性能、电学性能、热学性能等。本章主要介绍平板玻璃、安全玻璃的性能及其部分性能的检测方法。

4.1 玻璃装饰材料质量检测概述

玻璃种类很多，按玻璃的用途可分为建筑玻璃、化学玻璃、光学玻璃、电子玻璃、工艺玻璃、玻璃纤维等，本章主要介绍建筑玻璃。

4.1.1 玻璃的性质

4.1.1.1 玻璃的密度

玻璃内几乎无孔隙，属于致密材料。其密度与化学成分有关，含有重金属离子时密度较大，含大量 PbO 的玻璃密度可达 $6.5g/cm^3$。普通玻璃的密度为 $2.5 \sim 2.6g/cm^3$。

4.1.1.2 玻璃的光学性质

玻璃具有优良的光学性质，广泛用于建筑物的采光、装饰及光学仪器和日用器皿。当光线入射玻璃时，表现有反射、吸收和透射三种性质。光线透过玻璃的性质称透射，以透光率表示。光线被玻璃阻挡，按一定角度反射出来称为反射，以反射率表示。光线通过玻璃后，一部分光能量被损失，称为吸收，以吸收率表示。玻璃的反射率、吸收率、透光率之和等于入射光的强度，为100%。反射率、吸收率与透光率的大小与玻璃的颜色、折射率、表面状态、玻璃表面是否镀有膜层、膜层的性质与厚度，以及入射光线的角度等多种因素有关。玻璃的用途不同，要求的光学性质也不同。用于采光、照明时要求透光率高，如3mm厚的普通平板玻璃的透光率85%。用于遮光和隔热的热反射玻璃，要求反射率高，如反射型玻璃的反射率可达48%以上，而一般洁净玻璃为7%～9%。

玻璃对光的吸收与玻璃的组成、厚度及入射光的波长有关。不同玻璃对不同波长的光具有选择性吸收，此时通过玻璃出来的光，将改变其原来光谱组成而获得某种颜色的光。例如在玻璃中加入钴、镍、铜、锰、铬等的氧化物而相应呈现蓝、灰、红、紫、绿等颜色，可制成有色玻璃。当加入 Fe^{2+}、V^{4+}、Cu^{2+} 等金属离子时，则可吸收波长为 $0.7\sim5\mu m$ 的红外线，从而可制成吸热玻璃。

4.1.1.3 玻璃的热工性质

玻璃的热工性质主要是指其比热容和热导率。玻璃的比热容随温度升高而增加，还与化学成分有关，当含 Li_2O、SiO_2、B_2O_3 等金属氧化物时比热容增大；含 PbO、BaO 时其值降低。玻璃的比热容一般为 $(0.33\sim1.05)\times10^3 J/(kg\cdot K)$。

玻璃是热的不良导体，它的热导率随温度升高而降低，它还与玻璃的化学组成有关，增加 SiO_2、Al_2O_3 时其值增大。石英玻璃的热导率最大，为 $1.344 W/(m\cdot K)$，普通玻璃的热导率为 $0.75\sim0.92 W/(m\cdot K)$。由于玻璃传热慢，所以在玻璃温度急变时，沿玻璃的厚度从表面到内部，有着不同的膨胀量，由此而产生应力，当应力超过玻璃极限强度时就造成碎裂破坏。

4.1.1.4 力学性质

玻璃的抗压强度与其化学成分、制品形状、表面性质和制造工艺有关。二氧化硅（SiO_2）含量高的玻璃有较高的抗压强度，而氧化钙（CaO）、氧化钠（Na_2O）及氧化钾（K_2O）等氧化物是降低强度的因素。玻璃的抗压强度高，一般为 $600\sim1200 MPa$，而抗拉强度很小，为 $40\sim80 MPa$，故玻璃在冲击力作用下易破碎，是典型的脆性材料。玻璃在常温下具有弹性，普通玻璃的弹性模量为 $(6\sim7.5)\times10^4 MPa$，为钢的 $1/3$，而与铝相接近。但随着温度升高，弹性模量下降，出现塑性变形。

4.1.1.5 化学性质

玻璃具有较高的化学稳定性，在通常情况下对水、酸、碱以及化学试剂或气体等具有较强的抵抗能力，能抵抗氢氟酸以外的各种酸类的侵蚀。但如果玻璃组成中含有较多易蚀物质，在长期受到侵蚀介质的腐蚀下，化学稳定性将变差，导致玻璃损坏。

4.1.2 玻璃的结构与缺陷、建筑玻璃的性能与应用

在生产透明玻璃制品时，不允许玻璃结晶，在制造微晶玻璃、乳浊玻璃时，又要使玻璃析出微晶。玻璃是由熔融物经冷却形成的，当熔融物过冷时，由于它的黏度（内摩擦）剧增，使其中分子与离子来不及排列成结晶格子，因而形成不规则的透明玻璃，而当熔体慢冷时，就可能析出晶体。玻璃结晶的最初特征是出现在相的分界线上，多半出现在玻璃的表面气泡、条纹旁或结石的界面附近。

玻璃体内由于存在着各种夹杂物，引起玻璃体的缺陷，在实际生产中，理想的玻璃体是极少的。玻璃体的缺陷种类和它产生的原因是多种多样的。按缺陷的状态不同，可以分成三大类。

4.1.2.1 气泡（气泡夹杂物）

玻璃中的气泡是可见的气体杂质，影响玻璃的外观质量，更重要的是影响玻璃的透明度

和机械强度，是一种极易引起人们注意的玻璃体缺陷。气泡的大小由零点几毫米到几毫米，其形状也是各种各样，有球形的、椭圆形的及线形的。气泡的变形主要是制品成形过程中造成的。

4.1.2.2　结石（固体夹杂物）

结石是玻璃体内最危险的缺陷，它不仅破坏玻璃制品的外观和光学均一性，而且降低了制品的使用价值。结石与它周围玻璃的膨胀系数相差愈大，产生的局部应力也就愈大，这就大大降低了制品的机械强度和热稳定性，甚至会使制品自行碎裂。特别是结石的热膨胀系数小于周围玻璃的热膨胀系数时，在与玻璃的交界面上形成拉应力，常会出现放射状的裂纹。玻璃制品中，通常不允许结石存在。

根据结石产生的原因，将其分为：配合料结石（未熔化的颗粒）、耐火材料结石、玻璃液的析晶结石、硫酸盐夹杂物（碱性类夹杂物）以及由于多种原因形成的"黑斑子"夹杂物。

4.1.2.3　条纹和节瘤（玻璃态夹杂物）

玻璃主体内存在的异类玻璃夹杂物称为玻璃态夹杂物（条纹和节瘤），它属于一种比较普遍的玻璃不均匀性方面的缺陷，在化学组成和物理性质上（折射率、密度、黏度、表面张力、热膨胀、机械强度，有时包括颜色）与玻璃主体不同。

由于条纹、节瘤在玻璃主体上呈不同程度的突出，它与玻璃的交界面不规则。它分布在玻璃的内部或表面上。大多数呈条纹状，也有的呈线状、纤维状，有时似疙瘩而凸起。有些细微条纹用肉眼看不见，必须用仪器检查才能发现，但这在光学玻璃中也是不允许的。对于一般玻璃制品，在不影响使用性能情况下，可以允许存在一定程度的不均匀性。呈滴状的，保持着原有形状的异类玻璃称为节瘤。在制品上它以颗粒状、块状或成片状出现。条纹和节瘤由于它们产生原因不同，可以是无色的，也可以是绿色或棕色的。

玻璃的缺陷不仅使玻璃的质量大大下降，影响装饰效果，甚至影响玻璃的进一步成形和加工。

建筑玻璃按功能可分为以下几类：平板玻璃、饰面玻璃、安全玻璃、新型建筑玻璃、玻璃砖和玻璃纤维。应用广泛的是平板玻璃和安全玻璃。这两类玻璃的特点与用途见表 4-1。

表 4-1　平板玻璃、安全玻璃的主要特点及用途

分　类		特　　点	用　　途
平板玻璃	普通平板玻璃	用垂直引上法、平拉法工艺生产，是大宗产品，稍有波筋等	普通建筑工程
	浮法平板玻璃	用浮法工艺生产，玻璃表面平整	高级建筑等
	吸热平板玻璃	有吸热（红外线）功能	防晒建筑等
	磨光平板玻璃	表面平整，无波筋，无光学畸变	制镜、高级建筑等
	压花平板玻璃	光线漫射，不透视，透光率减低为 60%～70%，有装饰效果	门窗及装饰屏风
	夹丝平板玻璃	玻璃中央有金属丝网，有安全、防火功能	安全围墙、透光建筑
安全玻璃	钢化玻璃	强度高，耐热冲击，破碎后成无尖角小颗粒	安全门窗等
	夹层玻璃	强度高，破碎后玻璃碎片不掉落	安全门窗等
	防盗玻璃	不易破碎，即使破碎也无法进入，可带警报器	安全门窗、橱窗等
	防爆玻璃	能承受一定破压冲击，不破碎，不伤人	观察窗口等
	防弹玻璃	防一定口径枪弹射击，不穿透	安全建筑、哨所等
	防火玻璃	平时是透明的，能防一定等级的火灾，在一定时间内不破碎，能隔焰、隔烟，并可带防火警报器	安全防火建筑

4.1.3 玻璃装饰材料质量检测概述

玻璃装饰材料主要应用于建筑上，作为建筑物的门、窗，而在建筑物的某些结构处，要求使用具有安全性能的玻璃，因此，对玻璃装饰材料质量检测具有特别重要的意义，国家制定了相应的质量检测标准。

4.1.3.1 平板玻璃质量检测概述

建筑用平板玻璃是建筑物中用量最大的一类，主要使用其中的普通平板玻璃和浮法（平板）玻璃。普通平板玻璃的主要缺点是产品易产生波纹和波筋。浮法玻璃的最大优点是玻璃表面平整，此工艺产量高、质量好、品种多、规格大、劳动生产率高，是目前世界上最先进的平板玻璃生产方法。

这两类建筑用平板玻璃均有相应的质量标准，《普通平板玻璃》（GB 4871—1995）和《浮法玻璃》（GB 11614—1999）标准。

普通平板玻璃质量应符合《普通平板玻璃》（GB 4871—1995）标准的规定，其尺寸一般不得小于 600mm×400mm，厚度为 2mm、3mm、4mm、5mm 四种，其质量检测项目包括尺寸、厚度、可见光总透过率、外观（波筋、气泡、划伤、砂粒、疙瘩、线道、麻点）、弯曲度、尺寸偏斜及缺角的测定等。浮法玻璃质量应符合《浮法玻璃》（GB 11614—1999）标准的规定，其形状为正方形或长方形，厚度分为 2mm、3mm、4mm、5mm、6mm、8mm、10mm、12mm、15mm、19mm 十种，其质量检测项目包括尺寸、厚度、外观质量（气泡、线道、划伤、表面裂纹、光学变形、断面缺陷）、对角线差、可见光总透过率、弯曲度等。

4.1.3.2 安全玻璃质量检测概述

建筑用安全玻璃是我国重要的建筑工业产品之一。建筑用安全玻璃包括钢化玻璃、夹层玻璃和防火玻璃。钢化玻璃广泛用于高层建筑外窗和幕墙以及学校、商场、体育馆等公共场所。因为玻璃属于易碎品，玻璃破碎后会伤人，所以特别强调其产品的安全性。优质的钢化玻璃与浮法玻璃和普通平板玻璃相比，具有明显的安全性能优势。第一，其抗冲击能力提高3～5 倍；第二，当其破碎后，炸裂成小颗粒，从高处落下时形成玻璃雨，不至于对人体构成伤害。显然，钢化玻璃的产品质量是其具有安全性能的保证。

我国的建筑安全玻璃加工业发展很快，国家有关部门和各地方政府积极提倡使用安全玻璃，并制定应用规程、规范。2005 年颁布了《建筑用安全玻璃第二部分：钢化玻璃》（GB 15763.2—2005）标准，为钢化玻璃的安全使用提供了保证，规定了经热处理工艺制成的建筑用钢化玻璃的分类、技术要求、试验方法和检验规则。2001 年颁布了《建筑用安全玻璃第一部分：防火玻璃》（GB 15763.1—2001），对建筑用防火玻璃的技术要求、试验方法和检验规则等做出了相应的规定。安全玻璃的主要质量检测项目有尺寸及偏差、外观质量、弯曲度、抗冲动性、碎片状态、霰弹袋冲击能力等。1999 年颁布《夹层玻璃》（GB 9962—1999）标准，检测项目包括尺寸及偏差、外观质量、弯曲度、耐热性、耐湿性、耐辐照性、落球冲击性、霰弹袋冲击能力等。

4.2 平板玻璃质量检测

玻璃的检验，除了尺寸与厚度，在外观质量上主要是检查平整度，观察有无气泡、夹杂物、划伤、线道和雾斑等质量缺陷，存在此类缺陷的玻璃在使用中会发生变形，降低它的透明度、机械强度和玻璃的热稳定性，工程上不宜选用。

4.2.1 概述

4.2.1.1 平板玻璃简介

平板玻璃是板状无机玻璃的总称，是建筑玻璃中用量最大的一类，用作建筑物的门窗、橱窗及屏风等装饰。包括普通平板玻璃、浮法玻璃、吸热玻璃、热反射玻璃、压花玻璃、夹丝玻璃等品种。

（1）普通平板玻璃　用垂直引上法和平拉法生产的平板玻璃。用于一般建筑和其他方面的普通平板玻璃通常采用引上法，包括有槽引上法（弗克法）、无槽引上法（匹兹堡法、旭法），以及平拉法（卡奔法）生产的平板玻璃。

（2）浮法平板玻璃　用浮法工艺生产的平板玻璃。所谓浮法工艺就是使熔融玻璃液流入锡槽，使其在高温、自重、表面张力及机械引力作用下摊平、展薄，形成两面平行、表面光滑、光畸变形极小的平板玻璃的一种工艺。浮法玻璃可用作汽车、火车、船舶的挡风玻璃，建筑门窗、柜台等。

浮法玻璃是在浮法槽中制造的，其流程约可分为以下五个阶段。

① 第一阶段：原料的混成。钠钙玻璃的主要原料成分有约 73% 的硅砂，约 9% 的氧化钙，13% 的碳酸钠及 4% 的镁。这些原料依照比例混合，再加入回收的玻璃小颗粒。

② 第二阶段：原料的熔融。调好的原料在经过一个混合仓后再进入一个有 5 个仓室的窑炉中加热，在约 1550℃时成为玻璃熔浆。

③ 第三阶段：熔浆与锡床。玻璃熔浆流入锡床且（浮）在锡浆之上，此时温度约 1000℃。在锡床上的玻璃熔浆形成了宽 3.21m，厚度介于 3mm 及 19mm 的玻璃带子。因为玻璃与锡有不相同的黏稠性，所以（浮）上方的玻璃熔浆与下方的锡浆不会混合在一起，并且形成非常平整的接触面。

④ 第四阶段：玻璃熔浆的冷却。玻璃带子在离开锡床时温度约 600℃，之后进入退火室或连续式缓冷窑，将玻璃的温度渐渐降低至 50℃，由此徐冷方式生产的玻璃也称为退火玻璃。

⑤ 第五阶段：品管，裁切，储存。徐冷之后的玻璃再经过数阶段的品质检查，之后再裁切成 6m×3.21m 的库存尺寸，这些所谓的库存原片则可被再裁切、储存或运送。

浮法是目前世界上最先进的平板玻璃生产方法。

（3）吸热平板玻璃　既能吸收大量红外辐射能而又能保持良好的可见光透过率的平板玻璃。常用熔融法在普通钠钙硅酸盐玻璃中加入氧化铁、氧化钴、氧化镍及氧化硒等着色氧化物，使玻璃着色并吸热；或于表面涂敷具有吸热性能的氧化物薄膜而成。

吸热玻璃可吸收大量的太阳辐射热，不同厚度和不同色调的吸热玻璃，对太阳辐射热的吸收率不同，通常可吸收 20%～60%，如 6mm 厚的蓝色吸热玻璃能吸收 50% 左右的太阳辐射热。吸热玻璃的可见光吸收率比普通玻璃大，使刺眼的阳光变得柔和，使人既清凉爽快，又可清晰地观察室外景物。吸热玻璃还可显著地减少紫外线进入室内，防止日用商品、图书资料的褪色和变质。且吸热玻璃色泽稳定，经久不变。此类玻璃常用于既要采光又要隔热的地方。除建筑外，还常用作汽车、轮船等挡风玻璃。

（4）磨光平板玻璃　表面平整，无波筋，无光学畸变，用于制镜和高级建筑等的玻璃。

（5）压花平板玻璃　用压延法生产，表面带有花纹图案，透光而又不透明的平板玻璃。又称滚花玻璃或花纹玻璃，是在玻璃硬化前，由刻有花纹的滚筒，在玻璃单面或双面上压出深浅不同的各种花纹图案。在生产过程还可以用气溶胶对压花玻璃有花纹的一面进行喷涂处理，形成具有各种颜色（如淡黄色、金黄色、天蓝色、橄榄色等）、立体感丰富的玻璃，同时还可以提高强度 50%～70%，也可以通过真空镀膜、化学热分解法将压花玻璃制成具有彩色膜、热吸收膜或热反射膜及素雅清新或色泽艳丽、立体感更强的压花玻璃。由于花纹凹凸不同使光线漫射而失去透视性，透光率减低为 60%～70%，故它具有花纹美丽、透光而又不透视的特点。

压花玻璃透光但不透明，具有良好的装饰效果。压花玻璃适用于要求采光，但需隐秘的建筑物门窗、有装饰效果的半透明室内隔断及分隔，广泛用于建筑物的大厅、内隔墙、屏风，以及卫生间、游泳池等处。

（6）夹丝平板玻璃 用压延法生产的内部夹有金属丝或网的平板玻璃。

通常采用压延法生产，在玻璃液进入压延辊的同时，将经过化学处理和预热的金属丝（网）嵌入玻璃板中而制成的玻璃制品。也可采用浮法工艺生产浮法夹丝玻璃。它具有安全、防火、装饰的三大特点。如因受外力而破裂，其碎片能黏附于金属丝（网）上，不致脱落伤人；受热碎裂后，碎片仍不脱落，可暂时隔断火焰。夹丝玻璃可广泛用于振动较大的工业厂房门窗、屋面、采光天窗，需防火的仓库、图书馆门窗等。

4.2.1.2 平板玻璃的主要性能

（1）光学性能 平板玻璃在可见光范围内有较高的光谱透过率。影响平板玻璃透光度的主要因素是玻璃中的含铁量。当玻璃原料质量差，带入较多的铁杂质时，平板玻璃颜色变绿，透光度下降。

（2）抗风压性 对于现代建筑，尤其是高层建筑和玻璃幕墙，平板玻璃的抗风压性是设计和选用玻璃品种、规格、厚度的重要因素。

平板玻璃的抗弯强度的平均值为 50MPa 左右，分散性很大，受玻璃表面状况、切口即边部状态、安装情况等多种因素的影响。表 4-2 给出了普通平板玻璃的抗风压强度。其数据是在实用条件下，对大量试样进行破坏性试验，用统计方法得出的试验结果。玻璃是典型的脆性材料，其破坏概率与安全系数的关系见表 4-3。

表 4-2 普通平板玻璃的抗风压强度

玻璃厚度/mm	平板破坏载荷/MPa	许用载荷（破坏概率 1/1000）/MPa
2	22.5	9.0
3	45.0	18.0
5	90.0	36.0
6	110.0	44.0

表 4-3 普通平板玻璃破坏概率与安全系数的关系

破坏概率	安全系数	破坏概率	安全系数
0.5	1.0	0.001	2.5
0.01	2.0	0.0003	3.3
0.003	2.3		

平板玻璃的承受风压力（p），可按式（4-1）计算。

$$p = (C/FA)(t + t^2/4) \tag{4-1}$$

式中　p——风压力，MPa；

$\quad\quad A$——玻璃板的面积，m^2；

t——玻璃板的厚度，mm；

F——安全系数；

C——品种系数，普通平板玻璃80，浮法玻璃60。

4.2.2 技术要求及检测标准

平板玻璃中主要使用的是普通平板玻璃和浮法玻璃。由于浮法技术的先进性，为进一步完善有关平板玻璃质量、安全、环保、检测等方面的技术规范并严格实施，以浮法技术为基础编制统一的《平板玻璃》标准目前正在修订中，以提高玻璃产品的质量和性能水平，实现协调和可持续发展。将《浮法玻璃》标准名称改为《平板玻璃》，将《普通平板玻璃》（GB 4871—1995）、《浮法玻璃》（GB 11614—1999）和《有色玻璃》（GB/T 18701—2002）三个国家标准合并修订为一个标准。

到2006年，我国浮法玻璃生产线已达168条，总产量达到3.90亿重箱，已连续18年居世界第一。下面主要介绍普通平板玻璃、浮法玻璃的技术要求及检测标准。

4.2.2.1 普通平板玻璃技术要求

普通平板玻璃按其外观质量，即玻璃上存在的缺陷如波筋、气泡、划伤、砂粒、疙瘩等的情况，分为优等品、一等品和合格品三类，按厚度分为：2mm、3mm、4mm、5mm四类。

① 厚度偏差应符合表4-4的规定。

表4-4　普通平板玻璃厚度偏差

厚度/mm	允许偏差/mm	厚度/mm	允许偏差/mm
2	±0.20	4	±0.20
3	±0.20	5	±0.25

② 尺寸偏差，长1500mm以内（含1500mm）不得超过±3mm，长超过1500mm不得超过±4mm。

③ 尺寸偏斜，长1000mm，不得超过±2mm。切割下来的玻璃板应该是矩形，如果切割下来的玻璃板的四个角不是90°，就会出现偏斜。产生偏斜的主要原因在于生产线上的玻璃板跑偏或自动切割机的倾斜角不当。

④ 弯曲度不得超过0.3%。玻璃板的弯曲是玻璃生产中常见的缺陷。轻微的缺陷对视觉影响不大，只有当它与平直的参照物相比较时才容易被发现。弯曲产生的原因，一是玻璃板成形完毕达到辊道上时，玻璃温度过高，导致玻璃板塑性变形；二是退火窑的前端玻璃厚度方向、宽度方向存在较大的温度差，冷却过程中，各部位收缩程度不同。

⑤ 边部凸出或残缺部分不得超过3mm，一片玻璃只许有一个缺角，沿原角等分线测量不得超过5mm。

玻璃边部凸出或残缺是玻璃的端面缺陷，这类缺陷产生的原因有以下四个方面：一是玻璃成分不当，使玻璃脆性大，硬度大；二是切割刀具硬度小或钝化；三是玻璃跑偏，使玻璃与退火窑边缘碰撞；四是玻璃退火质量差，造成局应力过大。

⑥ 可见光总透过率，不得低于表4-5的规定。

光照在玻璃上，去向有三个：反射、吸收、透过，各部分能量占入射光能量的比例分别用反射率R、吸收率A、透光率T表示，三者关系为

$$R+A+T=100\%$$

(4-2)

表 4-5 可见光总透过率

厚度/mm	可见光总透过率/%	厚度/mm	可见光总透过率/%
2	88	4	86
3	87	5	84

玻璃对光线的反射率决定于表面光滑程度、光的入射角、玻璃的折射率、入射光的频率等。

平板玻璃的可见光总透过率（简称透光率）是指光源 A 发出的一束平行光束垂直照射平板玻璃时，透过它的光通量 Φ_2 对入射光通量 Φ_1 的百分数，以 $T(\%)$ 表示，即

$$T=\frac{\Phi_2}{\Phi_1}\times100\%$$

(4-3)

⑦ 外观质量应符合表 4-6 的要求。

表 4-6 普通平板玻璃外观质量

缺陷种类	说 明	优等品	一等品	合格品
波筋（包括波纹辊子花）	不产生变形的最大入射角	60°	45° 50mm 边部，30°	30° 100mm，0°
气泡	长度 1mm 以下	集中的不许有	集中的不许有	不限
	长度大于 1mm 的每平方米允许个数	≤6mm，6	≤8mm，8 >8~10mm，2	≤10mm，12 >10~20mm，2 >20~25mm，1
划伤	宽≤0.1mm，每平方米允许条数	长≤50mm 3	长≤100mm 5	不限
	宽>0.1mm，每平方米允许条数	不许有	宽≤0.4mm，长<100mm 1	宽≤0.8mm，长<100mm 3
砂粒	非破坏性的，直径 0.5~2mm，每平方米允许个数	不许有	3	8
疙瘩	非破坏性的疙瘩波及范围直径不大于 3mm，每平方米允许个数	不许有	1	3
线道	正面可以看到的，每片玻璃允许条数	不许有	30mm 边部，宽≤0.5mm 1	宽≤0.5mm 2
麻点	表现呈现的集中麻点	不许有	不许有	每平方米不超过 3 处
	稀疏的麻点，每平方米允许个数	10	15	30

波筋又名玻璃条纹，是玻璃的一种缺陷。平板玻璃表面出现的条纹和波纹，是由于玻璃液组成或温度不均，成形时冷却不匀，或槽子砖槽口不平整等原因所引起的。波筋对光的折射或反射产生差异，使物像变形。

气泡是玻璃中比较常见的一种缺陷，肉眼常见的气泡主要有澄清泡、玻璃液中溶解气体析出形成的气泡及由杂质引起的气泡。

划伤是指玻璃表面某一固定位置，连续或断续出现的被异物刻画的凹形伤痕。

线道是玻璃生产中沿玻璃前进方向出现的很细的条纹，像线一样，故称为线道。

麻点等，一般是残留在玻璃表面的凹状小坑。

⑧ 玻璃 15mm 边部，一等品、合格品允许有任何非破坏性缺陷。

⑨ 玻璃不允许有裂口存在。

4.2.2.2 浮法玻璃技术要求

浮法玻璃按用途分为制镜级、汽车级、建筑级。建筑级浮法玻璃的技术要求有以下几个

方面。

　　① 浮法玻璃长度和宽度尺寸允许偏差应符合表 4-7 规定。

　　② 浮法玻璃厚度允许偏差应符合表 4-8 规定。

表 4-7　尺寸允许偏差　　　单位：mm

厚度	尺寸允许误差	
	尺寸小于 3000	尺寸 3000～5000
2,3,4	±2	—
5,6		±3
8,10	+2,−3	±3,−4
12,15	±3	±4
19	±5	±5

表 4-8　厚度允许偏差　　　单位：mm

厚度	允许误差
2,3,4,5,6	±0.2
8,10	±0.3
12	±0.4
15	±0.5
19	±1.0

　　③ 建筑级浮法玻璃外观质量应符合表 4-9 规定。

表 4-9　建筑级浮法玻璃外观质量

缺陷种类	质量要求			
气泡	长度(L)及个数允许范围			
	0.5mm≤L≤1.5mm	1.5mm<L≤3.0mm	3.0mm<L≤5.0mm	L>5.0mm
	5.5×S,个	1.1×S,个	0.44×S,个	0,个
夹杂物	长度及个数允许范围			
	0.5mm≤L≤1.0mm	1.0mm<L≤2.0mm	2.0mm<L≤3.0mm	L>3.0mm
	5.5×S,个	1.1×S,个	0.44×S,个	0,个
点状缺陷密集度	长度大于 1.5mm 的气泡和长度大于 1.0mm 的夹杂物；气泡与气泡、夹杂物与夹杂物或气泡与夹杂物的间距应大于 300mm			
线道	肉眼不应看见			
划伤	长度和宽度允许范围及条数			
	长 60mm,宽 0.5mm,3×S,条			
光学变形	入射角：2mm,40°；3mm,45°；4mm 以上 50°			
表面裂纹	肉眼不应看见			
断面缺陷	爆边、凹凸、缺角等不应超过玻璃板的厚度			

　　注：S 为以平方米为单位的玻璃板面积，保留小数点后两位。气泡、夹杂物的个数及划伤条数允许范围为各系数与 S 相乘所得的数值，应按 GB/T 8170—2008 修约至整数。

　　如果玻璃中局部存在凹凸不平或局部折射率与玻璃主体有差异，光线照射到这些部位时，其透过、反射方向与在其他地方的相比的较大的差异，这就是光学变形。

　　④ 浮法玻璃对角线差不大于对角线平均长度的 0.2%。

　　⑤ 浮法玻璃弯曲度不超过 0.2%。

　　新修订的《平板玻璃》国家标准将对气泡和夹杂物的要求更加严格，并新增加了污斑（包括粘锡、硌伤、霉斑等）项要求，对微缺陷的数量也作出了限制。

4.2.2.3　检测标准

　　普通平板玻璃、浮法玻璃质量检验分别按《普通平板玻璃》（GB 4871—1995）、《浮法玻璃》（GB 11614—1999）的相应规定进行。

① 尺寸偏差、玻璃的厚度、尺寸偏斜、弯曲度、边部残缺等用符合相应标准 GB 1216—2004 的外径千分尺，符合 JB 2546 规定的金属尺等测量。

② 可见光总透过率按 GB 2680—81 平板玻璃可见光总透过率测定方法进行或使用等效的仪器测定。

③ 光学变形平板玻璃的光学变形检验装置包括黑白相间的斑马仪屏幕和安放玻璃的支架。检测按标准的有关规定进行。

4.2.3 主要仪器及参数

4.2.3.1 平板玻璃的可见光总透过率仪

玻璃的可见光总透过率（简称透光率）是指由光源 A 发出的一束平行光束垂直照射平板玻璃时，透过它的光通量 Φ_2 对入射光通量 Φ_1 的百分比数。

平板玻璃透光率测定仪结构原理见图 4-1。

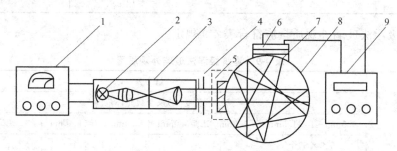

图 4-1 平板玻璃透光率测定仪结构原理图

1—直流稳压电源；2—灯泡；3—固定光栏；4—可调光栏；

5—快门；6—硒光电池；7—滤光片；8—积分球；9—检流计

当光路中没有试样时，电光源发出的白光经过透镜组成一束平行光无阻挡地进入积分球内腔的中性层，多次反射而变成均匀柔和的漫反射光，从积分球射出的光线在光电池上产生相应的光电流 i_0，由检流计显示出来。而将试样推入光路后，在光电池产生相应的电流为 i，则试样的透光率为：

$$T = \frac{i}{i_0} \times 100\% \tag{4-4}$$

这样从检流计光亮点偏转的格数就可以直接读出被测试洋的透光率。

4.2.3.2 波筋测定设备

DG-1 型点光源检测仪是依据中华人民共和国国家标准《普通平板玻璃》（GB 4871—1995）的技术要求设计制造，用于检测普通平板玻璃波筋的专用设备，是采用垂直引上法和平拉法生产普通平板玻璃的检测设备。

普通平板玻璃用点光源在一定距离、一定角度下照射，玻璃的波筋将在玻璃板后某个平面上产生一些明亮的线条，线条越亮，表示玻璃中的波筋越重，本仪器采用这个原理，用幻灯机的光源照射玻璃，在玻璃板后面放置一块白幕，用经过玻璃专家确认的波筋标样照出的亮线与样品的亮线进行对比，以确定玻璃样品的波筋等级。

设备的规格和技术参数如下。

① 幻灯机：220V，195W 卤钨灯。

② 样品架：1800mm×1500mm（长×高）。

③ 屏幕：2400mm×1220mm（长×高）。

④ 标样等级：30°、45°、60°。

4.2.3.3　外观检测仪（气泡、划伤、砂粒、疙瘩、麻点、线道检验设备）

WG-2型外观检测仪，用于检测玻璃的外观缺陷，如气泡、划伤、砂粒、疙瘩、麻点、线道、夹杂物等。

设备的技术参数如下。

① 光源：6支40W日光灯管，灯管间距300mm。

② 试样架处照度＞600lx。

③ 试样架尺寸：850mm×1200mm。

④ 仪器尺寸：1300mm×1950mm×840mm。

⑤ 电源：220V。

4.2.3.4　弯曲度测试仪

用于测试玻璃的弯曲度，适用于浮法玻璃、钢化玻璃等一切玻璃产品弯曲度的测定。

工作原理：采用一根拉直的细钢丝作参照，用一根精密准直的导轨做基准，导轨上安装有百分表可直线移动，测玻璃样品与钢丝的间距，从而计算出玻璃样品的弯曲度。

4.2.4　检验步骤

4.2.4.1　尺寸偏差测定

用最小刻度1mm的钢卷尺，测量两条平行边的距离。

4.2.4.2　厚度偏差

用精确度为0.01mm外径千分仪或具有相同精度的仪器，在距玻璃板四边15mm内的四边中点测量。同一片玻璃厚薄差为四个测量值中最大值与最小值之差。

4.2.4.3　浮法玻璃外观质量测量

（1）气泡、夹杂物、线道、划伤及表面裂纹测定　在不受外界光线的影响下，如图4-2所示，将玻璃垂直放置，与日光灯管平行并相距600mm，观察者距玻璃600mm，视线垂直玻璃观察，缺陷尺寸用精度1mm的金属尺或放大10倍、精度0.1mm的读数显微镜测定。

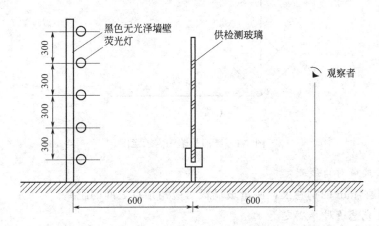

图4-2　气泡、夹杂物、线道、划伤及表面裂纹测定示意图

（2）光学变形的测定　平板玻璃的光学变形检验装置包括黑白相间的斑马仪屏幕和安放玻璃的支架，屏幕尺寸为2500mm×2500mm，黑白相间的斑马纹宽25mm，与水平线做斜45°角。检验时，玻璃按拉引方向垂直放在支架上，距屏幕4500mm，观察者距玻璃4500mm，在自然光下垂直屏幕进行观察。开始时让屏幕斑马纹出现变形，然后慢慢减少玻

璃与屏幕间的角度，直至屏幕上斑马纹不出现变形为止，此时的玻璃倾角即为光学变形角度。

如图 4-3 所示，试样按拉引方向垂直放置，视线透过试样观察屏幕条纹，首先让条纹明显变形，然后慢慢转动试样直到变形消失。记录此时的入射角度。

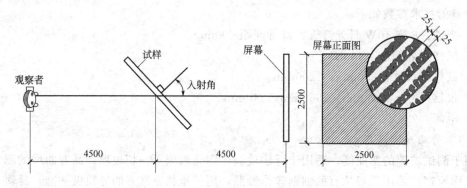

图 4-3　光学变形的测定

（3）断面缺陷的测定　用钢直尺测定爆边、凹凸最大部位与板边之间的距离。缺角沿原角等分线向内测量，如图 4-4 所示。

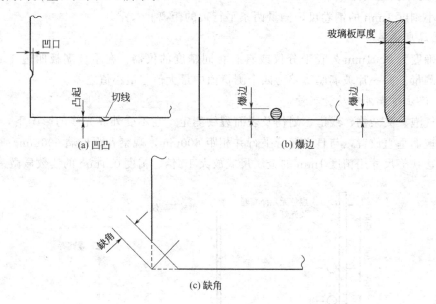

图 4-4　断面缺陷测定示意图

4.2.4.4　浮法玻璃对角线测定

用最小刻度 1mm 的钢卷尺，测量玻璃板对应角顶点之间的距离。

4.2.4.5　可见光总透过率测定

浮法玻璃与普通平板玻璃的可见光总透过率按 GB/T 2680—1994 进行测定。

（1）标准样品

① 标准样品的成分应符合我国浮法玻璃的化学组成，其厚度为 5mm。

② 标准样品的透光率用精度优于 ±5% 的分光光度计标定。

③ 标准样品应装入密闭的干燥器中，存放于阴凉处。

（2）取样要求　玻璃原板，按图 4-5 中的剖线所示部位，切取 40mm×60mm 长方形试样 3 片。所取试样不应有明显可见的划伤、疙瘩、不易清洗的附着物及直径大于 1mm 的气泡。

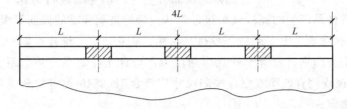

图 4-5　取样示意图

（3）测定

① 测定前，用浸有无水乙醇（或乙醚）的脱脂棉清洗试样。然后接通电源，将光源电流调至规定值，预热 10min。

② 将试样固定在样品架上，放入样品室。

③ 移动样品架，使试样置于光路，读取检流计光亮点偏转格数。

④ 核对零点与满度，如发现有所偏离，则此次测定为无效。

（4）结果评定

① 每片试样测定 3 次，取算术平均值作为该试样的透光率。

② 将 3 片试样的透光率取算术平均值，作为测定结果。

4.2.4.6　普通平板玻璃、浮法玻璃弯曲度的测定

将玻璃垂直放置在弯曲度测试仪中，不施加外力，沿板边水平放一足够长的直尺。玻璃弓形弯曲时，测量对应弦长的弧高；波形时，测量对应波峰到波峰（或波谷到波谷）距离间的波谷的深度（或波峰高度）。

4.2.4.7　普通平板玻璃波筋测定的检验步骤

玻璃按拉引方向垂直放置，与光线成 60°角，距光源 6m。白色屏幕与玻璃平行，相距 0.7m，观察屏幕呈现的明暗条纹，参照波筋样板确定等级，如图 4-6 所示。

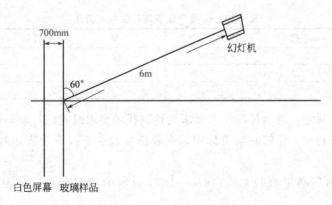

图 4-6　波筋测定位置图

DG-1 型点光源检测仪波筋测定操作方法如下。

① 接通幻灯机电源，打开幻灯机，关闭实验室所有照明灯光，拉上实验室窗帘。

② 将玻璃样品按拉引方向垂直放置在样品架上，与光线成 60°角，距光源 6m。

③ 白色屏幕与玻璃样品平行放置，与玻璃间距 0.7m。

④ 在白色屏幕上将出现许多条亮线，确定其中最亮的线条，将标准样品放置在玻璃样品上方或旁边，将 30°、45°、60°三块标准样品分别与玻璃样品进行对比，观察样品的亮线与哪个等级的标准样品产生的亮线最为接近，从而确定玻璃样品的波筋等级。

4.2.4.8 普通平板玻璃气泡、划伤、砂粒、疙瘩、麻点、线道检验步骤

将玻璃按拉引方向垂直放置于外观检测仪中，与日光灯管平行并相距 600mm，观察者距玻璃 600mm，视线垂直玻璃观察，缺陷尺寸用符合 JB 2546 规定的金属尺或放大 10～20 倍的读数显微镜测定。

4.2.4.9 普通平板玻璃尺寸偏斜及缺角的测定

将直角尺放在玻璃上，使角顶点、一边分别与玻璃顶点、一边对齐，测量直角尺另一边 1m 处与玻璃板的距离。缺角深度是沿角平分线从原角顶向内测量。

4.2.5 结果计算及质量评定

4.2.5.1 弯曲度的计算

按下式计算弯曲度。

$$C = \frac{h}{L} \times 100\% \tag{4-5}$$

式中　C——弯曲度，%；

h——弦高或波谷深度（或波峰高度），mm；

L——弦长或波峰到波峰的距离（或波谷到波谷的距离），mm。

标准要求普通平板玻璃弯曲度不得超过 0.3%。

4.2.5.2 质量评定

① 普通平板玻璃检验分为如下几种。

出厂检验：检验项目为厚度偏差、尺寸偏差、外观质量。

型式检验：检验项目为 GB 4871—1995 标准规定的该种产品的全部技术要求。

抽样方法：按表 4-10 规定进行随机抽样。

表 4-10　普通平板玻璃检验抽样方法　　　　　　单位：片

批　量	抽样数	允许不合格片数	批　量	抽样数	允许不合格片数
91～150	20	2	501～1200	80	7
151～280	32	3	1201～3200	125	10
281～500	50	5			

一片玻璃合格判定：玻璃各项技术要求均达到技术要求时，该片玻璃视为合格。

一批玻璃合格判定：任何一项指标中，不合格片数少于或等于表 4-10 规定时，该批玻璃视为合格。

② 浮法玻璃出厂必须检验 GB 11614—1999 规定的所有项目，按表 4-11 的规定随机抽样。

表 4-11　浮法玻璃抽样表　　　　　　单位：片

批量范围	样本大小	合格判定数	不合格判定数	批量范围	样本大小	合格判定数	不合格判定数
≤50	8	1	2	151～280	32	5	6
51～90	13	2	3	281～500	50	7	8
91～150	20	3	4	501～1000	80	10	11

　　一片玻璃合格判定：各项指标均达到该等级要求为合格。

　　一批玻璃合格判定：若不合格片数大于或等于表4-11不合格判定数，则认为该批产品不合格。

4.3　安全玻璃质量检测

　　安全玻璃是用平板玻璃经强化处理或与其他材料复合，从而具有较高的机械强度和耐热抗震性能，提高了玻璃产品安全性。安全玻璃主要用于汽车、火车、船舶等工业领域以及房屋建筑、家庭装饰等行业。随着建筑行业的发展和人们对生活空间环境要求的提高，建筑用安全玻璃得到了广泛的发展。

　　建筑用安全玻璃即指钢化玻璃、夹层玻璃以及由这两种玻璃组合而成的构件，如安全中空玻璃等。我国已颁布的建筑用安全玻璃标准主要有《建筑用安全玻璃　第一部分：防火玻璃》（GB 15763.1—2001）、《建筑用安全玻璃　第二部分：钢化玻璃》（GB 15763.2—2005）和《夹层玻璃》（GB 9962—1999）。

　　《建筑用安全玻璃　第一部分：防火玻璃》（GB 15763.1—2001）是在原95版国家标准《防火玻璃》基础上修订的，并参考了BS 476第22部分、ISO 3009、DIN 4102等标准，新版标准于2001年11月1日实施。该标准对防火玻璃和耐火等级进行了重新分类，增加了单片防火玻璃的技术要求和试验方法。同时，由于船用防火玻璃的性能指标与建筑用防火玻璃相差很大，该标准删去了船用防火玻璃的相关部分。《建筑用安全玻璃　第二部分：钢化玻璃》（GB 15763.2—2005）代替《钢化玻璃》（GB/T 9963—1998）和《幕墙用钢化玻璃及半钢化玻璃》（GB 17841—1999）中对幕墙壁钢化玻璃的有关规定。《夹层玻璃》（GB 9962—1999）已立项修订，修订稿的草案已完成，即将向各夹层玻璃生产企业征求意见。草案与原标准相比有较大的变化，主要依据ISO 12543-1～6及EN 12600对夹层玻璃的定义、外观质量、耐湿性、耐辐照、摆锤冲击性能进行了较大的修订。特别是摆锤冲击性能，取消了原标准中的分类，采用了EN 12600的分类方法。

　　建筑用安全玻璃质量检测就是依据上述国家标准进行的。

4.3.1　概述

　　建筑安全玻璃，主要包括符合国家标准的钢化玻璃、夹层玻璃、防火玻璃及由钢化玻璃或夹层玻璃组合加工而成的其他玻璃制品等。

　　安全玻璃通常是通过对普通玻璃增强处理，或者和其他材料复合或采用特殊成分制成的，具有保障人身安全或使人体受到的割伤、刺伤等降低到最小程度的特性。

4.3.1.1　钢化玻璃及其性能

　　钢化玻璃是经过热处理之后的玻璃，采用普通平板玻璃、磨光玻璃或吸热玻璃等进行淬火加工而成的。其特点是在玻璃表面形成压应力层，机械强度和耐热冲击强度得到提高，并具有特殊碎片状态。其生产方法有物理钢化和化学钢化两种。一般民用钢化玻璃是将普通玻璃通过热处理工艺，使其强度提高3～5倍，可承受一定能量的外来撞击或温差变化而不破碎，即使破碎，也是整块玻璃碎成类似蜂窝状钝角小颗粒，不易伤人，从而具有一定的安全性。钢化玻璃不能切割，需要在钢化前切好尺寸，且有"自爆"特性。

　　钢化玻璃根据用途不同，可分为全钢化玻璃、半钢化玻璃、区域钢化玻璃、平钢化玻璃、弯钢化玻璃等多种类型。钢化玻璃按生产工艺，可分为垂直法钢化玻璃和水平法钢化玻璃。垂直法钢化玻璃是在钢化过程中采取夹钳吊挂的方式生产出来的钢化玻璃。水平法钢化玻璃是在钢化过程中采取水平辊支撑的方式生产出来的钢化玻璃。钢化玻璃按形状分为平面钢化玻璃和曲面钢化玻璃。

钢化玻璃主要性能如下。

(1) 强度　钢化玻璃的抗弯强度和抗冲击强度是普通平板玻璃的3～5倍。表4-12中给出这两种玻璃强度的比较。

(2) 抗急冷急热性　平板玻璃钢化增强后，它的抗急冷急热性大为提高。表4-12中给出了二者的比较。

表 4-12　钢化玻璃和平板玻璃性能比较

品种	厚度/mm	平均抗弯强度/MPa	抗冲击强度平均落下高度/cm	耐热冲击强度	
				无破坏界限温度差(全部急冷)/℃	
普通平板玻璃	2 3 5 6	50	48 72 71	165 80 60 60	150
钢化玻璃	5 6 8 10 12	150	>250 >300 >350 >400 >400	180	250
备注		例如，2～6mm厚的玻璃，将30mm×30mm的试样支承在ϕ20cm的环上，用ϕ10cm的环加载，用其破坏载荷求出抗弯强度	根据 JISR 3206 关于钢化玻璃的规定，用225g的钢球向30cm×30cm的试样中心落下	将10cm×10cm的试样整个加热后，投入到20℃的水中	将10cm×10cm的试样整个加热后，向它上面浇洒20℃的水

(3) 碎片状态　钢化玻璃的碎片状态，在50mm×50mm区域内的最少碎片数必须达到规定要求。且允许有少量长条形碎片，其长度不超过75mm。碎片数取决于应力和玻璃板的厚度。

$$\sigma_0 \times \frac{M}{d} = 常数 \tag{4-6}$$

式中　σ_0——钢化玻璃残余张应力；

　　　M——碎片质量；

　　　D——玻璃板的厚度。

从式(4-6) 可以看出钢化玻璃的残余应力越大，碎片质量越小，即钢化程度越高，碎片数越多。

(4) 光学性能　平板玻璃钢化后，它的透光度、反射率、可见光透射光谱（即玻璃的颜色），均不发生变化。由于钢化玻璃残余内应力使光线产生双折射，故在一定角度下观察时，钢化玻璃表面有应力斑存在。

(5) 其他性能　钢化玻璃仍保持玻璃的基本物理与化学性质，即密度、比热容、热导率等数值不变。但是钢化玻璃的弹性模量略有降低。

(6) 不可切割性　钢化玻璃的残余压应力和残余张应力处于平衡状态，任何可能破坏这种平衡状态的机械加工都可能使钢化玻璃完全破坏，即钢化玻璃制品不能再进行任何切裁、打孔、磨槽等加工。

4.3.1.2　夹层玻璃及其性能

夹层玻璃系两片或多片玻璃之间嵌夹透明塑料薄片，一般采用柔韧的聚乙烯缩丁醛（PVB）胶片，经加热、加压黏合而成的安全玻璃。

生产夹层玻璃的原片可采用一等品的引上法平板玻璃或浮法玻璃，也可为钢化玻璃、半钢化玻璃、丝（网）玻璃、吸热玻璃或夹丝玻璃等。要求原片必须平整，具备良好的光学性能和适当的厚度。夹层玻璃的层数有2、3、4、5等层，最多可达9层，达9层时则一般子弹不易穿透，成为防弹玻璃。

夹层玻璃根据所用夹层材料的不同，有直接合片法和预聚合法两种生产工艺。

夹层玻璃按形状可分为平面夹层玻璃和曲面夹层玻璃两类。按抗冲击性、抗穿透性可分为 L_I、L_{II} 二类。按夹层玻璃的特性分有多个品种：如破碎时能保持能见度的减薄型；可减少日照量和眩光的遮阳型；通电后可保持表面干燥的电热型；防弹型；玻璃纤维增强型；报警型；防紫外线型以及隔声夹层玻璃等。

夹层玻璃的主要性能如下。

（1）安全性　夹层玻璃的夹层材料具有良好的抗拉强度和延伸率，可以吸收大量的冲击能。因此夹层玻璃的抗冲击性大大高于单片玻璃。尤其重要的是即使玻璃被打破后仍会保持一个整体，碎片被牢牢地粘在中间层上不会飞溅伤人。因此夹层玻璃已成为台风和多地震地区人们常采用的建筑材料。

（2）光学性能和阳光遮蔽性　夹层玻璃的可见光透过率及太阳辐射透过率与所用的原片玻璃和夹层材料有关。表4-13所列为使用普通平板玻璃和着色中间层材料的夹层玻璃光学性能和阳光遮蔽性。

表 4-13　普通平板玻璃和着色中间层材料的夹层玻璃的光学性能和阳光遮蔽性

品种	可见光透过率/%	阳光控制性能		热量获得量
		太阳透射能透过率/%	遮蔽系数	/[BTU/(h·ft²)]
无色夹层玻璃(5mm)	89	77	0.92	198
蓝色夹层玻璃(5mm)	73	68	0.84	182
乳白色夹层玻璃(5mm)	65	58	0.76	166
古铜色夹层玻璃(5mm)	52	54	0.72	158
灰色夹层玻璃(5mm)	44	47	0.67	148
明蓝色夹层玻璃(5mm)	58	65	0.81	176
棕色夹层玻璃(5mm)	28	34	0.56	126

注：$1BTU/(h·ft^2)=3.154W/m^2$。

夹层玻璃的中层材料具有吸收紫外线的能力，所以夹层玻璃具有良好的紫外线遮蔽性能，例如1/4in（1in＝2.4cm）浮法玻璃的紫外线遮蔽率为29％，而1/4in厚的夹层玻璃［中间层为0.76mm Saflex（聚乙烯醇缩丁醛树脂）］的遮蔽率为99.9％。

夹层玻璃能有效地减弱太阳光的透射，防止眩光，而不致造成色彩失真；能使建筑物获得良好的美学效果，并具有阻挡紫外线的功能；可保护家具、陈列品或商品免受紫外线的辐射而发生褪色。

（3）隔声性　由于夹层玻璃夹层材料具有很低的剪切弹性模量使振动衰减以及多界面的反射效应，能使声音透过夹层玻璃时有较大的损耗，所以夹层玻璃具有良好的隔声性能。夹层玻璃的隔声性能比单层玻璃高得多，而且优于中空玻璃。

（4）强度　夹层玻璃的平面弯曲强度大于组成的两原片玻璃强度之和，但略小于相当于夹层玻璃总厚度的单片玻璃平面弯曲强度，其比例系数 k 一般为 $0.6 \sim 1.0$。它与中间原材料的性质和使用温度有关。

$$\sigma_L = k\sigma_d \tag{4-7}$$

式中　σ_L——夹层玻璃的平面弯曲强度，kPa；

　　　σ_d——相当于夹层玻璃总厚度的单片玻璃平面弯曲强度，kPa。

在建筑物的抗风压设计、水族箱等抗水压强度设计时，应充分考虑夹层玻璃的强度系数。

（5）夹层玻璃的防弹性和防盗性　改变夹层玻璃的结构和组成，可以制成防弹玻璃和防盗玻璃。这类夹层玻璃一般较厚，为多层玻璃板或玻璃板-透明塑料复合结构，可满足各种使用要求。

由于夹层玻璃的抗冲击性能比平板玻璃高几倍，破碎时只产生裂纹而不分离成碎片，不致伤人，它还具有耐久、耐热、耐湿、耐寒和隔声等性能，作为建筑材料使用可满足建筑安全、保安防护、隔声等功能。建筑夹层玻璃在发达国家已经广泛的使用，如欧洲建筑中使用的夹层玻璃占玻璃使用量的 15%，美国为 8%，而我国约为 0.11%。其适用于有特殊安全要求的建筑物的门窗、隔墙、工业厂房的天窗和某些水下工程等。

4.3.1.3　防火玻璃及其性能

防火玻璃是指在规定的耐火试验中能够保持其完整性和隔热性的特种玻璃。防火玻璃按其结构分为防火夹层玻璃、薄涂型防火玻璃、防火夹丝玻璃。

防火夹层玻璃是以普通平板玻璃、浮法玻璃、钢化玻璃作原片，用特殊的透明塑料胶合两层或两层以上原片玻璃而成。当遇到火灾作用时，透明塑料胶层因受热而发泡膨胀并炭化。发泡膨胀的胶层起到黏结二层玻璃板的作用和隔热作用，从而保证玻璃板碎片不剥离或脱落，达到隔火和防止火焰蔓延的作用。

薄涂型防火玻璃是在玻璃表面喷涂防火透明树脂而成的。遇火时防火树脂层发泡膨胀并炭化，从而起到阻止火焰蔓延的作用。

具有一定耐火极限的夹丝玻璃也属于防火玻璃中的一种，但其防火机理与此处所述的防火夹层玻璃、薄涂型防火玻璃完全不同。用量较大的是夹层结构的防火玻璃。

建筑用安全玻璃中的防火玻璃按结构分有以下两类。

复合防火玻璃（FFB）：由两层或两层以上玻璃复合而成或由一层玻璃和有机材料复合而成，并满足相应耐火等级要求的特种玻璃。

单片防火玻璃（DFB）：由单层玻璃构成，并满足相应耐火等级要求的特种玻璃。

建筑用安全玻璃中的防火玻璃按耐火性能分为 A、B、C 三类。

A 类：同时满足耐火完整性、耐火隔热性要求的防火玻璃。

B 类：同时满足耐火完整性、热辐射强度要求的防火玻璃。

C 类：满足耐火完整性要求的防火玻璃。

防火玻璃在平时是透明的，其性能与夹层玻璃基本相同，即具有良好的抗冲击性和抗穿透性，破坏时碎片不会飞溅，并具有较高的隔热、隔声性能。受火灾作用时，在初期防火玻璃仍为透明的，人们可以通过玻璃看到内部着火部位和火灾程度，及时准确地提供准确的火灾报告。当火灾逐步严重、温度较高时，防火玻璃的透明塑料夹层因温度较高而发泡膨胀，并炭化成为很厚的不透明的泡沫层，从而起到隔热、隔火、防火作用。防火玻璃的缺点是厚度大、自重大。

防火玻璃适用于高级宾馆、饭店、会议厅、图书馆、展览馆、博物馆、高层建筑及其他防火等级要求高的建筑的内部门、窗、隔断，特别是防火门、防火窗、防火隔断、防火墙等。

防火玻璃也有使用磨砂玻璃、压花玻璃、磨花玻璃、彩色玻璃、夹丝玻璃作为原片玻璃的，它们的使用功能与装饰效果更佳。如在胶层中夹入导线或热敏元件，后者与报警器或自动灭火装置相连，则可起到报警和自动灭火的双重作用。

防火玻璃应小于安装洞口尺寸 5mm，嵌镶结构设计时应考虑平时能将防火玻璃固定牢，又要考虑火灾时能允许夹层膨胀，以保证其完整性及稳定性不被破坏。安装后应采用硅酸铝纤维等软质不燃性材料填实四周的空隙。

防火玻璃不能切割，必须按设计要求的尺寸、原片玻璃的种类订货。

《建筑安全玻璃管理规定》规定建筑物需要以玻璃作为建筑材料的下列部位必须使用安全玻璃。

① 7 层及 7 层以上建筑物外开窗；

② 面积大于 1.5m 的窗玻璃或玻璃底边离最终装修面小于 500mm 的落地窗；

③ 幕墙（全玻幕除外）；

④ 倾斜装配窗、各类天棚（含天窗、采光顶）、吊顶；

⑤ 观光电梯及其外围护；

⑥ 室内隔断、浴室围护和屏风；

⑦ 楼梯、阳台、平台走廊的栏板和中庭内拦板；

⑧ 用于承受行人行走的地面板；

⑨ 水族馆和游泳池的观察窗、观察孔；

⑩ 公共建筑物的出入口、门厅等部位；

⑪ 易遭受撞击、冲击而造成人体伤害的其他部位。

同时规定由建设单位组织设计、施工、监理等有关单位进行中间验收，未经中间验收与验收不合格的，不得进行下一道工序施工，对违反规定销售不合格安全玻璃的单位，将依法查处。因此，掌握建筑用安全玻璃的质量检测方法具有重要的意义。

4.3.2　技术要求及检测标准

4.3.2.1　钢化玻璃技术要求及检测标准

建筑用钢化玻璃对尺寸及外观、安全性能、一般性能等提出了相应的技术要求。其中安全性要求为强制性要求。

（1）长方形平面钢化玻璃边长允许偏差　需符合表 4-14 规定。

表 4-14　长方形平面钢化玻璃边长允许偏差　　　单位：mm

厚　　度	边长（L）允许偏差			
	$L \leqslant 1000$	$1000 < L \leqslant 2000$	$2000 < L \leqslant 3000$	$L > 3000$
3、4、5、6	$+1$ -2	± 3	± 4	± 5
8、10、12	$+2$ -3			
15	± 4	± 4		
19	± 5	± 5	± 6	± 7
> 19	供需双方商定			

（2）长方形平面钢化玻璃的对角线允许偏差　应符合表 4-15 规定。

表 4-15　长方形平面钢化玻璃对角线允许偏差　　　　　单位：mm

玻璃公称厚度	对角线允许偏差		
	边长≤2000	2000＜边长≤3000	边长＞3000
3、4、5、6	±3	±4	±5
8、10、12	±4	±5	±6
15、19	±5	±6	±7
＞19	供需双方商定		

（3）厚度及其允许偏差　应符合表 4-16 规定。

表 4-16　厚度及其允许偏差　　　　　单位：mm

公称厚度	厚度允许偏差	公称厚度	厚度允许偏差
3、4、5、6	±0.2	15	±0.6
8、10	±0.3	19	±1.0
12	±0.4	＞19	供需双方商定

（4）钢化玻璃其他主要技术指标　应符合表 4-17 的有关规定。

表 4-17　钢化玻璃其他主要技术指标

缺陷名称	说　明	允许缺陷数
爆边	每片玻璃每米边长上允许有长度不超过 10mm，自玻璃边部向玻璃板表面延伸深度不超过 2mm，自板面向玻璃厚度延伸深度不超过厚度 1/3 的爆边	1 处
划伤	宽度在 0.1mm 以下的轻微划伤，每平方米面积内允许存在条数	长度≤100mm 时 4 条
	宽度大于 0.1mm 的划伤，每平方米面积内允许存在条数	宽度 0.1～1mm，长度≤100mm 时 4 条
夹钳印	夹钳印与玻璃边缘的距离≤20mm，边部变形量≤2mm	
裂纹、缺角	不允许存在	
弯曲度	平面钢化玻璃的弯曲度，弓形时应不超过 0.3%；波形时应不超过 0.2%	
抗冲击性	取 6 块钢化玻璃进行试验，试样破坏数不超过 1 块为合格，多于或等于 3 块为不合格	
表面应力	不小于 90MPa	
碎片状态	取 4 块玻璃试样进行试验，每块在 50mm×50mm 区域内的最少碎片数满足标准规定，如 4～12mm 厚度，最少碎片数 40	
霰弹袋冲击性能	取 4 块平型玻璃试样进行试验，应符合下列①或②任意一条的规定。 ①玻璃破碎时，每块试样的最大 10 块碎片质量的总和不得超过相当于试样 65cm² 面积的质量，保留在框内的任何无贯穿裂纹的玻璃碎片的长度不能超过 120mm ②弹袋下落高度为 1200mm 时，试样不被破坏	
耐热冲击性	应耐 200℃温差而不破坏	

建筑用钢化玻璃的检测项目包括尺寸及允许偏差、厚度及允许偏差、外观质量、弯曲度、抗冲击性、碎片状态、霰弹袋冲击能力、表面应力和耐热冲击性能，检测标准为《建筑用安全玻璃　第二部分：钢化玻璃》（GB 15763.2—2005）。

4.3.2.2　夹层玻璃主要技术要求及检测标准

我国建筑夹层玻璃的质量标准为《夹层玻璃》（GB 9962—1999）。主要技术指标要求如下。

（1）外观质量要求　见表 4-18。

表 4-18　夹层玻璃的外观质量指标

缺陷名称	优等品	合格品
胶合层气泡	不允许存在	直径 330mm 圆内允许长度为 1～2mm 的胶合层气泡 2 个
胶合层杂质	直径 500mm 圆内允许长 2mm 以下的胶合层杂质 2 个	直径 500mm 圆内允许长 3mm 以下的胶合层杂质 4 个
裂痕	不允许存在	
爆边	每平方米玻璃允许有长度不超过 20mm,自玻璃边部向玻璃表面延伸深度不超过 4mm,自板面向玻璃厚度延伸深度不超过厚度的一半	
	4 个	6 个
叠差、磨伤、脱胶	不得影响使用,可由供需双方商定	

（2）耐辐照性　750W 紫外灯照射 100h 后,夹层玻璃试样不产生显著变色、出气泡现象,可见光透过率下降比率不超过 10%。

（3）耐热性　夹层玻璃试样在 100℃的水中煮沸 2h 不应出现气泡或其他缺陷。

（4）抗冲击性　夹层玻璃试样用 1040g 的铜球于 1200mm 高度自由下落冲击,试样的中间膜不断裂或因玻璃脱落而暴露。

（5）抗穿透性　45kg 的霰弹袋从 300～2300mm 高度冲击夹层玻璃试样,夹层玻璃两层全部破坏后不可产生直径 75mm 的球可以自由通过的孔洞。

4.3.2.3　防火玻璃技术要求及检测标准

建筑用安全玻璃,根据种类的不同应符合相应的技术要求,制造防火玻璃可选用普通平板玻璃、浮法玻璃、钢化玻璃等材料作原片,复合防火玻璃也可选用单片防火玻璃作原片。不同种类的防火玻璃的技术要求应符合《建筑用安全玻璃　防火玻璃》（GB 15763.2—2005）的相应规定。

（1）尺寸、厚度允许偏差　复合防火玻璃的尺寸和厚度允许偏差应符合表 4-19 的要求。单片防火玻璃尺寸和厚度允许偏差应符合表 4-20 的要求。

表 4-19　复合防火玻璃的尺寸和厚度允许偏差　　　　　单位：mm

玻璃的总厚度 d	长度或宽度(L)允许偏差		厚度允许偏差	玻璃的总厚度 d	长度或宽度(L)允许偏差		厚度允许偏差
	L≤1200	1200<L≤2400			L≤1200	1200<L≤2400	
5≤d<11	±2	±3	±1.0	17≤d≤24	±4	±5	±1.3
11≤d<17	±3	±4	±1.0	d>24	±5	±6	±1.5

注：当长度 L 大于 2400mm 时,尺寸允许偏差由供需双方商定。

表 4-20　单片防火玻璃的尺寸和厚度允许偏差　　　　　单位：mm

玻璃厚度	长度或宽度(L)允许偏差			厚度允许偏差
	L≤1000	1000<L≤2000	L>2000	
5	±1			+0.2
6	−2			
8	±2	±3	±4	±0.3
10	−3			
12				±0.4
15	±4	±4		±0.6
19	±5	±5	±6	±1.0

（2）外观质量要求 复合防火玻璃的外观质量应符合表 4-21 的规定。周边 15mm 范围内的气泡、胶合层杂质不作规定。单片防火玻璃的外观质量应符合表 4-22 的规定。

表 4-21 复合防火玻璃的外观质量要求

缺陷名称	要　求
气泡	直径 300mm 圆内允许长 0.5～1mm 的气泡 1 个
胶合层杂质	直径 500mm 圆内允许长 2mm 以下的杂质 2 个
裂痕	不允许存在
爆边	每米边长允许有长度不超过 20mm，自边部向玻璃表面延伸深度不超过厚度的一半的爆边 4 个
叠差、磨伤、脱胶	由供需双方商定

表 4-22 单片防火玻璃的外观质量要求

缺陷名称	要　求
爆边	不允许存在
划伤	宽度≤0.1mm，长度≤50mm 的轻微划伤，每平方米面积内不超过 4 条
	0.5mm＞宽度＞0.1mm，长度≤50mm 的轻微划伤，每平方米面积内不超过 1 条
结石、裂纹、缺角	不允许存在
波筋、气泡	不低于 GB 11614—1999 建筑级的规定

（3）耐火性能 A 类、B 类、C 类防火玻璃的耐火性能应分别符合表 4-23～表 4-25 的规定。

表 4-23 A 类防火玻璃的耐火等级与耐火性能（耐火完整性、耐火隔热性）

耐火等级	Ⅰ级	Ⅱ级	Ⅲ级	Ⅳ级
耐火时间≥/min	90	60	45	30

表 4-24 B 类防火玻璃的耐火等级与耐火性能（耐火完整性、热辐射强度）

耐火等级	Ⅰ级	Ⅱ级	Ⅲ级	Ⅳ级
耐火时间≥/min	90	60	45	30

表 4-25 C 类防火玻璃的耐火等级与耐火性能（耐火完整性）

耐火等级	Ⅰ级	Ⅱ级	Ⅲ级	Ⅳ级
耐火时间≥/min	90	60	45	30

（4）弯曲度 复合防火玻璃和单片防火玻璃的弯曲度，弓形和波形时均不应超过 0.3%。

（5）透光率 复合防火玻璃的透光率应符合表 4-26 的规定，单片防火玻璃的透光率由供需双方商定。

表 4-26 复合防火玻璃的透光率

玻璃的总厚度 d/mm	$5≤d<11$	$11≤d<17$	$17≤d≤24$	$d>24$
透光率/%	≥75	≥70	≥65	≥60

（6）防火玻璃的耐热、耐寒、耐紫外线辐照性能及抗冲击性能要求 需符合表 4-27 的规定。

表 4-27　防火玻璃的耐热、耐寒、耐紫外线辐照性能及抗冲击性能

项　　目	试验条件	要　　求
耐热性能	50℃,保持 6h	3 块玻璃进行试验,试验后 3 块玻璃的外观质量、透光率均符合表 4-23、表 4-24 和表 4-28 的规定
耐寒性能	-20℃,保持 6h	
耐辐照性能	用 750W 无臭氧石英管式中压水银蒸汽弧光灯辐照 100h,辐照时保持试样温度为(45±5)℃	3 块试样试验后均不可产生显著变色、气泡及浑浊现象,并且辐照前后可见光透射率的减少率不大于 10%
抗冲击性能	用质量为(1040±10)g 的钢球,在 1000mm 高处自由落下冲击试样(610mm×610mm)(当原片玻璃厚度不同时,薄的一面朝向冲击体)	复合防火玻璃,6 块试样中有 5 块或 5 块以上应符合下述条件之一; a. 玻璃没有破坏; b. 如果玻璃破坏,钢球不可穿透玻璃。 单片防火玻璃试验后不得破碎

此外,所用原片玻璃,即浮法玻璃、普通平板玻璃、钢化玻璃应分别满足 GB 11614—1999、GB 4871—1995、GB 9963—88 的规定。

4.3.3　主要仪器及参数

4.3.3.1　霰弹袋冲击试验机

用于检测夹层玻璃、建筑用钢化玻璃的抗冲击性能。霰弹袋冲击体质量为:(45±0.1)kg,电源/功率:三相 380V/0.55kW。

4.3.3.2　耐辐射检测仪

适用于建筑用夹层玻璃和防火玻璃等的耐紫外线性能的检测。

(1) 设备结构与工作原理　采用无臭氧石英管式中压水银蒸汽弧光灯作为辐射光源照射夹层玻璃,以确定玻璃经一段时间照射后是否会出现明显的变色或透光率降低现象。仪器由电源、紫外灯、样品桶、电机、减速机、控制电路等构成。紫外灯垂直放置于仪器内部样品桶的垂直轴上,样品桶由电机和减速机驱动可以绕垂直轴线旋转,试样放置在样品桶的内壁上通过样品桶的旋转获得均匀的辐射照明,控制电路控制照射的时间和仪器腔内的温度,以满足试验要求。

(2) 性能指标

① 辐照光源:无臭氧石英管式中压水银蒸汽弧光灯。

灯管长度:360mm。

灯管直径:9.5mm。

电弧长:(300±14) mm。

② 电源和变压器

电源:220V。

变压器工作功率:(750±50) W。

启动峰压:1100V。

工作电压:(500±50) V。

③ 试样尺寸和厚度

尺寸:76mm×300mm。

厚度:6~30mm。

④ 样品桶转速:1~5r/min。

⑤ 控温范围:室温约 100℃。

⑥ 时间设定范围：0～300h。

精度：0.1s。

4.3.3.3　落球冲击试验机

用于检验夹层玻璃的落球冲击剥离性能，同时可适用于建筑用钢化玻璃的抗冲击性能试验。

（1）工作原理　设备由冲击试验塔和冲击试样支架组成，试验塔需固定在一面墙上，由减速电机通过钢丝绳带动载架上下移动，依据标准的要求，在距样品 1000mm、1200mm、1500mm、1900mm、2400mm、3000mm、3800mm、4800mm 高度分别设有限位开关选择需将钢球提升的特定高度，控制箱上有钢球释放按钮，按动它可使钢球自由落下。

（2）规格和性能指标

① 设备尺寸：1000mm×1000mm×6500mm（长×宽×高）。

② 电源：约 220V。

③ 钢球两个，质量分别为：1040g、2260g。

④ 所有限位点高度位置可调节。

（3）技术参数

① 冲击体质量：1040g。

② 电源：约 220V。

4.3.4　检验方法

4.3.4.1　钢化玻璃检测方法

按《建筑用安全玻璃　第二部分：钢化玻璃》（GB 15763.2—2005）对建筑用钢化玻璃的技术要求，主要检测项目的检测方法如下。

（1）尺寸检验　尺寸用最小刻度为 1mm 的钢直尺或钢卷尺测量。

（2）厚度检验　使用外径千分尺或与此同等精度的器具，在距玻璃板边 15mm 内的四边中点测量。测量结果的算术平均值即为厚度值，并以毫米（mm）为单位修约到小数点后2 位。

（3）外观检验　以制品为试样，按 GB 11614—1999 方法进行。在较好的自然光或散射光照条件下，距玻璃表面 600mm 左右，用肉眼进行观察。

（4）弯曲度测量　将试样在室温下放置 4h 以上，测量时把试样垂直立放，并在其长边下方的 1/4 处垫上 2 块垫块。

用一直尺或金属线水平紧贴制品的两边或对角线方向，用塞尺测量直线边与玻璃之间的间隙，并以弧的高度与弦的长度之比的百分率来表示弓形时的弯曲度。进行局部波形测量时，用一直尺或金属线沿平行玻璃边缘 25mm 方向进行测量，测量长度300mm。用塞尺测得波谷深度或波峰高度，并以除以 300mm 后的百分率表示波形的弯曲度。

（5）抗冲击性试验　试样为与制品同厚度、同种类的，且与制品在同一工艺条件下制造的尺寸为 610mm(−0mm，+5mm)×610mm(−0mm，+5mm) 的平面钢化玻璃。

试验装置应符合 GB 9962—1999 附录 A 的规定，使冲击面保持水平。试验曲面钢化玻璃时，需要使用相应的辅助框架支撑。

使用直径为 63.5mm（质量约 1040g）表面光滑的钢球放在距离试样表面 1000mm 的高

度，使其自由落下，冲击点应在试样中心 25mm 的范围内。

对每块试样的冲击仅限 1 次，以观察其是否破坏。试验在常温下进行。

（6）碎片状态试验：以制品为试样。试验设备为可保留碎片图案的任何装置。

试验步骤如下：

① 将钢化玻璃试样自由平放在试验台上，并用透明胶带纸或其他方式约束玻璃周边，以防止玻璃碎片溅开。

② 在试样的最长边中心线上距离周边 20mm 左右的位置，用尖端曲率半径为 0.2mm±0.05mm 的小锤或冲头进行冲击，使试样破碎。

③ 留碎片图案的措施应在冲击后 10s 之后开始并且在冲击后 3min 内结束。

④ 碎片计数时，应除去距离冲击点半径 80mm 以及距离玻璃边缘或钻孔边缘 25mm 范围内的部分。从图案中选择碎片最大的部分，在这部分中用 50mm×50mm 的计数框计算框内的碎片数，每个碎片内不能有贯穿的裂纹存在，横跨计数框边缘的碎片按 1/2 个碎片计算。

（7）霰弹袋冲击性能试验 钢化玻璃门、隔断等在使用中常会被人体撞击，为了保障人体安全，建筑用钢化玻璃门等要进行模拟人头撞击试验即霰弹袋撞击试验。钢化玻璃试件（864mm×1930mm）固定在试验架上，用 45g 的霰弹袋撞击玻璃中心部位，记录并报告破坏高度和测量碎片质量。

试样为与制品相同厚度、且与制品在同一工艺条件下制造的尺寸为 1930mm（−0mm，+5mm）×864mm（−0mm，+5mm）的长方形平面钢化玻璃。

试验装置霰弹袋冲击试验机应符合 GB 9962—1999 附录 B 的规定。

试验步骤如下：

① 用直径 3mm 的挠性钢丝绳把冲击体吊起，使冲击体横截面最大直径部分的外周距离试样表面小于 13mm，距试样的中心在 50mm 以内。

② 使冲击体最大直径的中心位置保持在 300mm 的下落高度，自由摆动落下，冲击试样中心点附近 1 次若试样没有破坏，升高至 750mm，在同一试样的中心点附近再冲击 1 次。

③ 试样仍未破坏时，再升高至 1200mm 的高度，在同一块试样的中心点附近再冲击 1 次。

④ 下落高度为 300mm、750mm 或 1200mm 试样破坏时，在破坏后 5min 之内，从玻璃碎片中选出最大的 10 块称其质量，并测量保留在框内最长的无贯穿裂纹的玻璃碎片的长度。

（8）热冲击性能 将 300mm×300mm 的钢化玻璃试样置于 200℃±2℃的烘箱中，保温 4h 以上，取出后立即将试样垂直浸入冰水混合物中，应保证试样高度的 1/3 以上能浸入水中，5min 后观察玻璃是否破坏。玻璃表面和边部的鱼鳞状剥离不应视作破坏。

4.3.4.2 夹层玻璃检测方法

（1）耐辐照性 按国家标准《汽车安全玻璃耐辐射、高温潮湿和耐燃烧试验方法》（GB 5137.3—2002）进行。

（2）耐热性 按国家标准 GB 5137.3—2002 进行。

（3）抗冲击性 用钢化玻璃抗冲击强度试验夹具和 1040g 钢球，在 1200mm 高度自由下落冲击试样中部。

（4）抗穿透性 按钢化玻璃模拟人头（霰弹袋）撞击试验方法冲击夹层玻璃试样，夹层玻璃破坏后，不可产生直径 75mm 的球可以自由通过的孔洞。

抗冲击性和抗穿透性检验的详细要求见《夹层玻璃》（GB 9962—1999）。

4.3.4.3 防火玻璃检测方法

按《建筑用安全玻璃 第一部分：防火玻璃》（GB 15763.1—2001）对建筑用防火玻璃的技术要求，需要对以下项目进行检测：尺寸及厚度、外观质量、耐火性能、弯曲度、透光度、复合防火玻璃耐热性能、复合防火玻璃耐寒性能、复合防火玻璃耐紫外线辐照性能、抗冲击性能、碎片状态。

（1）尺寸及厚度的测量　尺寸用量最小刻度为 1mm 的钢直尺或钢卷尺测量。厚度用符合 GB 1216—2004 规定的千分尺或与此同等精度的器具测量玻璃四边中点，测量结果以四点平均值表示，数值精确到 0.1mm。

（2）外观质量　在良好的自然光及散射光照条件下，在距玻璃的正面 600mm 处进行目视检查。

（3）耐火性能　将整块防火玻璃镶在固定框架内，按 GB/T 12513—2006 进行耐火性能试验，防火玻璃受火尺寸高不应小于 1100mm，宽不应小于 600mm，试样应垂直安装。

试验时所使用的固定框架和安装方式应与实际工程使用的结构相同，并以图纸或其他相当的方法记录固定框架的结构和安装方式。

（4）弯曲度　将玻璃垂直立放，水平放置直尺贴紧试样表面进行测量，弓形时以弧的高度与弦的长度之比的百分率表示；波形时，用波谷到波峰的高与波峰到波峰（或波谷到波谷）的距离之比的百分率表示。

（5）透光率　按 GB/T 2680—1994 第 3.1 条规定的方法进行检验。

（6）复合防火玻璃耐热性能　采用 3 块尺寸为 300mm×300mm 的试样。试验前，试样应在常温下垂直放置 6h 以上，检查外观质量并详细记录缺陷情况。

将试样垂直放入恒温箱，保持 50℃±2℃ 的恒温 6h 后取出。

将取出的试样在常温下垂直放置 6h 以上，检查其外观质量和透明度。

试验后 3 块试样的外观质量符合规定为合格，1 块试样符合时为不合格。当 2 块试样符合时，再追加试验 3 块新试样，3 块均符合规定时为合格。

（7）复合防火玻璃耐寒性能　采用 3 块尺寸为 300mm×300mm 的试样。试验前，试样应在常温下垂直放置 6h 以上，检查外观质量并详细记录缺陷情况。

将试样放入低温箱中，保持 -20℃±2℃ 的恒温 6h 后取出。

将取出的试样在常温下垂直放置 6h 以上，检查其外观质量和透明度。

试验后 3 块试样的外观质量符合规定为合格，1 块试样符合时为不合格。当 2 块试样符合时，再追加试验 3 块新试样，3 块均符合规定时为合格。

（8）复合防火玻璃耐紫外线辐照性能　取 3 块试样按 GB/T 5137.3—1996 第 5 条规定的方法进行试验，试验后 3 块试样均符合规定时为合格，1 块试样符合时为不合格。当 2 块试样符合时，再追加试验 3 块新试样，3 块均符合规定时为合格。

（9）抗冲击性能　采用 6 块尺寸为 610mm×610mm 的试样。试验前在 23℃±5℃ 的室内保持 4h，取出后立即进行试验。

将试样放在框架上，当防火玻璃所用原片玻璃厚度不同时，应将薄的一面朝向冲击体。

采用质量为 1040g±10g，表面光滑的钢球，放置在距离试样表面 1000mm 高度的位置，从静止的状态不加外力自由下落在试样中心点 25mm 以内，观察其破坏的状态，一块试样只能冲击一次。

试验后，6块试样中，5块或5块以上符合时为合格；3块或3块以下符合时为不合格。当4块试样符合时，再追加试验6块新试样，6块均符合规定时为合格。

（10）碎片状态　取4块单片防火玻璃样品进行试验，样品尺寸为1930mm×864mm。按GB/T 9963—1998的规定进行试验。

4.3.5　结果计算及质量评定

建筑安全玻璃要质量检测中所涉及到的计算较少，其质量评定按照有关规定进行。

4.3.5.1　钢化玻璃质量评定

钢化玻璃检验分为出厂检验和型式检验。

型式检验指技术要求中的安全性能，即抗冲击性、碎片状态、霰弹袋冲击能力为必检项目。其他检验项目由供需双方商定。

出厂检验指厚度及其偏差、外观质量、尺寸公差及其偏差、弯曲度。检验中，产品的尺寸偏差、外观质量、弯曲度，按表4-28规定进行随机抽样。

表4-28　钢化玻璃随机抽样方法　　　　　　　　　单位：片

批量范围	样本大小	合格判定数	不合格判定数	批量范围	样本大小	合格判定数	不合格判定数
1~8	2	1	2	91~150	20	5	6
9~15	3	1	2	151~280	32	7	8
16~25	5	1	2	281~500	50	10	11
26~50	8	2	3	501~1000	80	14	15
51~90	13	3	4				

对于产品所要求的其他技术性能，根据检测项目所要求的数量从该批产品中随机抽取；若用试样进行检验时，应采用同一工艺条件下制备的试样。当该批产品批量大于1000片时，以每1000片为1批分批抽取试样。当检验项目为非破坏性试验时可用它继续进行其他项目的检测。

在对钢化玻璃的进行质量评定时，若不合格品数等于或大于表4-28的不合格判定数，则认为该批产品外观质量、尺寸偏差、弯曲度不合格。

其他性能如抗冲性碎片状态、霰弹袋冲击性能等也应符合相应技术要求的规定，否则，认为该项不合格。

在钢化玻璃的前述各项技术要求中有1项不合格，则认为该批产品不合格。

4.3.5.2　夹层玻璃质量评定

夹层玻璃检验分为以下两类。

（1）出厂检验　检验项目为尺寸偏差、外观质量、弯曲度。

（2）型式检验　检验项目为标准规定的全部技术要求。

检验中，夹层玻璃的尺寸偏差、外观质量和弯曲度按表4-29进行随机抽样。并做出相应的判断。

表4-29　夹层玻璃抽样数　　　　　　　　　　　单位：片

批量范围	抽样数	接受数	拒收数	批量范围	抽样数	接受数	拒收数
2~8	2	0	—	51~90	13	3	4
9~15	3	0	—	91~150	20	5	6
16~25	5	1	2	151~280	32	7	8
26~50	8	2	3	281~500	50	10	11

4.3.5.3 防火玻璃质量评定

建筑用防火玻璃质量检测依据标准 GB 15763.1—2001 进行，防火玻璃检验分为出厂检验和型式检验。出厂检验项目为尺寸、厚度偏差、外观质量和弯曲度。检验中，复合防火玻璃和单片防火玻璃的尺寸、厚度偏差、外观质量和弯曲度，按表 4-30 规定进行随机抽样。

表 4-30　建筑用防火玻璃尺寸、厚度偏差、外观质量、弯曲度抽样和判定表　单位：片

批量范围	样本大小	合格判定数	不合格判定数	批量范围	样本大小	合格判定数	不合格判定数
2～8	2	0	1	51～90	13	3	4
9～15	3	0	1	91～150	20	5	6
16～25	5	1	2	151～280	32	7	8
26～50	8	2	3	281～500	50	10	11

当该批产品批量大于 500 片时，以 500 片为一批分批进行抽取。

若复合防火玻璃、单片防火玻璃的尺寸、厚度偏差、外观质量和弯曲度的不合格数等于或大于表 4-30 的不合格判定数，则认为该批产品尺寸、厚度偏差、外观质量或弯曲度不合格。

其他性能等也应符合相应技术要求的规定，否则，认为该项不合格。

在防火玻璃的前述各项技术要求中有 1 项不合格，则认为该批产品不合格。

【思考题】

1. 试述玻璃的主要性质。
2. 简述普通平板玻璃、浮法玻璃的特点与用途。
3. 简述玻璃三大缺陷的危害。
4. 试述浮法玻璃的生产工艺过程及其优点。
5. 试述平板玻璃的主要性能。
6. 玻璃板的偏斜是如何造成的？
7. 玻璃板的弯曲是如何造成的？
8. 为什么可以通过入射角的大小判断光学变形的程度？
9. 测试玻璃的外观质量时，为什么用黑色无光屏幕？
10. 测量弯曲度时，为什么要将玻璃板垂直放置？
11. 测试玻璃透光率有何工艺意义？
12. 建筑安全玻璃有哪些品种？
13. 简述钢化玻璃的主要性能。
14. 简述防火玻璃的主要性能。
15. 试述钢化玻璃霰弹袋冲击性能试验的意义与步骤。

5 陶瓷装饰材料

【本章要点】 通过本章学习重点掌握釉面内墙砖、陶瓷墙地砖的技术要求，检验的条件，使用仪器的主要参数，检测的步骤，结果的计算及质量评定。

凡以黏土为主要原料，经配料、制坯、干燥、焙烧而制成的制品，统称陶瓷制品，亦称为"普通陶瓷"。陶瓷装饰材料质量检测，主要有对陶瓷砖外形尺寸、表面缺陷、吸水率、断裂模数和破坏强度、抗热震性、耐化学性、抗冻性、抗釉裂性及耐磨性等进行检测，对检测的结果，按照有关标准规定，对陶瓷砖的质量进行评定。

5.1 釉面内墙砖的检测

5.1.1 概述

用于建筑物内墙有釉的精陶质饰面砖，简称釉面砖。其强度高，表面平整、光滑，不易沾污，耐水性、耐蚀性好，易清洗。因表面细腻，色彩和图案丰富、典雅，极富装饰性。釉面内墙砖质量检测项目有外形尺寸、表面缺陷、平整度、边直角和直角度、色差、吸水率、弯曲强度、耐急冷急热性、耐化学性、抗冻性、抗龟裂性及白度等。

5.1.2 试验条件

检测的温度、湿度为实验室的温度、湿度。材料按检验的要求。

5.1.3 主要仪器

① 游标卡尺，5~10mm 的螺旋测微卡。

② 边直度、直角度、平整度测量仪。

5.1.4 检验项目及步骤

检验方法按 GB/T 3810.2—2006 的规定。

5.1.4.1 尺寸偏差

(1) 长度和宽度的测量 每种类型的砖取 10 块整块进行检测，测量时在离砖顶角 5mm 处量砖的每边，测量精确至 0.1mm。正方形砖的平均尺寸是四边测量结果的平均值。试样的平均尺寸是 40 次测量的平均值。长方形砖以对边 2 次测量的平均尺寸作为相应的平均尺寸，试样的长度和宽度平均值各为 20 次测量值的平均值。

(2) 厚度的测量 表面平整的砖，在砖面上画两条对角线，测量 4 条线段每段上最厚的点，每块试样测量 4 点，精确至 0.1mm。

表面不平的砖，垂直于一边在砖面上画四条直线，四条直线距砖边的距离分别为边长的

0.125 倍、0.375 倍、0.625 倍和 0.875 倍，在每条直线上最厚点测量厚度，精确至 0.1mm。所有砖以 4 次测量值的平均值作为单块砖的平均厚度。试样的平均厚度是 40 次测量值的平均值。

5.1.4.2 表面缺陷

① 在光线充足的条件下，在距试样 0.5m 处逐块目测检验。敲击试样，依声音差异辨别夹层缺陷。

② 检验其他缺陷时，将试样在检查板上铺成方形平面，并使检查板与水平面成 700°±10°角放置，砖面上各部分的照度约为 300lx。

③ 用肉眼观察被检验砖组，目测检验时，检验者的身体不应倾斜。抽取和铺放试样者不参与检验。

5.1.4.3 平整度、边直角和直角度检验

（1）平整度（弯曲度和翘曲度）、边直度检验

① 仪器。仪器如图 5-1 所示，测量精确到 0.1mm。

② 检验步骤。每种类型取 10 块整砖进行测量。

选择尺寸合适的仪器，将相应的标准板（厚度至少为 10mm）安放在 3 个的支撑销上，每个支撑销的中心到砖边的距离为 10mm，两个边部百分表离砖边距离为 10mm，最后把 3 个百分表的指针调到零。

取出标准板，将釉面砖的正面向下正确地放入仪器的上边位置，用手指压在釉面砖 3 个支承销的中心位置上，待百分表指针稳定后，记下 3 个百分表的读数。如果是正方形的砖再将釉面砖转动 90°，重复上述步骤，每块试样得到 4 个测量值。如果是长方形，分别使用合适尺寸的仪器来测量。

③ 结果表示。中心弯曲度以与对角线长的百分比表示。边弯曲度以百分比表示，长方形砖以与长度和宽度的百分比表示，正方形砖以与边长百分比表示。翘曲度以与对角线长的百分比表示。有间隔凸缘的砖检验时用 mm 表示。

（2）直角度检验

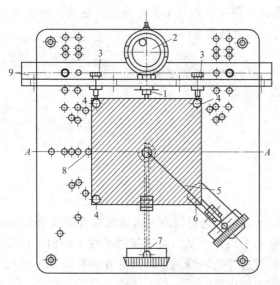

图 5-1 平整度、边直角测定仪

1—六角螺母；2—百分表；3—活动顶头；4—支承销；

5—标准板；6—百分表（测翘曲度）测头；

7—百分表（测中心弯曲度）；8—定位制动销；9—定位块

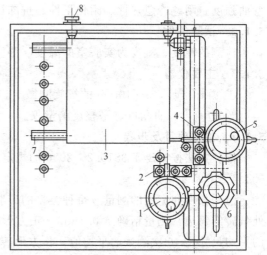

图 5-2 直角度测定仪

1—百分表；2,4—螺钉；3—标准板；

5—百分表（测直角度）；6—触杠；

7—垫条；8—活动顶头

① 仪器。仪器如图 5-2 所示，测量精确到 0.1mm。

② 检验步骤。根据所测釉面砖的规格，选择相应的仪器，将相应的标准板（至少为 10mm 厚）安放在适当位置的垫条上，使每个活动顶头中心距砖边的距离为 5mm。调整百分表测头，使之距标准板的顶角 5mm，最后把两个百分表的指针调整到零（其中一个百分表用来测釉面砖边长）。

取出标准板，将釉面砖正面向下正确地放入仪器的上边位置，使釉面砖与 3 个活动顶头接触，记下百分表的读数。再将釉面砖转动 90°，重复上述步骤，直到测完 4 个角。直角度用百分比表示（见图 5-3）。

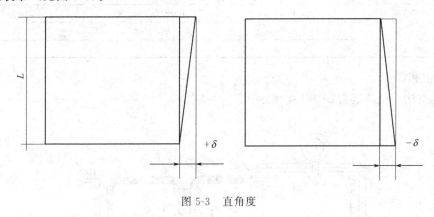

图 5-3　直角度

③ 结果计算。按下式计算。

$$直角度 = \frac{\delta}{L} \times 100 \tag{5-1}$$

式中　δ——在距角 5mm 处测得的砖的测量边与标准板相应边的偏差值。

　　　L——砖对应边的长度。

5.1.4.4　色差检验

随机抽取 10 块样品为对照组，在对照组内选取一块样品为对照板。以对照板为基准，在接近日光且光线充足的条件下，观察距离为 0.5m，每块被检样品逐块目测对比，按规定检验。

5.1.4.5　吸水率、显气孔率、表观相对密度和容重的测定

检验方法按 GB/T 3810.3—2006 的规定。

吸水率：试样开口气孔所吸附的水的质量与干燥试样质量之比称为该试样的吸水率，以百分数表示。

（1）主要仪器设备与材料

① 真空装置。由真空容器、真空泵及连接件等组成，各部件应满足使用要求（见图 5-4）。

② 干燥箱。工作温度为 110℃±5℃。

③ 天平。天平的称量精度为所测试样质量的 0.01%。

④ 加热装置。

⑤ 去离子水或蒸馏水；试样架。

⑥ 吊环、绳索或篮子；能将试样放入水中悬吊称其质量。

（2）试样准备　每种类型取 10 块整砖进行测试。

如每块砖的表面积大于 0.04m² 时，只需 5 块整砖进行测试。如每块砖的质量小于 50g，则需足够数量的砖使每个试样质量达到 50～100g。砖的边长大于 200mm 且小于 400mm 时，

可切割成小块，但切割下的每一块应计入测量值内，多边形和其他非矩形砖，其长和宽均按外接矩形计数。若砖的边长大于400mm时，至少在3块整砖的中间部位切取最小边长为100mm的5块试样。

（3）试验步骤　将试样放在110℃±5℃下烘至恒重，即每隔24h连续两次称量的质量之差小于0.1%，冷却至室温，砖放在有硅胶或其他干燥剂的干燥器内冷却至室温，不能使用酸性干燥剂，每块砖按表5-1的测量精度称量和记录。

表 5-1　砖的质量和测量精度　　　　　　　　　　　　　　　　　　　单位：g

砖的质量 m	测量精度	砖的质量 m	测量精度
$50 \leq m \leq 100$	0.02	$1000 < m \leq 3000$	0.50
$100 < m \leq 500$	0.05	$m > 3000$	1.00
$500 < m \leq 1000$	0.25		

水的饱和：

① 真空法。试验装置如图5-4所示。

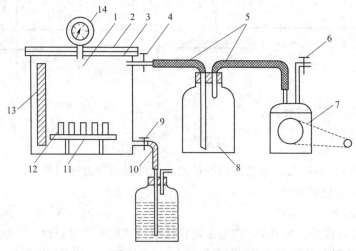

图 5-4　真空法试验装置图

1—真空容器；2—盖子；3—橡胶衬垫；4—连接真空容器与缓冲瓶的阀门；5，10—真空胶管；
6—空气阀门；7—真空泵；8—缓冲瓶；9—给真空容器供水和放水的阀门；11—试样架；
12—试样；13—观察真空容器中水面的玻璃窗口；14—真空表

把已恒重的试样竖放在试样架上，放入真空容器中，使砖互不接触，加入足够的水将砖覆盖并高出5cm。抽真空至10kPa±1kPa，并保持30min后停止抽真空，让砖浸泡15min后取出。将一块浸泡过的麂皮用手拧干。擦干每块砖的表面，然后立即称重并记录，与干砖的称重精度相同（见表5-1）。

② 煮沸法。把恒重的试样竖放在盛有蒸馏水的煮沸容器内，使试样互不接触。试验过程中应保持水面高出试样50mm。

加热蒸馏水至沸腾并保持2h，然后停止加热，使试样在原蒸馏水中浸泡4h后，取出试样，用拧干的湿毛巾擦去试样表面的附着水，然后立即分别称量每块试样的质量。

③ 悬挂称量。试样在真空下吸水后，称量试样悬挂在水中的质量（m_3），精确至0.01g。称量时，将样品挂在天平一臂的吊环、绳索或篮子上。实际称量前，将安装好并浸入水中的吊环、绳索或篮子上放在天平上，使天平处于平衡位置。吊环、绳索或篮子在水中

的深度与放试样称量时相同。

（4）结果表示及计算

令 m_1 为干砖的质量，g；m_{2b} 为砖在沸水中吸水饱和的质量，g；m_{2v} 为砖在真空下吸水饱和的质量，g；m_3 为真空法吸水饱和后悬挂在水中的砖的质量，g。

在下面的计算中，假设 $1cm^3$ 水重 $1g$，此假设室温下误差在 0.3% 以内。

① 吸水率。计算每块砖的吸水率 $E_{(b,v)}$，用干砖的质量分数（%）表示，计算公式如下。

$$E_{(b,v)}=\frac{m_{2(b,v)}-m_1}{m_1}\times100\%\tag{5-2}$$

式中　m_1——干砖的质量，g；

$m_{2(b,v)}$——湿砖的质量，g。

E_b 表示用 m_{2b} 测定的吸水率，E_v 表示用 m_{2v} 测定的吸水率。E_b 代表水仅注入容易进入的气孔，而 E_v 代表水最大可能地注入所有气孔。

② 显气孔率。用下式计算表观体积 $V(cm^3)$：

$$V=m_{2v}-m_3\tag{5-3}$$

用下式计算开口气孔部分体积 V_0 和不透水部分 V_1 的体积（cm^3）：

$$V_0=m_{2v}-m_1\tag{5-4}$$

显气孔率 P 用试样的开口气孔体积与表观体积的关系式的百分数表示，计算公式如下。

$$P=\frac{m_{2v}-m_1}{V}\times100\%\tag{5-5}$$

③ 表观相对密度。计算试样不透水部分的表观相对密度 T，计算公式如下。

$$T=\frac{m_1}{m_1-m_3}\tag{5-6}$$

④ 容重。试样的容重 $B(g/cm^3)$ 用试样的干重除以表观体积（包括气孔）所得的商表示。

$$B=\frac{m_1}{V}\tag{5-7}$$

以所测试样各项性能试验结果平均值作为试验结果。

5.1.4.6　抗热震性的测定

检验方法按 GB/T 3810.9—2006 的规定。

通过试样在 15℃ 和 145℃ 之间的 10 次循环来测定整砖的抗热震性。

（1）主要设备

① 干燥箱，工作温度为 145 ± 5℃。

② 低温水槽。可保持 15℃±5℃ 流动水的低温水槽。

浸没试验：用于按 GB/T 3810.3—2006 的规定检验吸水率不大于 10%（质量分数）的陶瓷砖。水槽不用加盖，但水需有足够的深度，使砖垂直放置后能完全浸没。

非浸没试验：用于按 GB/T 3810.3—2006 的规定检验吸水率大于 10%（质量分数）的陶瓷转。在水槽上盖上一块 5mm 厚的铝槽，并与水面接触。然后将粒径为 0.3～0.6mm 的铝粒覆盖在铝槽底板上，铝粒层厚度约为 5mm。

（2）试样　至少用 5 块整砖进行试验。对于超大的砖（边长大于 400mm 的砖），有必要切割。

（3）试验步骤

① 试验的初检。先用肉眼在距离砖 25~30cm，光源照度约 300lx 的光照条件下观察试样表面。所有试样在试验前应没有缺陷，可用亚甲基蓝溶液对待测试样进行测定前的检验。

② 浸没试验。吸水率不大于 10％（质量分数）的陶瓷砖，垂直浸没在 15℃±5℃的冷水中，并使它们互不接触。

③ 非浸没试验。吸水率大于 10％（质量分数）的有釉砖，使其釉面朝下与 15℃±5℃的低温水槽上铝粒接触。

以上两项步骤，在低温下保持 5min 后，立即将试样移至 145℃±5℃的干燥箱内，保持 20min 后，立即将试样移至低温环境中。重复进行 10 次上述过程。

④ 结果评定。用肉眼在距试样 25~30cm，光源照度约 300lx 的条件下观察试样的可见缺陷。为帮助检验，可将合适的染色溶液（如含有少量湿润剂的 1％亚甲基蓝溶液）刷在试样的釉面上，1min 后，用湿布抹去染色液体。

5.1.4.7 断裂模数和破坏强度试验

按检验方法按 GB/T 3810.4—2006 进行。

破坏强度是破坏荷载乘以两根支撑之间的跨距与试样宽度的比值而得出的力，单位牛顿（N）。

断裂模数是破坏强度除以沿破坏断裂面的最小厚度的平方得出的量值，单位牛顿每平方毫米（N/mm²）。

（1）主要试验设备

① 干燥箱，工作温度 110℃±5℃。

② 两根圆柱形支撑棒，应符合要求。

③ 压力表，精确到 2.0％。

④ 圆柱形中心棒，一根与支撑棒直径相同且用相同橡胶包裹的圆柱形中心棒，用来传递荷载，此棒也可稍作摆动（相应尺寸见表 5-2）。

表 5-2　棒的直径、橡胶厚度和砖伸出支撑棒外的长度　　　　单位：mm

砖的尺寸 K	棒的直径 d	橡胶厚度 t	砖伸出支撑棒外的长度 L
$K \geqslant 95$	20	5±1	10
$48 \leqslant K < 95$	10	2.5±0.5	5
$18 \leqslant K < 48$	5	1±0.2	2

（2）试样　每种样品的最小试样数量见表 5-3。

表 5-3　最小试样数量

砖的尺寸 K/mm	最小试样数量
$K \geqslant 48$	7
$18 \leqslant K < 48$	10

（3）试验步骤

① 将样品在 110℃±5℃的干燥箱内烘干 1h，然后放入干燥器中冷却至室温。

② 把试样放在支座上，釉面朝上，调整支座金属棒间距，使金属棒中心距大于外砖的长度，并使压头位于支座正中。

③ 试验前先校正试验机零点，开动试验机，压头接触试样时不得冲击，以平均

1MPa/s±0.2MPa/s 的速度均匀加载，直至破坏。记录破坏时的最大荷载（MPa）。

④ 当试样不在中间区域（压头在试样上的垂直投影区）断裂，应舍去该试样，再重测一块。

（4）结果计算　釉面内墙砖的断裂模数 R（单位：MPa）为：

$$R = \frac{3FL}{2bh^2} \tag{5-8}$$

式中　F——破坏荷载，N；

L——两根支撑棒之间跨距，mm；

b——试样宽度，mm；

h——试样断裂面的最小厚度，mm。

破坏强度 S（单位 N）为：

$$S = \frac{FL}{b} \tag{5-9}$$

式中　F——破坏荷载，N；

L——两根支撑棒之间跨距，mm；

b——试样宽度，mm；

记录所有结果，以有效结果计算试样的平均破坏强度和平均断裂模数。

5.1.4.8　耐化学腐蚀性的测定

检验方法按 GB/T 3810.13—2006 的规定。

（1）主要试剂和材料

① 家庭用化学药品：氯化铵溶液，100g/L。

② 游泳池盐类：次氯酸钠溶液，20mg/L。

③ 酸和碱。

④ 低浓度试液（L）。体积分数为 0.03 的盐酸溶液，由浓盐酸（$\rho = 1.19$g/mL）配制。柠檬酸溶液，100g/L。氢氧化钾溶液，30g/L。

⑤ 高浓度试液（H）。体积分数为 0.18 的盐酸溶液，由浓盐酸（$\rho = 1.19$g/mL）配制。体积分数为 0.05 的乳酸溶液。氢氧化钾溶液，100g/L。

（2）主要仪器和用品

① 不易起毛的棉布或擦手纸。

② 白凡士林。

③ HB 铅笔。

④ 带盖容器，用硅硼玻璃或其他合适材料制成。

⑤ 圆筒。

⑥ 天平，精度为 0.05g。

⑦ 灯泡，40W，内面为白色（如硅化的）。

⑧ 干燥箱。

（3）试样　每种试液使用 5 块试样。无釉砖试样尺寸为 50mm×50mm，由砖切割而成，并至少保持一个边为非切割边。有釉砖必须使用无损伤试样，试样可以是整砖或砖的一部分。

（4）试验步骤

① 无釉砖试验

a. 用适当的溶液（如甲醇），彻底清洗砖的正面。有缺陷的砖不能用于试验。

b. 将试样放入干燥箱在 110℃±5℃ 下烘干至恒重。即连续两次称量的差值小于 0.1g，然后使试样冷却至室温。采用氯化铵溶液、次氯酸钠溶液、低浓度试液（L）、高浓度试液（H）进行试验。

c. 将试样垂直浸入盛有试液的容器中，试样浸深 25mm。试样的非切割边必须完全浸入溶液 12d 后，将试样用流动水冲洗 5d，再完全浸泡在水中煮 30min 后从水中取出，用拧干的布轻轻擦，随即在 110℃±5℃ 干燥箱中烘干。

d. 结果评定。在日光或人工光源约 300lx 的光照下（应避免直射），距试样 25～30cm，用肉眼观察试样表面有无变化。砖可划分为下列等级。

对于氯化铵溶液、次氯酸钠溶液的试液：UA 级，无可见变化；UB 级，在切割边上有可见变化；UC 级，在切割边上、非切割边和表面上均有可见变化。

对于低浓度（L）的试液：ULA 级，无可见变化；ULB 级，在切割边上有可见变化；ULC 级，在切割边上、非切割边和表面上均有可见变化。

对于高浓度（H）的试液：UHA 级，无可见变化；UHB 级，在切割边上有可见变化；UHC 级，在切割边上、非切割边和表面上均有可见变化。

② 有釉砖试验

a. 在圆筒的边缘涂上一层 3mm 厚的密封材料，然后将圆筒倒置在有釉砖表面的干净部分，并使其周边密封。

b. 从开口处注入试液，液面高为 20mm±1mm，试液必须是所列的溶液中的任何一种。将试验装置放于 20℃±2℃ 的温度下保存。

c. 用氯化铵溶液、次氯酸钠溶液、柠檬酸溶液时，使试液与试样接触 24h，移开圆筒并用合适的溶液彻底清洗釉面上的密封材料。

d. 试验耐盐酸和氢氧化钾腐蚀性时，使试液与试样接触 4d，每天轻轻摇动一次，并保持试液的液面不变。2d 后更换溶液，再过 2d 移开圆筒并用合适的溶剂彻底清洗釉面的密封材料。

e. 试验后的分级。经过试验的表面在进行评价之前必须完全干燥。在釉面的未处理部分用铅笔划几条线并用湿布擦线痕。如果铅笔线痕擦不掉，这些砖记录为"不适于本标准分级法"，只能用目测法评价。

f. 标准分级法。对于通过铅笔试验的砖，则继续按照目测初评、铅笔试验、反射试验所列步骤进行评价，并按图示意分级系统进行分级（见图 5-5）。

图 5-5　分级系统

g. 目测初评。用肉眼以标准距离 25cm 的视距从各个角度观察表面与未处理表面有何差异。光源可以是日光或人工光源。观测后如未发现可见变化，则进行铅笔试验。

h. 铅笔试验。在试样表面和非处理表面上用 HB 铅笔划线，用软质湿布擦掉，如果可以擦掉，则可视为 A 级，如果不可以擦掉，则可视为 B 级。

i. 反射试验。将砖摆放在能使灯泡的图像反射在非处理表面上的位置。灯光在砖表面上的入射角约为 45°，砖和光源的间距为 350mm±100mm。

评价的参数为反射清晰度，而不是砖表面的亮度。调整砖的位置，使灯光同时落在处理面和非处理面上，检查处理面上的图像是否较模糊。此试验对某些釉面是不适合的，特别是对无光釉面。如果反射清晰，测定为 B 级；如果反射模糊，则定为 C 级。

j. 目测分级。对于不能用铅笔试验的砖，应采用下列方法分级。

对于氯化铵溶液、次氯酸钠溶液的试液：GA（V）级，无可见变化；GB（V）级，表面有明显变化；GC（V）级，原来的表面部分或全部有损坏。

对于低浓度（L）的试液：GLA（V）级，无可见变化；GLB（V）级，表面有明显变化；GLC（V）级，原来的表面部分或全部有损坏；

对于高浓度（H）的试液：GHA（V）级，无可见变化；GHB（V）级，表面有明显变化；GHC（V）级，原来的表面部分或全部有损坏。

5.1.4.9　抗釉裂性

检验方法按 GB/T 3810.11—2006 的规定。

陶瓷砖釉面呈现出如头发丝状的裂纹即称为龟裂。

（1）试样　至少取 5 块整砖作试样；特别大块的砖为使其能装入蒸压釜可以切割成数块，这些切割块的尺寸应尽可能大。

（2）试验设备　蒸压釜，容积和压力应能保证满足本方法的要求；最好由外部蒸汽源供给蒸汽，也可使用直接加热的蒸压釜。

（3）试验步骤

① 在釉面上涂上合适的色剂，目测检查，所有试样在试验前都不应有裂纹。

② 试样按适当间隔竖放在样品架上，然后放入蒸压釜。试验时试样不能与水接触；在约 1h 内逐渐使蒸压釜内压力提高到 500kPa±20kPa（159℃±1℃），并在该压力下保持 2h，然后使压力尽可能快地降到大气压，并让试样在蒸压釜内冷却 0.5h。打开蒸压釜盖子，取出试样，轻轻地放于平板上冷却 0.5h，在试样釉面上涂上合适的色剂，如红墨水，数分钟后用水洗去色剂并擦干，检查试样的龟裂情况。

5.1.5　釉面内墙砖的技术要求

釉面砖的尺寸、表面质量、物理性能、化学性能技术要求应符合相关标准的规定。

5.1.6　釉面内墙砖的验收规则

① 对尺寸允许偏差一项进行判定时，如果砖有一个尺寸不合格，则判定该釉面砖不合格。对外观质量进行判定时，如果某块釉面砖不符合相关标准对该等级的要求，则判定该釉面砖不合格。

② 当所检验的全部项目合格时，该批产品合格；若该批产品所检验的项目有一项或一项以上不合格时该批产品不合格。

③ 判定规则也可由供需双方商定。

5.2　釉面陶瓷墙地砖检测

5.2.1　概述

陶瓷墙地砖为陶瓷外墙面砖和室内、室外陶瓷铺地砖的统称。陶瓷墙地砖质地较密实，强度高，吸水率小，热稳定性、耐磨性及抗冻性较好，既可用于外墙又可用于地面，故称为墙地砖。

GB/T 4100—2006、ISO 13006：1998 规定由黏土和其他无机非金属原料制造的用于覆盖墙面和地面的薄板制品，在室温下通过挤压或其他方法成型，干燥后，在满足性能要求的温度下烧制，称陶瓷砖。按照陶瓷砖的成型方法和吸水率（见表 5-4）进行分类，这种分类与产品的使用无关。

表 5-4　陶瓷砖按成型方法和吸水率（E）分类

成型方法	Ⅰ类 $E\leqslant3\%$	Ⅱa 类 $3\%<E\leqslant6\%$	Ⅱb 类 $6\%<E\leqslant10\%$	Ⅲ类 $E>10\%$
A（挤压）	AⅠ类	AⅡa1 类①	AⅡb1 类①	AⅢ类
		AⅡa12 类①	AⅡb2 类①	
B（干压）	BⅠa 类 瓷质砖 $E\leqslant0.5\%$	BⅡa 类 细瓷砖	BⅡb 类 炻质砖	BⅢ类②
	BⅠb 类 炻瓷砖 $0.5\%<E\leqslant6\%$			
C（其他）	CⅠ类③	CⅡa 类③	CⅡb 类③	CⅢ类③

① AⅡa 类和 AⅡb 类按产品不同分为两个部分。
② BⅢ类仅包括有釉砖，此类不包括吸水率大于 10% 的干压成型无釉砖。
③ GB/T 4100—2006 中不包括这类砖。

挤压砖（A）：将可塑性坯料经过挤压机挤出成型，再将所成型的泥条按砖的预定尺寸进行切割。

干压砖（B）：将混合好的粉料置于模具中在一定压力下压制成型的。

其他方法（C）：用挤压以外方法成型的陶瓷砖。这类砖不包括在 GB/T 4100—2006 中。

瓷质砖：吸水率（E）不超过 0.5% 的陶瓷砖。

炻瓷砖：吸水率（E）大于 0.5%，不超过 3% 的陶瓷砖。

细炻砖：吸水率（E）大于 0.5%，不超过 6% 的陶瓷砖。

炻质砖：吸水率（E）大于 6%，不超过 10% 的陶瓷砖。

陶质砖：吸水率（E）大于 10% 的陶瓷砖。

陶瓷墙地砖按其表面是否施釉可分为彩色釉面陶瓷墙地砖和无釉陶瓷墙地砖。彩色釉面陶瓷墙地砖适用于建筑墙面、地面，简称彩釉砖。彩色釉面陶瓷墙地砖的质量检测主要有外形尺寸及变形、表面质量和分层、吸水率、耐磨性、耐急冷急热性、耐化学性、抗冻性等。

5.2.2　试验条件

检测的温度、湿度为试验室的温度。材料按检验要求。

5.2.3　主要仪器

① 游标卡尺、5～10mm 的螺旋测微卡。

② 边直度、直角度、平整度测量仪。

5.2.4   检验项目及步骤

5.2.4.1   尺寸偏差

用最小刻度值为 0.5mm 的钢板尺检验。检验方法按 GB/T 3810.2—2006 的规定。

5.2.4.2   变形

（1）中心弯曲度、翘曲度及边直角的测定   测定方法见釉面内墙砖的相关检测内容。釉面砖的平整度为中心弯曲度和翘曲度的总称。

（2）直角度的测定   直角度测定方法见釉面内墙砖的相关检测内容。

5.2.4.3   表面质量和分层的测定

（1）表面质量   将试样在检查板上摆成 $1m^2$ 的平面；单块面积大于 $400cm^2$ 的砖至少 25 块。供铺放砖的检查板一块，检查板与水平面成 $70°±10°$ 角放置。试样铺放后，要使砖面的最高边与检查者的视线相平；砖面上各部分的照度均为 300lx。若使用灯光照明，则光源应置于检查者的身后并略高于检查者。然后用肉眼观察（如平时戴眼镜的可戴上眼镜）。检查者距离砖面距离要从铺贴面底边量起，检查者的身体不应该倾斜。

检查需两人进行，抽取和铺放试样者不参与检验。

（2）分层   敲击试样，依声音差异来辨别，或通过观察试样侧面进行检验。

5.2.4.4   物化性能试验

（1）吸水率、显气孔率、表观相对密度和容重的测定   见釉面内墙砖 GB/T 3810.3—2006 的相关检测内容。

（2）耐急冷急热性测定   耐急冷急热性测定见釉面内墙砖的相关检测内容。

（3）抗冻性能测定   检验方法按 GB/T 3810.12—2006 的规定。

主要试验设备有以下几种。

① 干燥箱，工作温度 $110℃±5℃$。

② 天平，精确到试样质量的 0.01%。

③ 冷冻机，能冷冻至少 10 块砖，其最小面积为 $0.25m^2$，并使砖互相不接触。

④ 抽真空装置，装置内压力至 $40kPa±2.6kPa$。

（4）试样准备   使用不少于 10 块整砖。整砖过大时可切取不小于 $120mm×120mm$ 的砖片作为试样。记录观察到的试样缺陷。

把试样放在 $110℃±5℃$ 的干燥箱内烘干至恒重，即每隔 24h 的连续称量之差小于 0.1%，记录每块干试样质量 m_1。

（5）浸水饱和   砖冷却至室温后，将试样互不接触地竖放在抽真空装置内，抽真空至 $40kPa±2.6kPa$。在该压力下加水，水温保持 $20℃±5℃$，并至少高出砖 50mm。在相同压力下至少保持 15min，然后将试样取出，用湿毛巾轻轻擦拭试样表面的附着水，立即称量，记录每块湿试样的质量 m_2。

按下式计算每块试样的吸水率。

$$E_1 = \frac{m_2 - m_1}{m_1} × 100\% \qquad (5\text{-}10)$$

式中 m_1——干试样的质量，g；

　　　　m_2——湿试样的质量，g。

当试样的吸水率超过 10% 时，应再浸泡 24h。

（6）试验步骤   把饱和的试样竖放在试样架上，放入冷冻箱内。试样之间、试样与箱壁之间应有不小于 5mm 的间距，以不超过 20℃/h 的速率使砖降温到－5℃以下，在此温度下保持 15min。砖浸没在水温 5℃以上的水中，并保持 15min。重复以上循环至少 100 次。

（7）结果评定　100 次后，在距离 25～30cm 处，用肉眼检查试样釉面和坯体是否损坏。记录所观察到砖的釉面、正面和边缘损坏情况。

5.2.4.5　断裂模数和破坏强度测定

按 GB/T 3810.4—2006 的相关检测内容。

5.2.4.6　耐磨性能测定

（1）主要仪器及材料

① 磨球，直径分别为 5mm、3mm、2mm、1mm 的钢球，应符合《滚动轴承钢球》的规定。

② 研磨材料，80 号白刚玉，应符合《白刚玉技术条件》的规定。

③ 蒸馏水或去离子水。

④ 耐磨试验仪，试验仪由钢壳、电动机传动装置、水平支撑转盘和转数控制装置组成。支承盘转速为 300r/min。

水平转盘上有 9 个样品夹具（也可少于 9 个），样品夹具中心距转盘中心 240mm，相邻两样品夹具之间距离相等。水平转盘运动时有 22.5mm 的偏心距 e（如图 5-6 所示），使试样作直径为 45mm 的圆周运动。

样品夹具是镶有橡胶密封圈的金属夹具（如图 5-7 所示），夹具内径为 83mm，可提供约 54cm² 的试验面积；橡胶厚度 9mm，夹具内空间高度为 25.5mm。转数控制装置，用以预先设定和控制转数。

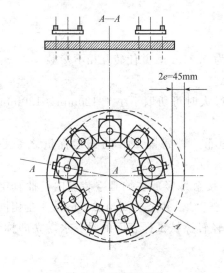

图 5-6　耐磨试验仪

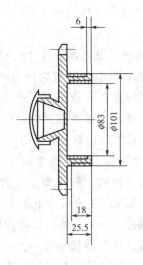

图 5-7　夹具

⑤ 照度计，能测 300lx 的照度。

⑥ 观察箱。观察箱内装有 60W 灯泡两个。顶镜一块，侧镜一块，照度为 300lx（如图 5-8 所示）。

⑦ 电热恒温干燥箱，工作温度 110℃±5℃。

⑧ 干燥器。

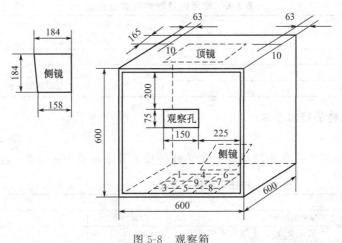

图 5-8　观察箱

1~8—对比样；9—已磨样；10—60W灯泡

（2）试样要求　用11块试样，其中8块试样经试验供目视评价用，每个研磨阶段要求取下一块试样，然后用3块试样与已磨损的样品对比，观察可见磨损痕迹。

试样的尺寸一般为100mm×100mm，若小于100mm×100mm，可将其拼接并黏合在合适的支撑材料上，接缝处的边部效应，观察时可忽略不计。

（3）试验步骤

① 按表5-5配制每块试样所需的研磨材料。

表 5-5　每块试样所需的研磨材料

研磨材料	规格/mm	质量/g	研磨材料	规格/mm	质量/g
钢球	$\phi5$	70.0 ± 0.50	白刚玉	80 号	3.0
	$\phi3$	52.5 ± 0.50			
	$\phi2$	43.75 ± 0.10	蒸馏水或去离子水		20mL
	$\phi1$	8.75			

② 将试样擦净后逐一夹紧在夹具下，通过夹具上方的孔加入按上表配制的研磨材料，盖好盖子，开动试验机。

③ 在试验转数为100r/min、150r/min、600r/min、750r/min、1500r/min、2100r/min、6000r/min 和 12000r/min 时，各取出一块试样。

④ 取下的试样用10%浓度的盐酸溶液擦洗表面后，用清水冲洗干净，放入干燥箱内在110℃±5℃下烘 1h。

⑤ 将烘干后的试样摆入观察箱内，在300lx照度下用眼睛通过观察孔对比未磨和经不同转数研磨后砖釉面的差别。同一砖块釉面颜色不同时，应分别进行试验，以可见磨损为准。

⑥ 试验结束后，将磨球倒入筛中用清水冲洗，然后放入烧杯中再用甲醇或无水乙醇洗净，烘干后保存。试验用磨球使用次数不得超过200次。

⑦ 结果的评定。试样根据表5-6进行分级，共分5级。陶瓷砖也要通过 GB/T 3810.14—2006 做磨损釉面的耐污染试验。

5.2.4.7　耐化学腐蚀性测定

按 GB/T 3810.13—2006 的检验方法。

表 5-6　釉面陶瓷砖的耐磨性分级

可见磨损的研磨转数/(r/min)	级　别	可见磨损的研磨转数/(r/min)	级　别
100	0	2100,6000,12000	4
150	1	>12000	5
600	2	通过 12000r/min 试验后必须根据 GB/T 3810.14—2006 做耐污染试验	—
750,1500	3		

5.2.5　陶瓷墙地砖的技术要求

5.2.5.1　挤压陶瓷砖

对挤压陶瓷砖的尺寸、物理性能、化学性能技术要求应符合表 5-7～表 5-10。

表 5-7　挤压陶瓷砖技术要求（$E \leqslant 3\%$，AⅠ类）

技　术　要　求			精　细	普　通	试　验　方　法
尺寸和表面质量					
长度、宽度	每块砖（2 条或 4 条边）的平均尺寸相对于工作尺寸的允许偏差/%		$\pm 1.0\%$，最大$\pm 2mm$	$\pm 2.0\%$，最大$\pm 4mm$	GB/T 3810.2—2006
	每块砖（2 条或 4 条边）的平均尺寸相对于 10 块试样（20 条或 40 条边）平均尺寸的允许偏差/%		$\pm 1.0\%$	$\pm 1.5\%$	GB/T 3810.2—2006
厚度 a. 厚度由制造商确定 b. 每块厚度的平均值相对于工作尺寸的允许偏差/%			$\pm 10\%$	$\pm 10\%$	GB/T 3810.2—2006
边直角①（正面）相对于工作尺寸的最大允许偏差/%			$\pm 0.5\%$	$\pm 0.6\%$	GB/T 3810.2—2006
直角度①相对于工作尺寸的最大允许偏差/%			$\pm 1.0\%$	$\pm 1.0\%$	GB/T 3810.2—2006
表面平整度 最大允许偏差/%	a. 相对于由工作尺寸计算的对角线的中心弯曲度		$\pm 0.5\%$	$\pm 1.5\%$	GB/T 3810.2—2006
	b. 相对于工作尺寸的边弯曲度		$\pm 0.5\%$	$\pm 1.5\%$	GB/T 3810.2—2006
	c. 相对于由工作尺寸计算的对角线的翘曲度		$\pm 0.8\%$	$\pm 1.5\%$	GB/T 3810.2—2006
表面质量②			至少 95% 的砖主要区域无明显缺陷		GB/T 3810.2—2006
物理性能			精细	普通	试验方法
吸水率⑦（质量分数）			平均值$\leqslant 3.0\%$ 单值$\leqslant 3.3\%$	平均值$\leqslant 3.0\%$ 单值$\leqslant 3.3\%$	GB/T 3810.3—2006
破坏强度/N	a. 厚度$\geqslant 7.5mm$		$\geqslant 1100$	$\geqslant 1100$	GB/T 3810.4—2006
	b. 厚度$< 7.5mm$		$\geqslant 600$	$\geqslant 600$	
断裂模数/MPa 不适用于破坏强度$\geqslant 3000N$ 的砖			平均值$\geqslant 23$，单值$\geqslant 18$	平均值$\geqslant 23$，单值$\geqslant 18$	GB/T 3810.4—2006
耐磨性	a. 无釉地砖耐磨损体积/mm²		$\leqslant 275$	$\leqslant 275$	GB/T 3810.6—2006
	b. 有釉地砖表面耐磨性③		报告陶瓷砖耐磨性级别和转数		GB/T 3810.7—2006
有釉砖抗釉裂性⑤			经试验应无釉裂		GB/T 3810.11—2006
抗冻性④			见有关规定		GB/T 3810.12—2006
化　学　性　能			精细	普通	试验方法
抗化学腐蚀性	耐低浓度酸和碱 a. 有釉砖 b. 无釉砖⑥		制造商报告耐化学腐蚀性等级	制造商报告耐化学腐蚀性等级	GB/T 3810.13—2006
	耐高浓度酸和碱④		见有关规定		GB/T 3810.13—2006
	耐氯化铵溶液和次氯酸钠溶液 a. 有釉砖 b. 无釉砖⑥		不低于 GB 级 不低于 UB 级	不低于 GB 级 不低于 UB 级	GB/T 3810.15—2006

① 不适用于有弯曲形状的砖。

② 在烧成过程中，产品与标准之间的微小色差是难免的。用于装饰目的的斑点或色斑不能看作为缺陷。

③ 有釉地砖耐磨性分级可参 GB/T 4100—2006 附录的规定。

④ 见有关标准。

⑤ 制造商对于为装饰效果而产生的裂纹应加以说明，这种情况下 GB/T 3810.11—2006 规定的釉裂不适用。

⑥ 如果色泽有微小变化，不应算为化学腐蚀。

⑦ 吸水率最大单个值为 0.5% 的砖是全玻化砖（常被认为是不吸水的）。

表 5-8 挤压陶瓷砖技术要求（3％＜E≤6％，AⅡa 类）

技 术 要 求			精 细	普 通	试 验 方 法
尺寸和表面质量					
长度、宽度	每块砖（2 条或 4 条边）的平均尺寸相对于工作尺寸的允许偏差/％		±1.25％，最大±2mm	±2.0％，最大±4mm	GB/T 3810.2—2006
	每块砖（2 条或 4 条边）的平均尺寸相对于 10 块试样（20 条或 40 条边）平均尺寸的允许偏差/％		±1.0％	±1.5％	GB/T 3810.2—2006
厚度 c. 厚度由制造商确定 d. 每块厚度的平均值相对于工作尺寸的允许偏差/％			±10％	±10％	GB/T 3810.2—2006
边直角[①]（正面）相对于工作尺寸的最大允许偏差/％			±0.5％	±0.6％	GB/T 3810.2—2006
直角度[①]相对于工作尺寸的最大允许偏差/％			±1.0％	±1.0％	GB/T 3810.2—2006
表面平整度 最大允许偏差/％	a. 相对于由工作尺寸计算的对角线的中心弯曲度		±0.5％	±1.5％	GB/T 3810.2—2006
	b. 相对于工作尺寸的边弯曲度		±0.5％	±1.5％	GB/T 3810.2—2006
	c. 相对于由工作尺寸计算的对角线的翘曲度		±0.8％	±1.5％	GB/T 3810.2—2006
表面质量[②]			至少 95％的砖主要区域无明显缺陷		GB/T 3810.2—2006
物 理 性 能			精 细	普 通	试验方法
吸水率[⑦]（质量分数）			3.0％≤平均值≤6.0％，单值≤6.5％	3.0％≤平均值≤6.0％，单值≤6.5％	GB/T 3810.3—2006
破坏强度/N	a. 厚度≥7.5mm		≥950	≥950	GB/T 3810.4—2006
	b. 厚度＜7.5mm		≥600	≥600	
断裂模数/MPa 不适用于破坏强度≥3000N 的砖			平均值≥20，单值≥18	平均值≥20，单值≥18	GB/T 3810.4—2006
耐磨性	a. 无釉地砖耐磨损体积/mm²		≤393	≤393	GB/T 3810.6—2006
	b. 有釉地砖表面耐磨性[③]		报告陶瓷砖耐磨性级别和转数		GB/T 3810.7—2006
有釉砖抗釉裂性[⑤]			经试验应无釉裂		GB/T 3810.11—2006
抗冻性[④]			见有关规定		GB/T 3810.12—2006
化 学 性 能			精 细	普 通	试验方法
抗化学腐蚀性	耐低浓度酸和碱 a. 有釉砖 b. 无釉砖[⑥]		制造商报告耐化学腐蚀性等级	制造商报告耐化学腐蚀性等级	GB/T 3810.13—2006
	耐高浓度酸和碱[④]		见有关规定		GB/T 3810.13—2006
	耐氯化铵溶液和次氯酸钠溶液 a. 有釉砖 b. 无釉砖[⑥]		不低于 GB 级 不低于 UB 级	不低于 GB 级 不低于 UB 级	GB/T 3810.15—2006

①～⑦含义同表 5-7。

表 5-9　挤压陶瓷砖技术要求（$E > 10\%$，AⅢ类）

技术要求			精细	普通	试验方法
尺寸和表面质量			精细	普通	试验方法
长度、宽度		每块砖（2条或4条边）的平均尺寸相对于工作尺寸的允许偏差/%	±2.0%，最大±2mm	±2.0%，最大±4mm	GB/T 3810.2—2006
		每块砖（2条或4条边）的平均尺寸相对于10块试样（20条或40条边）平均尺寸的允许偏差/%	±1.5%	±1.5%	GB/T 3810.2—2006
厚度 e. 厚度由制造商确定 f. 每块厚度的平均值相对于工作尺寸的允许偏差/%			±10%	±10%	GB/T 3810.2—2006
边直角②（正面） 相对于工作尺寸的最大允许偏差/%			±1.0%	±1.0%	GB/T 3810.2—2006
直角度① 相对于工作尺寸的最大允许偏差/%			±1.0%	±1.0%	GB/T 3810.2—2006
表面平整度 最大允许偏差/%		a. 相对于由工作尺寸计算的对角线的中心弯曲度	±1.0%	±1.5%	GB/T 3810.2—2006
		b. 相对于工作尺寸的边弯曲度	±1.0%	±1.5%	GB/T 3810.2—2006
		c. 相对于由工作尺寸计算的对角线的翘曲度	±1.5%	±1.5%	GB/T 3810.2—2006
表面质量②			至少95%的砖主要区域无明显缺陷		GB/T 3810.2—2006
物 理 性 能			精细	普通	试验方法
吸水率⑦（质量分数）			平均值>10%	平均值>10%	GB/T 3810.3—2006
破坏强度/N			≥600	≥600	GB/T 3810.4—2006
断裂模数/MPa 不适用于破坏强度≥3000N的砖			平均值≥8，单值≥7	平均值≥8，单值≥7	GB/T 3810.4—2006
耐磨性		a. 无釉地砖耐磨损体积/mm³	≤2365	≤2365	GB/T 3810.6—2006
		b. 有釉地砖表面耐磨性③	报告陶瓷砖耐磨性级别和转数		GB/T 3810.7—2006
有釉砖抗釉裂性⑤			经试验应无釉裂		GB/T 3810.11—2006
抗冻性④			见有关规定		GB/T 3810.12—2006
化 学 性 能			精细	普通	试验方法
抗化学腐蚀性	耐低浓度酸和碱 a. 有釉砖 b. 无釉砖⑥		制造商报告耐化学腐蚀性等级	制造商报告耐化学腐蚀性等级	GB/T 3810.13—2006
	耐高浓度酸和碱①		见有关规定		GB/T 3810.13—2006
	耐氯化铵溶液和次氯酸钠溶液 a. 有釉砖 b. 无釉砖⑥		不低于GB级 不低于UB级	不低于GB级 不低于UB级	GB/T 3810.15—2006

①～⑦含义同表5-7。

表 5-10 挤压陶瓷砖技术要求（6%＜E≤10%，AⅡb类）

技 术 要 求				试验方法
尺寸和表面质量		精细	普通	
长度、宽度	每块砖（2条或4条边）的平均尺寸相对于工作尺寸的允许偏差/%	±1.25%，最大±2mm	±2.0%，最大±4mm	GB/T 3810.2—2006
	每块砖（2条或4条边）的平均尺寸相对于10块试样（20条或40条边）平均尺寸的允许偏差/%	±1.5%	±1.5%	GB/T 3810.2—2006
厚度 g. 厚度由制造商确定 h. 每块厚度的平均值相对于工作尺寸的允许偏差/%		±10%	±10%	GB/T 3810.2—2006
边直角①（正面）相对于工作尺寸的最大允许偏差/%		±1.0%	±1.0%	GB/T 3810.2—2006
直角度①相对于工作尺寸的最大允许偏差/%		±1.0%	±1.0%	GB/T 3810.2—2006
表面平整度 最大允许偏差/%	a. 相对于由工作尺寸计算的对角线的中心弯曲度	±1.0%	±1.5%	GB/T 3810.2—2006
	b. 相对于工作尺寸的边弯曲度	±1.0%	±1.5%	GB/T 3810.2—2006
	c. 相对于由工作尺寸计算的对角线的翘曲度	±1.5%	±1.5%	GB/T 3810.2—2006
表面质量②		至少95%的砖主要区域无明显缺陷		GB/T 3810.2—2006
物 理 性 能		精细	普通	试验方法
吸水率⑦（质量分数）		6%≤平均值10%，单值≤11%	6%≤平均值≤10%，单值≤11%	GB/T 3810.3—2006
破坏强度/N		≥900	≥900	GB/T 3810.4—2006
断裂模数/MPa 不适用于破坏强度≥3000N的砖		平均值≥17.5，单值≥15	平均值≥17.5，单值≥15	GB/T 3810.4—2006
耐磨性	a. 无釉地砖耐磨损体积/mm²	≤649	≤649	GB/T 3810.6—2006
	b. 有釉地砖表面耐磨性③	报告陶瓷砖耐磨性级别和转数		GB/T 3810.7—2006
有釉砖抗釉裂性⑤		经试验应无釉裂		GB/T 3810.11—2006
抗冻性④		见有关规定		GB/T 3810.12—2006
化 学 性 能		精细	普通	试验方法
抗化学腐蚀性	耐低浓度酸和碱 a. 有釉砖 b. 无釉砖⑥	制造商报告耐化学腐蚀性等级	制造商报告耐化学腐蚀性等级	GB/T 3810.13—2006
	耐高浓度酸和碱④	见有关规定		GB/T 3810.13—2006
	耐氯化铵溶液和次氯酸钠溶液 a. 有釉砖 b. 无釉砖⑥	不低于GB级 不低于UB级	不低于GB级 不低于GB级	GB/T 3810.15—2006

①～⑦含义同表 5-7。

5.2.5.2 干压陶瓷砖：瓷质砖技术要求

瓷质砖的尺寸、物理性能、化学性能技术要求应符合表 5-11。

表 5-11 干压陶瓷砖：瓷质砖技术要求（$E \leqslant 0.5\%$，BⅠa 类）

技 术 要 求							试 验 方 法
尺寸和表面质量		产品表面积 S／cm^2					
		$S \leqslant 90$	$90 < S \leqslant 190$	$190 < S \leqslant 410$	$410 < S \leqslant 1600$	$S > 1600$	
长度、宽度	每块砖（2 条或 4 条边）的平均尺寸相对于工作尺寸的允许偏差／%	±1.2	±1.0	±0.75	±0.6	±0.5	GB/T 3810.2—2006
		每块抛光砖（2 条或 4 条边）平均尺寸相对于工作尺寸的允许偏差为±1.0mm					
	每块砖（2 条或 4 条边）的平均尺寸相对于 10 块试样（20 条或 40 条边）平均尺寸的允许偏差／%	±0.75	±0.5	±0.5	±0.5	±0.4	GB/T 3810.2—2006
厚度 a. 厚度由制造商确定 b. 每块厚度的平均值相对于工作尺寸的允许偏差／%		±10	±10	±5	±5	±5	GB/T 3810.2—2006
边直角①（正面） 相对于工作尺寸的最大允许偏差／%		±0.75	±0.5	±0.5	±0.5	±0.3	GB/T 3810.2—2006
		抛光砖的边直角度允许偏差为±0.2%					
直角度① 相对于工作尺寸的最大允许偏差／%		±1.0	±0.6	±0.6	±0.6	±0.5	GB/T 3810.2—2006
		抛光砖的直角度允许偏差为±0.2%，且最大偏差≤0.2mm。边长＞600mm 的砖，直角度用对边长度差和对角线长度差表示，最大偏差≤2.0mm					
表面平整度最大允许偏差／%	a. 相对于由工作尺寸计算的对角线的中心弯曲度	±1.0	±0.5	±0.5	±0.5	±0.4	GB/T 3810.2—2006
	b. 相对于工作尺寸的边弯曲度	±1.0	±0.5	±0.5	±0.5	±0.4	GB/T 3810.2—2006
	c. 相对于由工作尺寸计算的对角线的翘曲度	±1.0	±0.5	±0.5	±0.5	±0.4	GB/T 3810.2—2006
表面质量②		至少 95% 的砖主要区域无明显缺陷					GB/T 3810.2—2006

物 理 性 能		要 求	试 验 方 法
吸水率⑦（质量分数）		平均值≤0.5%，单值≤0.6%	GB/T 3810.3—2006
破坏强度／N	a. 厚度≥7.5mm	≥1300	GB/T 3810.4—2006
	b. 厚度＜7.5mm	≥700	
断裂模数／MPa 不适用于破坏强度≥3000N 的砖		平均值≥35，单值≥32	GB/T 3810.4—2006
耐磨性	a. 无釉地砖耐磨损体积／mm^2	≤175	GB/T 3810.6—2006
	b. 有釉地砖表面耐磨性③	报告陶瓷砖耐磨性级别和转数	GB/T 3810.7—2006
有釉砖抗釉裂性⑤		经试验应无釉裂	GB/T 3810.11—2006
抗冻性		经试验应无裂纹或剥落	GB/T 3810.12—2006

化 学 性 能		要 求	试 验 方 法
抗化学腐蚀性	耐低浓度酸和碱 a. 有釉砖 b. 无釉砖⑥	制造商报告耐化学腐蚀性等级	GB/T 3810.13—2006
	耐高浓度酸和碱④	见有关规定	GB/T 3810.13—2006
	耐氯化铵溶液和次氯酸钠溶液 a. 有釉砖 b. 无釉砖⑥	不低于 GB 级 不低于 UB 级	GB/T 3810.15—2006

①～⑦含义同表 5-7。

5.2.5.3　干压陶瓷砖：炻瓷砖技术要求

炻瓷砖的尺寸、物理性能、化学性能技术要求应符合表 5-12。

表 5-12　干压陶瓷砖：炻瓷砖技术要求（$0.5\% < E \leqslant 3\%$，BⅠb 类）

技　术　要　求		产品表面积 S/cm^2				试 验 方 法
尺寸和表面质量		$S \leqslant 90$	$90 < S \leqslant 190$	$190 < S \leqslant 410$	$S > 410$	
长度、宽度	每块砖(2 条或 4 条边)的平均尺寸相对于工作尺寸的允许偏差/%	±1.2	±1.0	±0.75	±0.6	GB/T 3810.2—2006
	每块砖(2 条或 4 条边)的平均尺寸相对于 10 块试样(20 条或 40 条边)平均尺寸的允许偏差/%	±0.75	±0.5	±0.5	±0.5	GB/T 3810.2—2006
厚度 a. 厚度由制造商确定 b. 每块厚度的平均值相对于工作尺寸的允许偏差/%		±10	±10	±5	±5	GB/T 3810.2—2006
边直角①(正面) 相对于工作尺寸的最大允许偏差/%		±0.75	±0.5	±0.5	±0.5	GB/T 3810.2—2006
直角度① 相对于工作尺寸的最大允许偏差/%		±1.0	±0.6	±0.6	±0.5	GB/T 3810.2—2006
表面平整度最大允许偏差/%	a. 相对于由工作尺寸计算的对角线的中心弯曲度	±1.0	±0.5	±0.5	±0.5	GB/T 3810.2—2006
	b. 相对于工作尺寸的边弯曲度	±1.0	±0.5	±0.5	±0.5	GB/T 3810.2—2006
	c. 相对于由工作尺寸计算的对角线的翘曲度	±1.0	±0.5	±0.5	±0.5	GB/T 3810.2—2006
表面质量②		至少 95% 的砖主要区域无明显缺陷				GB/T 3810.2—2006
物 理 性 能		要　　求				试验方法
吸水率⑦(质量分数)		$0.5\% < E \leqslant 3\%$，单个最大值 $\leqslant 3.3\%$				GB/T 3810.3—2006
破坏强度/N	a. 厚度 $\geqslant$7.5mm	$\geqslant$1100				GB/T 3810.4—2006
	b. 厚度 $<$7.5mm	$\geqslant$700				
断裂模数/MPa 不适用于破坏强度 $\geqslant$3000N 的砖		平均值 $\geqslant$30，单个最小值 $\geqslant$2				GB/T 3810.4—2006
耐磨性	a. 无釉地砖耐磨损体积/mm²	$\leqslant$175				GB/T 3810.6—2006
	b. 有釉地砖表面耐磨性③	报告陶瓷砖耐磨性级别和转数				GB/T 3810.7—2006
有釉砖抗釉裂性⑤		经试验应无釉裂				GB/T 3810.11—2006
抗冻性		经试验应无裂纹或剥落				GB/T 3810.12—2006
化 学 性 能		要　　求				试验方法
抗化学腐蚀性	耐低浓度酸和碱 a. 有釉砖 b. 无釉砖⑥	制造商报告耐化学腐蚀性等级				GB/T 3810.13—2006
	耐高浓度酸和碱④	见有关规定				GB/T 3810.13—2006
	耐氯化铵溶液和次氯酸钠溶液 a. 有釉砖 b. 无釉砖⑥	不低于 GB 级 不低于 UB 级				GB/T 3810.15—2006

①～⑦含义同表 5-7。

5.2.5.4　干压陶瓷砖：细炻瓷砖技术要求

细炻瓷砖的尺寸、物理性能、化学性能技术要求应符合表 5-13。

表 5-13　干压陶瓷砖：细炻瓷砖技术要求（3％＜E≤6％，BⅡa 类）

技　术　要　求						
尺寸和表面质量		产品表面积 S/cm²				试　验　方　法
		S≤90	90＜S≤190	190＜S≤410	S＞410	
长度宽度	每块砖（2 条或 4 条边）的平均尺寸相对于工作尺寸的允许偏差/％	±1.2	±1.0	±0.75	±0.6	GB/T 3810.2—2006
	每块砖（2 条或 4 条边）的平均尺寸相对于 10 块试样（20 条或 40 条边）平均尺寸的允许偏差/％	±0.75	±0.5	±0.5	±0.5	GB/T 3810.2—2006
厚度 a. 厚度由制造商确定 b. 每块厚度的平均值相对于工作尺寸的允许偏差/％		±10	±10	±5	±5	GB/T 3810.2—2006
边直角①（正面） 相对于工作尺寸的最大允许偏差/％		±0.75	±0.5	±0.5	±0.5	GB/T 3810.2—2006
直角度① 相对于工作尺寸的最大允许偏差/％		±1.0	±0.6	±0.6	±0.6	GB/T 3810.2—2006
表面平整度最大允许偏差/％	a. 相对于由工作尺寸计算的对角线的中心弯曲度	±1.0	±0.5	±0.5	±0.5	GB/T 3810.2—2006
	b. 相对于工作尺寸的边弯曲度	±1.0	±0.5	±0.5	±0.5	GB/T 3810.2—2006
	c. 相对于由工作尺寸计算的对角线的翘曲度	±1.0	±0.5	±0.5	±0.5	GB/T 3810.2—2006
表面质量②		至少 95％的砖主要区域无明显缺陷				GB/T 3810.2—2006
物　理　性　能		要　　求				试　验　方　法
吸水率⑦（质量分数）		3％＜E≤6％，单个最大值≤6.5％				GB/T 3810.3—2006
破坏强度/N	a. 厚度≥7.5mm	≥1000				GB/T 3810.4—2006
	b. 厚度＜7.5mm	≥600				
断裂模数/MPa 不适用于破坏强度≥3000N 的砖		平均值≥22，单个最小值≥20				GB/T 3810.4—2006
耐磨性	a. 无釉地砖耐磨损体积/mm²	≤345				GB/T 3810.6—2006
	b. 有釉地砖表面耐磨性③	报告陶瓷砖耐磨性级别和转数				GB/T 3810.7—2006
有釉砖抗釉裂性⑤		经试验应无釉裂				GB/T 3810.11—2006
抗冻性		经试验应无裂纹或剥落				GB/T 3810.12—2006
化　学　性　能		要　　求				试　验　方　法
抗化学腐蚀性	耐低浓度酸和碱 a. 有釉砖 b. 无釉砖⑥	制造商报告耐化学腐蚀性等级				GB/T 3810.13—2006
	耐高浓度酸和碱④	见有关规定				GB/T 3810.13—2006
	耐氯化铵溶液和次氯酸钠溶液 a. 有釉砖 b. 无釉砖⑥	不低于 GB 级 不低于 UB 级				GB/T 3810.15—2006

①～⑦含义同表 5-7。

5.2.5.5　干压陶瓷砖：炻质砖技术要求

炻质砖的尺寸、物理性能、化学性能技术要求应符合表 5-14。

表 5-14　干压陶瓷砖：炻质砖技术要求（6％＜E≤10％，BⅡb 类）

技 术 要 求		产品表面积 S/cm²				试 验 方 法
尺寸和表面质量		S≤90	90＜S ≤190	190＜S ≤410	S＞410	
长度、宽度	每块砖（2 条或 4 条边）的平均尺寸相对于工作尺寸的允许偏差/%	±1.2	±1.0	±0.75	±0.6	GB/T 3810.2—2006
	每块砖（2 条或 4 条边）的平均尺寸相对于 10 块试样（20 条或 40 条边）平均尺寸的允许偏差/%	±0.75	±0.5	±0.5	±0.5	GB/T 3810.2—2006
厚度　a. 厚度由制造商确定　b. 每块厚度的平均值相对于工作尺寸的允许偏差/%		±10	±10	±5	±5	GB/T 3810.2—2006
边直角①（正面）相对于工作尺寸的最大允许偏差/%		±0.75	±0.5	±0.5	±0.5	GB/T 3810.2—2006
直角度①相对于工作尺寸的最大允许偏差/%		±1.0	±0.6	±0.6	±0.6	GB/T 3810.2—2006
表面平整度最大允许偏差/%	a. 相对于由工作尺寸计算的对角线的中心弯曲度	±1.0	±0.5	±0.5	±0.5	GB/T 3810.2—2006
	b. 相对于工作尺寸的边弯曲度	±1.0	±0.5	±0.5	±0.5	GB/T 3810.2—2006
	c. 相对于由工作尺寸计算的对角线的翘曲度	±1.0	±0.5	±0.5	±0.5	GB/T 3810.2—2006
表面质量②		至少 95％的砖主要区域无明显缺陷				GB/T 3810.2—2006
物 理 性 能		要　　求				试 验 方 法
吸水率⑦（质量分数）		6％＜E≤10％，单个最大值≤11％				GB/T 3810.3—2006
破坏强度/N	a. 厚度≥7.5mm	≥800				GB/T 3810.4—2006
	b. 厚度＜7.5mm	≥600				
断裂模数/MPa 不适用于破坏强度≥3000N 的砖		平均值小于 18，单个最小值 16				GB/T 3810.4—2006
耐磨性	a. 无釉地砖耐磨损体积/mm²	≤540				GB/T 3810.6—2006
	b. 有釉地砖表面耐磨性③	报告陶瓷砖耐磨性级别和转数				GB/T 3810.7—2006
有釉砖抗釉裂性⑤		经试验应无釉裂				GB/T 3810.11—2006
抗冻性		经试验应无裂纹或剥落				GB/T 3810.12—2006
化 学 性 能		要　　求				试 验 方 法
抗化学腐蚀性	耐低浓度酸和碱　a. 有釉砖　b. 无釉砖⑥	制造商报告耐化学腐蚀性等级				GB/T 3810.13—2006
	耐高浓度酸和碱④	见有关规定				GB/T 3810.13—2006
	耐氯化铵溶液和次氯酸钠溶液　a. 有釉砖　b. 无釉砖⑥	不低于 GB 级 不低于 UB 级				GB/T 3810.15—2006

①～⑦含义同表 5-7。

5.2.5.6　干压陶瓷砖：陶质砖技术要求

陶质砖的尺寸、物理性能、化学性能技术要求应符合表 5-15。

表 5-15 干压陶瓷砖：陶质砖技术要求（$E>10\%$，BⅢ类）

技术要求			无间隔凸缘	有间隔凸缘	试验方法
尺寸和表面质量					
长度、宽度	每块砖（2 条或 4 条边）的平均尺寸相对于工作尺寸的允许偏差/%		$L\leqslant12cm，\pm0.75\%$ $L>12cm，\pm0.50\%$	$+0.6\%$ -0.3%	GB/T 3810.2—2006
	每块砖（2 条或 4 条边）的平均尺寸相对于 10 块试样（20 条或 40 条边）平均尺寸的允许偏差/%		$L\leqslant12cm，\pm0.5\%$ $L>12cm，\pm0.3\%$	$\pm0.25\%$	GB/T 3810.2—2006
厚度 a. 厚度由制造商确定 b. 每块厚度的平均值相对于工作尺寸的允许偏差/%			$\pm10\%$	$\pm10\%$	GB/T 3810.2—2006
边直角①（正面） 相对于工作尺寸的最大允许偏差/%			$\pm0.3\%$	$\pm0.3\%$	GB/T 3810.2—2006
直角度① 相对于工作尺寸的最大允许偏差/%			$\pm1.0\%$	$\pm1.0\%$	GB/T 3810.2—2006
表面平整度最大允许偏差/%	a. 相对于由工作尺寸计算的对角线的中心弯曲度		$+0.5\%$ -0.3%	$+0.5\%$ -0.3%	GB/T 3810.2—2006
	b. 相对于工作尺寸的边弯曲度		$+0.5\%$ -0.3%	$+0.5\%$ -0.3%	GB/T 3810.2—2006
	c. 相对于由工作尺寸计算的对角线的翘曲度		$\pm0.5\%$	$\pm0.5\%$	GB/T 3810.2—2006
表面质量②			至少 95% 的砖主要区域无明显缺陷		GB/T 3810.2—2006
物 理 性 能			要 求		试 验 方 法
吸水率（质量分数）			平均值$>10\%$，单个最小值$>9\%$ 当平均值$>20\%$时制造商应说明		GB/T 3810.3—2006
破坏强度/N	a. 厚度$\geqslant7.5mm$		$\geqslant600$		GB/T 3810.4—2006
	b. 厚度$<7.5mm$		$\geqslant350$		
断裂模数/MPa 不适用于破坏强度$\geqslant3000N$ 的砖			平均值$\geqslant15$，单个最小值$\geqslant12$		GB/T 3810.4—2006
耐磨性 有釉地砖表面耐磨性⑤			报告陶瓷砖耐磨性级别和转数		GB/T 3810.7—2006
有釉砖抗釉裂性⑤			经试验应无釉裂		GB/T 3810.11—2006
抗冻性④			见有关规定		GB/T 3810.12—2006
化 学 性 能			要 求		试 验 方 法
抗化学腐蚀性	耐低浓度酸和碱		制造商报告耐化学腐蚀性等级		GB/T 3810.13—2006
	耐高浓度酸和碱④		见有关规定		GB/T 3810.13—2006
	耐氯化铵溶液和次氯酸钠溶液		不低于 GB 级		GB/T 3810.15—2006

①～⑤含义同表 5-7。

注：有关陶瓷砖标准见 GB/T 4100—2006 的规定。

5.2.6　釉面陶瓷墙地砖的验收规则

① 各级产品尺寸偏差不合格判定数上限均为 6 块；不合格数超过 6 块，则判这批产品不符合该级要求。被检验级别不合格的，可作降级检验。

② 各级产品经抽样作表面质量检验，如其缺陷砖数的百分比超过规定，则判这批产品不符合该级要求，可作降级检验。

③ 变形级别的判定：单块产品变形级别依其中最大一项变形尺寸确定；一批产品则依其中最大变形的两块砖确定；超过者则判这批产品不符合该级要求，可作降级检验。

④ 一批产品级别的判定，依尺寸偏差、表面质量、变形尺寸检验后，取其中最低一级作为该批产品的级别。

⑤ 吸水率、耐急冷急热性、抗冻性试验后，如不合格砖数超过规定的不合格判定数，且破坏强度试验值低于规定，即判定该产品不合格。

⑥ 样本中有分层的砖，该批产品为不合格，经生产厂逐块检选后，可重新提交检验。

⑦ 产品耐磨性、耐化学腐蚀性可按供需双方商定的类别、级别验收。耐化学腐蚀性的级别由 5 块试样中最低的一级确定。

【思考题】

1. 简述釉面内墙砖直角度的测定步骤。
2. 简述釉面内墙砖平整度检测过程。
3. 试述彩色釉面陶瓷墙地砖尺寸偏差测定过程。
4. 试述釉面陶瓷墙地砖用煮沸法测吸水率的过程。
5. 釉面陶瓷墙地砖吸水率检测的方法有几种？
6. 试述彩色釉面陶瓷墙地砖的验收规则。
7. 陶瓷砖按成型方法和吸水率分类有哪几种？

6 石材装饰材料

【本章要点】 本章主要介绍石材装饰材料质量检测的基本知识，通过学习重点掌握天然大理石板材和天然花岗石的技术要求、质量检测方法。人造石材因为无污染越来越受到人们的重视，特别是实体面材近几年发展速度很快，重点介绍了实体面材的质量检测方法。

6.1 石材装饰材料质量检测概述

装饰石材是指具有装饰性能的建筑石材，加工后可供建筑装饰用。装饰石材主要包括天然石材和人造石材两大类。天然装饰石材主要有天然大理石和花岗岩，人造装饰石材主要有人造大理石、人造花岗岩、水磨石、微晶玻璃板材等。

6.1.1 岩石的基本知识

岩石是是由矿物组成的。矿物是指在地质作用中形成的具有一定化学成分和一定结构特征的天然化合物和单质的总称。岩石是矿物的集合体，组成岩石的矿物称为造岩矿物。常见的造岩矿物有石英、云母、方解石、白云石、石膏、角闪石、辉石、橄榄石等。由单矿物组成的岩石叫单矿岩，如白色大理石，它是由方解石或白云石组成的。由两种或两种以上的矿物组成的岩石叫多矿岩（又称复矿岩），如花岗岩，它是由长石、石英、云母及某些暗色矿物组成的。自然界中的岩石大多以多矿岩形式存在。建筑工程中常用岩石的主要造岩矿物组成和特征见表 6-1 所示。

表 6-1　主要造岩矿物的组成和特征

矿物	组成	密度(g/cm³)	莫氏硬度	颜色	其 他 特 性
石英	结晶 SiO_2	2.65	7	无色透明至乳白等色	坚硬,耐久,具有贝状断口,玻璃光泽
长石	铝硅酸盐	2.5～2.7	6	白、灰、红青等色	耐久性不如石英,在大气中长期风化后成为高岭土,解理完全,性脆
云母	含水的钾、镁、铁、铝硅酸盐	2.7～3.1	2～3	无色透明至黑色	解理极完全,易分裂成薄片,影响岩石的耐久性和磨光性,黑云母风化后形成蛭石
角闪石、辉石、橄榄石	铁、镁硅酸盐	3～4	5～7	色暗,统称暗色矿物	坚硬,强度高,韧性大,耐久
方解石	结晶 $CaCO_3$	2.7	3	通常呈白色	硬度不大,强度高,遇酸分解,晶形呈菱面体,解理完全
白云石	$CaCO_3$,$MgCO_3$	2.9	4	通常呈白色至灰色	与方解石相似,遇热酸分解
黄铁矿	FeS_2	5	6～6.5	黄	条痕呈黑色,无解理

造岩矿物是在不同地质条件下形成的不同的岩石,按地质形成条件可分为岩浆岩、沉积岩和变质岩。岩石的性质由组成岩石各矿物的特性、结构、构造等因素决定。

6.1.1.1 岩浆岩

岩浆岩又称火成岩,它是由于地壳发生变动,熔融的岩浆由地壳内部上升后冷却而成。岩浆岩根据岩浆冷却条件的不同,又分为深成岩、喷出岩和火山岩。

(1) 深成岩　深成岩是岩浆在地壳深处,在很大的覆盖压力下缓慢冷却而成的岩石。其特性是构造致密、表观密度大、抗压强度高、吸水率小、抗冻性好、耐磨性好和耐久性好。建筑上常用的深成岩有花岗岩、正成岩、辉长石、闪长石和橄榄石等。

(2) 喷出岩　喷出岩是熔融的岩浆流出地表后,与空气相遇后急速冷却凝固而成的岩石。其特性是:抗压强度高,硬度大,但韧性较差,呈现较强的脆性。工程上常用的喷出岩有玄武岩、辉绿岩及安山岩等。

(3) 火山岩　火山岩又称火山碎屑岩,它是火山爆发时,岩浆被喷到空中,由于冷却很快,落下时形成的。其特性是:轻质多孔,强度、硬度和耐久性指标都较低,但保温性好,如火山灰、浮石等。

6.1.1.2 沉积岩

沉积岩又称水成岩。沉积岩是由原来的母岩风化后,经过搬运、沉积等作用形成的岩石。与火成岩相比,其特性是结构致密性较差、密度较小、孔隙率及吸水率均较大、强度较低、耐久性也较差。沉积岩根据沉积的方式不同可分为以下三类:机械沉积岩、化学沉积岩和生物沉积岩。

(1) 机械沉积岩　机械沉积岩是各种岩石风化后,经水流、冰川或风力作用搬运,逐渐沉积而形成。其特性是:矿物成分复杂,颗粒粗大,如砂岩、页岩、火山凝灰岩等。砂岩俗称青条石,坚硬耐久,性能类似于花岗岩,在建筑中常用于基础、墙身、踏步、门面、人行道、纪念碑及其他装饰石材等。

(2) 化学沉积岩　化学沉积岩是岩石中的矿物溶于水中而形成的溶液、胶体被水流搬运到低注处沉积而形成的。其特性是:颗粒细,矿物成分单一,物理力学性能也较机械沉积岩均匀,如石膏、白云石、菱镁矿及部分石灰岩等。

(3) 生物沉积岩　生物沉积岩是各种有机体死亡后的残骸沉积而形成的岩石。其特性是:质轻松软,强度极低,如石灰岩、石灰贝壳岩、白垩、硅藻土等。石灰岩俗称青石,广泛应用于建筑工程中,用于砌筑墙身、桥墩、基础、路面及石灰、粉刷材料原料等。

6.1.1.3 变质岩

变质岩是由原生的岩浆岩或沉积岩,经过地壳内部高温、高压等变化作用后而形成的岩石。其中沉积岩变质后,性能变好,结构变得致密,坚实耐久;而岩浆岩变质后,性质反而变差。如花岗岩变质后形成的片麻岩,易产生分层剥落,使耐久性变差。工程上常用的有大理岩、石英岩和片麻岩等。

6.1.2 建筑石材的技术性能

6.1.2.1 表观密度

天然石材按其表观密度大小分为重石和轻石两类。表观密度大于 $1800kg/m^3$ 的为重石,主要用于建筑的基础、贴面、地面、路面、房屋外墙、挡土墙、桥梁以及水工构筑物等;表观密度小于 $1800kg/m^3$ 的为轻石,主要用作墙体材料,如采暖房屋外墙等。

6.1.2.2 抗压强度

天然岩石是以 100mm×100mm×100mm 的正方体试件，用标准试验方法测得的抗压强度值作为评定石材强度等级标准。根据《砌体结构设计规范》规定，天然石材的强度等级为 MU100、MU80、MU60、MU50、MU40、MU30、MU20、MU15 和 MU10 九个等级。

6.1.2.3 吸水性

石材吸水性的大小用吸水率表示，其大小主要与石材的化学成分、孔隙率大小、孔隙特征等因素有关。酸性岩石比碱性岩石的吸水性强。常用岩石的吸水率：花岗岩小于 0.5%；致密石灰岩一般小于 1%；贝壳石灰岩约为 15%。石材吸水后，降低了矿物的粘接力，破坏了岩石的结构，从而降低石材的强度和耐水性。

6.1.2.4 抗冻性

石材的抗冻性用冻融循环次数表示，一般有 F10、F15、F25、F100、F200 几个等级。致密石材的吸水率小，抗冻性好。吸水率小于 0.5% 的石材，认为是抗冻的，可不进行抗冻试验。

6.1.2.5 耐水性

石材的耐水性用软化系数 K 表示。按 K 值的大小，石材的耐水性可分为高、中、低三等，$K>0.90$ 的石材为高耐水性石材，K 为 $0.70\sim0.90$ 的石材为中耐水性石材，K 为 $0.60\sim0.70$ 的石材为低耐水性石材。一般 $K<0.80$ 的石材，不允许用在重要建筑中。

6.1.3 天然饰面石材质量检测

饰面石材是指用来加工饰面板材的石材。饰面板材是指用饰面石材加工成的板材，用作建筑物的内外墙面、地面、柱面、台面等。

6.1.3.1 天然饰面石材干燥、水饱和、冻融循环后压缩强度试验

本方法采用 GB/T 9966.1—2001 的规定，规定了天然饰面石材和荒料压缩强度的试验设备、量具、试样、试验程序、计算及试验结果，适用于天然饰面石材和荒料的干燥、水饱和及冻融循环后压缩强度试验。

（1）设备及量具

① 材料试验机：具有球形支座并保证一定的加荷速率，示值相对误差不超过±1%，试样破坏的最大负荷在量程的 20%～90% 范围内。

② 游标卡尺：刻度为 0.10mm。

③ 万能角度尺：精度为 2′。

④ 干燥箱：温度可控制在 105℃±2℃ 范围内。

⑤ 冷冻箱：温度可控制在 −20℃±2℃ 范围内。

（2）试样

① 试样尺寸：50mm 的立方体或 ϕ50mm×50mm 圆柱体，尺寸偏差±0.5mm。

② 每种试验条件下的试样取五个为一组。若进行干燥、水饱和、冻融循环后的垂直和平行层理的压缩强度试验需制备试样 30 个。

③ 试样应标明层理方向。

④ 试样两个受力面应平行、光滑，相邻面夹角应为 90°±0.5°。

⑤ 试样不得裂纹、缺棱和缺角。

（3）试验步骤

① 干燥状态压缩强度

a. 将试样在 105℃±2℃ 的干燥箱内干燥 24h，再放入干燥器中冷却至室温。

b. 用游标卡尺分别测量试样两受力面的边长或直径并计算其面积，以两个受力面面积的平均值作为试样受力面面积，边长测量值精确到 0.5mm。

c. 将试样放置在材料试验机压板的中心部位，施加载荷至试样破坏并记录试样破坏时的载荷值，读数准确到 500N。加载速度为（1500±500）N/s 或压板移动的速率不超过 1.3mm/min。

② 水饱和状态压缩强度

a. 将试样放在 20℃±5℃ 的水中，浸泡 48h 后从水中取出，用拧干的湿毛巾将试样表面水分擦去。

b. 计算面积同①中的 b。

c. 试验按①中的 c 进行。

③ 冻融循环后压缩强度

a. 试样处理：试样用清水洗干净，然后在 20℃±2℃ 的水中浸泡 24h。取出后立即将试样置于调节到 -20℃±2℃ 的冷冻箱内冷冻 4h，再将其取出放入流动的清水中融化 4h。反复冻融 25 次后，用拧干的湿毛巾将试样表面水分擦去。

b. 计算受力面积同①中的 b。

c. 试验按①中的 c 进行。

（4）结果计算　压缩强度按下式计算。

$$p = \frac{F}{S} \tag{6-1}$$

式中　p——压缩强度，MPa；

F——试样破坏载荷，N；

S——试样受力面面积，mm^2。

（5）试验结果　以每组试样压缩强度的算术平均值作为该条件下的压缩强度，数值修约到 1MPa。试验报告应包含以下内容：一是包括该组试样压缩强度的平均值和标准偏差；二是包括试样名称、品种、编号和及数量；三是包括试样层理方向、状态等。

6.1.3.2　天然饰面石材干燥、水饱和弯曲强度试验

本方法采用 GB/T 9966.2—2001 的规定，规定了天然饰面石材和荒料弯曲强度的试验设备、量具试样、试验程序、计算及试验结果，适用于天然饰面石材和荒料的弯曲强度试验。

（1）设备及量具

① 材料试验机：示值相对误差不超过 ±1%，试样破坏的最大负荷在材料试验机刻度的 20%～90% 范围内。

② 游标卡尺：刻度为 0.10mm。

③ 万能角度尺：精度为 2′。

④ 干燥箱：温度可控制在 105℃±2℃ 范围内。

（2）试样

① 试样厚度（H）可按实际情况确定。当试样厚度（H）≤68mm 时宽度为 100mm；当试样厚度＞68mm 时宽度为 1.5H。试样长度为 10×H+50mm。长度尺寸偏差±1mm，宽度、厚度尺寸偏差±0.3mm。

示例：试样厚度为 30mm 时，试样长度为（10×30+50）mm＝350mm，宽度为 100mm。

受力面的平行度在 0.08mm 以内。垂直和平行层理的试样各两组，没有层理的试样各两组，每组 5 块。

② 试样上应标明层理方向。

③ 试样两个受力面应平整且平行。正面与侧面夹角应为 90°±0.5°。

④ 试样不得有裂纹、缺棱和缺角。

⑤ 在试样上下两面分别标记出支点的位置（见图 6-1）。

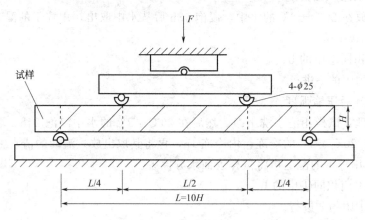

图 6-1　试样支点位置

⑥ 每种试验条件下的试样取五个为一组。如对干燥、水饱和条件下的垂直和平行层理的弯曲强度试验应制备 20 个试样。

（3）试验步骤

① 干燥状态弯曲强度

a. 在 (105±2)℃的干燥箱内将试样干燥 24h，再放入干燥器内冷却至室温。

b. 调节支架和支座之间的距离（$L = 10 \times H$）和上支座之间的距离（$L/2$），误差在 ±1.0mm 内。按照试样上标记的支点位置将其放在上下支架之间。一般情况下应使试样装饰面处于弯曲拉伸状态，即装饰面朝下放在下支架支座上。

c. 以每分钟 1800N±50N 的速率对试样施加载荷至试样破坏。记录试样破坏载荷值（F），精确到 10N。

d. 用游标卡尺测量试样断裂面的宽度（K）和厚度（H），精确至 0.1mm。

② 水饱和弯曲强度

a. 试样处理：将试样放在 20℃±2℃的清水中浸泡 48h 后取出，用拧干的湿毛巾擦干试样表面水分，立即进行试验。

b. 干燥箱内将试样干燥 24h，再放入干燥器内冷却至室温。

c. 调节支架和支座之间的距离（$L = 10 \times H$）和上支座之间的距离（$L/2$），误差在 ±1.0mm 内。按照试样上标记的支点位置将其放在上下支架之间。一般情况下应使试样装饰面处于弯曲拉伸状态，即装饰面朝下放在下支架支座上。

d. 试验加载条件：以每分钟 1800N±50N 的速率对试样施加载荷至试样破坏。记录试样破坏载荷值（F），精确到 10N。

e. 用游标卡尺测量试样断裂面的宽度（K）和厚度（H），精确至 0.1mm。

（4）结果计算　弯曲强度按下式计算。

$$p_w = \frac{3FL}{4KH^2} \tag{6-2}$$

式中　p_w——弯曲强度，MPa；

　　　F——试样破坏载荷，N；

　　　L——支点间距离，mm；

　　　K——试样宽度，mm；

　　　H——试样厚度，mm。

（5）试验结果　以每组试样弯曲强度的算术平均值作为该条件下的压缩强度，数值修约到 0.1MPa。试验报告应包含以下内容：一是包括该组试样弯曲强度的平均值和标准偏差；二是包括试样名称、品种、编号及数量；三是包括试样层理方向、状态等。

6.1.3.3　天然饰面石材和荒料体积密度、真密度、真气孔率、吸水率试验

本方法采用 GB/T 9966.3—2001 的规定，规定了天然饰面石材和荒料体积密度、真密度、真气孔率、吸水率试验的设备、试样、试验程序、计算及试验结果，适用于天然饰面石材和荒料的体积密度、真密度、真气率、吸水率试验。

（1）试验设备

① 干燥箱：温度可控制在 105℃±2℃ 范围内。

② 天平：最大称量 1000g，感量 10mg；最大称量 200g，感量 1mg。

③ 游标卡尺：刻度为 0.02mm。

④ 比重瓶：容积 25～30mL。

⑤ 标准筛：63μm。

（2）试样及其制备

① 体积密度、吸水率试样：试样为边长 50mm 的正方体或直径、高度均为 50mm 的圆柱体，尺寸偏差 ±0.5mm。每组五块。试样不允许有裂纹。

② 真密度、真气孔率试样：取洁净样品 1000g 左右并将其破碎成小于 5mm 的颗粒；以四分法缩分到 150g，再用瓷研体研磨成可通过 63μm 标准筛的粉末。

（3）试验步骤

① 体积密度、吸水率

a. 将试样用刷子清扫干净，放入 105℃±2℃ 干燥箱中干燥至恒重，连续两次质量之差小于 0.02％，放入干燥箱中冷却至室温。称其质量（m_0），精确到 0.02g。

b. 再将试样放入 20℃±2℃ 的蒸馏水中浸泡 48h 后取出，用拧干的湿毛巾擦去试样表面水分，并立即称量质量（m_1），精确到 0.02g。

c. 立即将水饱和的试样置于网篮中并将网篮与试样一起浸入 20℃±2℃ 室温的蒸馏水中，称其试样在水中的质量（m_2）（注意在称量时须先小心除去附着在网篮和试样上的气泡），精确至 0.02g。称量装置见图 6-2。

② 真密度、真气孔率

a. 将试样装入称量瓶中，放入 105℃±2℃ 干燥

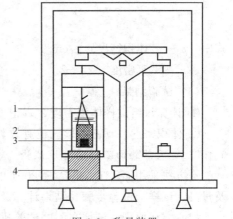

图 6-2　称量装置

1—网篮；2—烧杯；3—试样；4—支架

箱中干燥 4h 以上，取出放入干燥器中冷却至室温。

b. 称取试样三份，每份 10g（m_0'），精确至 0.002g。每份试样分别装入洁净的比重瓶中。

c. 向比重瓶内注入蒸馏水，其体积不超过比重瓶容积的一半。将比重瓶放入水浴中煮沸 10～15min 或将比重瓶放入真空干燥器内，以排除试样中气泡。

d. 擦干比重瓶并使其冷却至室温后，向其中再次注入蒸馏水至标记处，称量质量（m_2'），精确至 0.002g。

e. 清空比重瓶并将其冲洗干净，重新用蒸馏水装满至标记处，并称量（m_1'），精确至 0.002g。

（4）结果计算

① 体积密度 ρ_b（g/cm³）。根据试验结果，体积密度按下式计算。

$$\rho_b = \frac{m_0 \rho_w}{m_1 - m_2} \tag{6-3}$$

式中　m_0——干燥试样在空气中的质量，g；

m_1——水饱和试样在空气中的质量，g；

m_2——水饱和试样在水中的质量，g；

ρ_w——室温下蒸馏水的密度，g/cm³。

② 吸水率 W_a（%）。根据体积密度的试验数据，吸水率按下式计算。

$$W_a = \frac{m_1 - m_0}{m_0} \times 100\% \tag{6-4}$$

式中　m_0——干燥试样在空气中的质量，g；

m_1——水饱和试样在空气中的质量，g。

③ 真密度 ρ_t（g/cm³）。根据试验结果，真密度按下式计算：

$$\rho_t = \frac{m_0' \rho_w}{m_0' + m_1' + m_2'} \tag{6-5}$$

式中　m_0'——干燥试样在空气中的质量，g；

m_1'——水饱和试样在空气中的质量，g；

m_2'——水饱和试样在水中的质量，g。

④ 真气孔率 ρ_a（%）。真气孔率按下式计算。

$$\rho_a = \frac{1 - \rho_b}{\rho_t} \times 100\% \tag{6-6}$$

式中　ρ_b——体积密度，g/cm³；

ρ_t——真密度，g/cm³。

（5）试验结果

① 计算每组试样体积密度、真密度、真气孔率、吸水率的算术平均值作为试验结果。

② 体积密度、真密度取三位有效数字；真气孔率、吸水率取两位有效数字。

6.1.3.4　天然饰面石材耐磨性试验

本方法采用 GB/T 9966.4—2001 的规定，规定了天然饰面石材耐磨性试验所用的设备及量具、试样、试验步骤、结果计算及试验报告，适用于天然石材的耐磨性试验。

（1）方法原理　试样在耐磨试验机上，经过规定研磨时间、转数和对试样施加一定的压力，称其研磨前后的质量，计算单位面积研磨耗量。

（2）设备和材料

① 试验机：耐磨试验机。

② 标准砂：符合 GB 178—1997 的标准砂。

③ 天平：最大称量 100g，感量 0.02g。

（3）试样及其制品

① 试样是直径为 25mm±0.5mm，高 60mm±1mm 的圆柱体，每组四件。对有层理的试样，垂直与平行层理各取一组。

② 试样应标明层理方向。

③ 试样上下不得有裂纹、缺棱和缺角。

（4）试验步骤

① 将试样放入 105℃±2℃ 干燥箱中干燥 24h 后，放入干燥器中冷却至室温。立即进行称量（m_0），精确到 0.01g。

② 将称量过的试样装入耐磨试验机上，每个卡具质量为 1250g，对其进行旋转研磨试验，圆盘转 1000 转完成一次试验。

③ 将试样取下，用刷子去粉末，称量磨后质量，精确到 0.01g。

④ 用游标卡尺测量试样受磨端互相垂直的两个直径，精确至 0.01cm。用两个直径的平均值计算受磨面积 A。

（5）结果计算　耐磨率按下式计算。

$$M=\frac{m_0-m_1}{A} \tag{6-7}$$

式中　M——耐磨性，g/cm^2；

$\quad\quad m_0$——试验前试样质量，g；

$\quad\quad m_1$——试验后试样质量，g；

$\quad\quad A$——试样的受磨面积，cm^2。

以每组试样耐磨性的算术平均值作为该条件下的试样耐磨性。

（6）试验结果　计算试样不同层理耐磨性算术平均值，取两位有效数字。

（7）试验报告　试验报告应包含每组试样耐磨性的平均值和标准偏差；包含试样名称、品种、编号及数量；包含试样层理方向。

6.1.3.5　肖氏硬度试验

本方法采用 GB/T 9966.5—2001，规定了天然饰面石材肖氏厚度试验所用的设备及量具、试样、试验步骤、结果计算及试验报告，适用于天然饰面石材的肖氏硬度试验。

（1）方法原理　D 型硬度计试验原理为将规定形状的金刚石冲头从固定的高度 h_0 自由下落到试样的表面上，用冲头回弹到一定高度 h 与 h_0 的比值计算肖氏硬度值。

$$HSD=K\times\frac{h}{h_0} \tag{6-8}$$

式中　HSD——肖氏硬度；

$\quad\quad K$——肖氏硬度系数。

（2）设备与量具　D 型硬度计的主要技术参数见表 6-2，其示值误差不大于±2.5。

试验台：质量为 4kg。

干燥箱：温度可控制在 105℃±2℃ 范围内。

表 6-2　D 型硬度计的主要技术参数

项　目	D　型
冲头的质量/g	36.2
冲头的落下高度/mm	19
冲头的顶端球面半径/mm	1
冲头的回弹比和肖氏硬度值的关系	$HSD=140\times\dfrac{h}{h_0}$

（3）试样

① 试样的长度、宽度为 100mm×100mm，厚度大于 10mm。每组三块。

② 试样应能代表该品种的品质特征，如矿物组成、晶粒分布状态等。

③ 试样上下两面应平行、平整；试验面镜向光泽大于 30。

④ 试验面不得有坑窝、砂眼和裂纹等缺陷。

（4）试验步骤

① 将试样置于 105℃±2℃的干燥箱内干燥 24h 后，放入干燥器中冷却至室温。

② 标定试样上测试点的位置，如图 6-3 所示。如选定的测试点处在的缝合线上，可将其与偏移 3～5mm。测试点距试样边缘的距离应大于 10mm。

③ 试验前用标准肖氏硬度块检查硬度计的示值误差。

④ 将试样平放在试验台上，压紧力为 200N 左右。测试时操作鼓轮的转动约为 1～2r/s，复位速度约为 1～2r/s。

⑤ 每个试样至少测试九个点，测量值准确到 1。

（5）结果计算　以每组试样肖氏硬度的算术平均值作为该组试样的肖氏硬度。

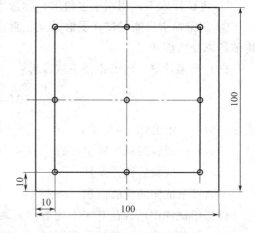

图 6-3　标定试样上测试点的位置

（6）试验报告　试验报告应包含以下内容：该组试样肖氏硬度的平均值和标准偏差；试样名称、品种及数量。

6.1.3.6　天然饰面石材耐酸性试验

本方法采用 GB/T 9966.6—2001，规定了天然饰面石材耐二氧化硫气体腐蚀的试验所用的设备及量具、试样、试验步骤、结果计算及试验报告，适用于天然饰面石材的耐酸性试验。

（1）方法原理　试样在二氧化硫气氛中经一定时间，观察表面光泽度及其他特性变化。

（2）试剂

① 硫酸：化学纯。

② 无水亚硫酸钠：化学纯。

（3）试验设备

① 天平：最大称量 200g，感量 10mg。

② 干燥箱：温度可控制在 105℃±2℃范围内。

③ 反应器：容积为 0.02m³，深度为 250mm 的具有磨口盖的玻璃方缸，距上口和底 20～30mm 处各有一气口，内装试样架。

（4）试样

① 试样为一面抛光的长方体，尺寸为 80mm×60mm×10mm，尺寸偏差为 ±0.5mm。四块试样为一组，垂直和平行层理的耐酸性试样各取一组，试样应标明层理方向。

② 试样不得有裂纹、缺棱和掉角。

（5）试验步骤

① 在 105℃±2℃ 干燥箱内干燥试样 24h 后，放入干燥器内冷却至室温。按 GB/T 13891—2008 标准测量每块试样的镜向光泽度，并称其质量（m_0）。

② 取其中三块做耐酸试验，一块作对比。

③ 将二氧化硫通入蒸馏水制成二氧化硫溶液。

④ 反应容器中注入 1900mL 去离子水，放入试样架，试样以相隔 10mm 的距离依次放在架上，盖上容器盖，由下口通入于水中，通入约 100g 的二氧化硫气体，关闭下口。在室温下放置 14d 后，取出观察表面变化。将样品表面用去离子水反复冲洗干净后放入 105℃±2℃ 干燥箱内干燥试样 24h 后，放入干燥器内冷却至室温。测量镜向光泽度，并称其质量（m_1）。

⑤ 按步骤④更换新的二氧化硫气体，放置 28d 后，取出观察表面变化。将样品表面用去离子水反复冲洗干净后放入 105℃±2℃ 干燥箱内干燥试样 24h 后，放入干燥器内冷却至室温。测量镜向光泽度，并称其质量（m_2）。

（6）结果计算　14d 后相对质量变化 [m_{14}（％）] 及 28d 后相对质量变化 [m_{28}（％）] 按下式计算。

$$M_{14} = \frac{m_1 - m_0}{m_0} \times 100\% \tag{6-9}$$

$$M_{28} = \frac{m_2 - m_0}{m_0} \times 100\% \tag{6-10}$$

式中　m_0——未经酸腐蚀的试样质量，g；

　　　m_1——经酸腐蚀 14d 后的试样质量，g；

　　　m_2——经酸腐蚀 28d 后的试样质量，g。

（7）试验报告　试验报告应包含以下内容：经酸腐蚀 14d 后和 28d 后每组试样相对质量变化的算术平均值；试验前及经酸腐蚀 14d 后和 28d 后每组试样的镜向光泽度值及其他表面特征变化；试样名称、品种、编号及数量。

6.2　天然大理石质量检测

6.2.1　概述

大理石是大理岩的俗称，它是石灰岩经过地壳内高温高压作用形成的变质岩，常呈层状结构，有明显的结晶和纹理，主要矿物为方解石和白云石，它属于中硬石材。

商业上所说的大理石是指以大理岩为代表的一类装饰石材，包括碳酸盐岩和与其有关的变质岩，主要成分为碳酸盐矿物，一般质地较软。天然大理石的主要化学成分见表 6-3。

表 6-3 天然大理石主要化学成分

化学成分	CaO	MgO	SiO$_2$	Al$_2$O$_3$	Fe$_2$O$_3$	SO$_3$	其他(Mn、K、Na)
含量/%	28～54	3～22	0.5～23	0.1～2.5	0～3	0～3	微量

天然大理石的性能指标见表 6-4。

表 6-4 天然大理石的性能

项目		指标	项目	指标
体积密度/(kg/m^3)		2500～2700	平均质量磨耗率/%	12
强度/MPa	抗压	70.0～110.0	吸水率/%	<1
	抗折	6.0～16.0	膨胀系数/(10^{-6}/℃)	6.5～10.12
	抗剪	7.0～12	耐用年限/年	40～100
平均韧性/cm		10		

6.2.2 天然大理石板材质量检测

6.2.2.1 概述

(1) 分类 天然大理石板材按形状分为普型板 (PX) 和圆弧板 (HM) 两类。

普型板，是指正方形或长方形的板材；圆弧板是指装饰面轮廓线的曲率半径处处相同的饰面板材。

(2) 天然大理石板材的等级 普型板按规格尺寸偏差、平面度公差、角度公差及外观质量分为优等品 (A)、一等品 (B)、合格品 (C) 三个等级。

圆弧板按规格尺寸偏差、平面度公差、线轮廓度公差及外观质量将板材分为优等品 (A)、一等品 (B)、合格品 (C) 三个等级。

(3) 天然大理石板材的标记 板材标记顺序：荒料产地地名、花纹色调特征名称、大理石、编号 (按 GB/T 17670—2008 的规定)、类别、规格尺寸、等级、标准号。

用北京房山汉白玉大理石荒料加工的 600mm×600mm×20mm、普型、优等品板材示例如下。

标记：房山汉白玉大理石 M1101PX600×600×20 A GB/T 19766—2005

6.2.2.2 技术要求及检测标准

(1) 技术要求 天然大理石建筑板材的技术要求遵循《天然大理石建筑板材》(GB/T 19766—2005)。

① 规格尺寸允许偏差

a. 普型板的规格尺寸允许偏差应符合表 6-5 的规定。

表 6-5 普型板的规格尺寸允许偏差　　　　单位：mm

项目		允许偏差		
		优等品	一等品	合格品
长度、宽度		0 / −1.0		0 / −1.5
厚度	≤12	±0.5	±0.8	±1.0
	>12	±1.0	±1.5	±2.0
干挂板材厚度		+2.0 / 0		+3.0 / 0

b. 圆弧板壁厚最小值应不小于 20mm，规格尺寸允许偏差见表 6-6。圆弧板各部位名称如图 6-4 所示。

表 6-6　圆弧板的规格尺寸允许偏差　　　　　　　　　　单位：mm

项目	允　许　偏　差			项目	允　许　偏　差		
	优等品	一等品	合格品		优等品	一等品	合格品
弦长	0 −1.0	0 −1.5		高度		0 −1.0	0 −1.5

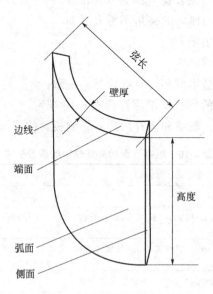

图 6-4　圆弧板各部位名称

② 平面度允许公差

a. 普型板平面度允许公差见表 6-7。

表 6-7　普型板平面度允许公差　　　　　　　　　　单位：mm

板材长度	允　许　公　差		
	优等品	一等品	合格品
≤400	0.2	0.3	0.5
>400,≤800	0.5	0.6	0.8
>800	0.7	0.8	1.0

b. 圆弧板直线度与线轮廓度允许公差见表 6-8。

表 6-8　圆弧板直线度与线轮廓度允许公差　　　　　　　　　　单位：mm

项目		允　许　公　差		
		优等品	一等品	合格品
直线度（按板材高度）	≤800	0.6	0.8	1.0
	>800	0.8	1.0	1.2
线轮廓度		0.8	1.0	1.2

③ 角度允许公差

a. 普型板角度允许公差见表 6-9。

表 6-9　普型板角度允许公差　　　　　单位：mm

板材长度	允　许　公　差		
	优等品	一等品	合格品
≤400	0.3	0.4	0.5
>400	0.4	0.5	0.7

b. 圆弧板端面角度允许公差：优等品为 0.4mm，一等品为 0.6mm，合格品为 0.8mm。

c. 普型板拼缝板材正面与侧面的夹角不得大于 90°。

d. 圆弧板侧面角 α 应不小于 90°。

④ 外观质量

a. 同一批板材的色调应基本调和，花纹应基本一致。

b. 板材正面的外观缺陷的质量要求应符合表 6-10 规定。

c. 板材允许黏结和修补。黏结和修补后应不影响板材的装饰效果和物理性能。

表 6-10　板材正面的外观缺陷的质量要求

名称	规　定　内　容	优等品	一等品	合格品
裂纹	长度超过 10mm 的允许条数		0	
缺棱	长度不超过 8mm，宽度不超过 1.5mm（长度≤4mm，宽度≤1mm 不计），每米长允许个数			
缺角	沿板材边顺延方向，长度≤3mm，宽度≤3mm（长度≤2mm，宽度≤2mm 不计），每块板允许个数	0	1	2
色斑	面积不超过 6cm² （面积小于 2cm² 不计），每块板允许个数			
砂眼	直径在 2mm 以下		不明显	有，不影响装饰效果

⑤ 物理性能

a. 镜面板材的镜向光泽度应不低于 70 光泽单位，若有特殊要求，由供需双方协商确定。

b. 板材的其他物理性能指标应符合表 6-11 的规定。

表 6-11　板材的其他物理性能指标

项　目		指　标	项　目		指　标
体积密度/(g/cm³)	≥	2.30	干燥	弯曲强度/MPa ≥	7.0
吸水率/%	≤	0.50	水饱和		
干燥压缩强度/MPa	≥	50.0	耐磨度①(1/cm³)	≥	10

① 为了颜色和设计效果，以两块或多块大理石组合拼接时，耐磨度差异应不大于 5 (1/cm³)，建议适用于经受严重踩踏的阶梯、地面和月台使用的石材耐磨度最小为 12 (1/cm³)。

（2）检验标准

① 出厂检验

a. 检验项目

普型板：规格尺寸偏差，平面度公差，角度公差，镜向光泽度，外观质量。

圆弧板：规格尺寸偏差，角度公差，直线度公差，线轮廓度公差，镜向光泽度，外观质量。

b. 组批：同一品种、类别、等级的板材为一批。

c. 抽样：采用 GB/T 2828—2003 一次抽样正常检验方式，检查水平为Ⅱ，合格质量水平（AQL 值）取为 6.5；根据抽样判定表抽取样本（见表 6-12）。

d. 判定：单块板材的所有检验结果均符合技术要求中相应等级时，则判定该板材符合该等级。

根据样本检验结果，若样本中发现的等级不合格品数小于或等于合格判定数（Ac），则判定该批符合该等级；若样本中发现的等级不合格品数大于或等于不合格判定数（Re），则判定该批不符合该等级。

表 6-12　判定表　　　　　　　　　　　　　　　　单位：块

批量范围	样本数	合格判定数(Ac)	不合格判定数(Re)	批量范围	样本数	合格判定数(Ac)	不合格判定数(Re)
≤25	5	0	1	281～500	50	7	8
26～50	8	1	2	501～1200	80	10	11
51～90	13	2	3	1201～3200	125	14	15
91～150	20	3	4	≥3200	200	21	22
151～280	32	5	6				

② 型式检验

a. 检验项目：检验技术要求中的全部项目。

b. 检验条件，有下列情况之一时，进行型式检验：新建厂投产；荒料、生产工艺有重大改变；正常生产时，每一年进行一次；国家质量监督机构提出进行型式检验要求。

c. 组批：同出厂检验。批量和识别批的方式由检验方和生产方协商确定。

d. 抽样：规格尺寸偏差、平面度公差、角度公差、直线度公差、线轮廓度公差、镜向光泽度、外观质量的抽样同出厂检验；吸水率、体积密度、弯曲强度、干燥压缩强度、耐磨度试验的样品可从荒料上制取。

e. 判定：体积密度、吸水率、弯曲强度、干燥压缩强度、耐磨度（使用在地面、楼梯踏步、台面等大理石石材）的试验结果中，有一项不符合表 6-11 中的要求时，则该批板材为不合格品，其他项目检验结果的判定同出厂检验。

6.2.2.3　天然大理石板材质量检测

（1）主要仪器及参数

① 游标卡尺。

② 钢平尺。

③ 塞尺。

④ 尺寸精度为 JS7（js7）的圆弧。

⑤ 内角垂直度公差为 0.13mm，内角边长为 500mm×400mm 的 90°钢角尺。

⑥ 入射角为 60°的光泽仪。

（2）检验步骤

① 规格尺寸

a. 普型板规格尺寸。用游标卡尺或能满足测量精度要求的量器具测量板材的长度、宽度、厚度。长度、宽度分别在板材的三个部位测量（见图 6-5）；厚度测量 4 条边的中点部位

（见图 6-6）。分别用偏差的最大值和最小值表示长度、宽度、厚度的尺寸偏差。测量值精确到 0.1mm。

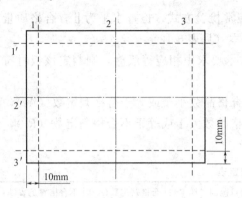

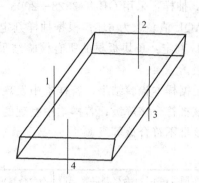

图 6-5　板材规格尺寸测量位置　　　　　　图 6-6　板材规格厚度测量位置

1～3—宽度测量线；1′～3′—长度测量线　　　　　　　1～4—厚度测量线

　　b. 圆弧板规格尺寸。用游标卡尺或能满足测量精度要求的量器具测量圆弧板的弦长、高度及最大与最小壁厚。在圆弧板的两端面处测量弦长（见图 6-4）；在圆弧板端面与侧面测量壁厚（见图 6-4）；圆弧板高度测量部位如图 6-7 所示。分别用偏差的最大值和最小值表示弦长、高度及壁厚的尺寸偏差。测量值精确到 0.1mm。

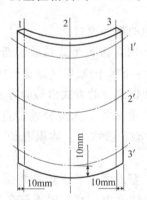

图 6-7　圆弧板测量位置

1～3—高度和直线度测量线；1′～3′—线轮廓度测量线

　　② 平面度、直线度、线轮廓度

　　a. 普型板平面度。将平面度公差为 0.01mm 的钢平尺分别贴放在距板边 10mm 处和被检平面的两条对角线上，用塞尺测量尺面与板面的间隙。钢平尺的长度应大于被检面周边和对角线的长度；当被检面周边和对角线长度大于 2000mm 时，用长度为 2000mm 的钢平尺沿周边和对角线分段检测。以最大间隙的测量值表示板材的平面度公差。测量值精确到 0.1mm。

　　b. 圆弧板直线度与线轮廓度

　　（a）圆弧板直线度。将平面度公差为 0.1mm 的钢平尺沿圆弧板母线方向贴放在被检弧面上，用塞尺测量尺面与板面的间隙，测量位置如图 6-7 所示。当被检圆弧板面高度大于 2000mm 时，用长度为 2000mm 的钢平尺沿被检测母线分段检测。

　　以最大间隙的测量值表示圆弧板的直线度公差。测量值精确到 0.1mm。

　　（b）圆弧板线轮廓度。按 GB/T 1800.3—1998 和 GB/T 1801—1999 的规定，采用尺寸

精度为 JS7（js7）的圆弧靠模贴靠被检弧面，用塞尺测量靠模与圆弧面之间的间隙，测量位置如图 6-7 所示。

以最大间隙的测量值表示圆弧板的线轮廓度公差。测量值精确到 0.1mm。

③ 角度

a. 普型板角度。用内角垂直度公差为 0.13mm，内角边长为 500mm×400mm 的 90°钢角尺检测。将角尺短边紧靠板材的短边，长边贴靠板材的长边，用塞尺测量板材长边与角尺长边之间的最大间隙。当板材的长边小于或等于 500mm 时，测量板材的任一对对角；当板材的长边大于 500mm 时，测量板材的四个角。

以最大间隙的测量值表示板材的角度公差。测量值精确到 0.1mm。

b. 圆弧板端面角度。用内角垂直度公差为 0.13mm，内角边长为 500mm×400mm 的 90°钢角尺检测。将角尺短边紧靠圆弧端面，用角尺长边贴靠圆弧板的边线，用塞尺测量圆弧板边线与角尺长边之间的最大间隙。用上述方法测量圆弧板的四个角。

以最大间隙的测量值表示圆弧板的角度公差。测量值精确到 0.1mm。

c. 圆弧板侧面角 α。将圆弧靠模贴靠圆弧板装饰面并使其上的径向刻度线延长线与圆弧板边线相交，将小平尺径向刻度线置于圆弧靠模上，测量圆弧板侧面与小平尺间的夹角（见图 6-8）。

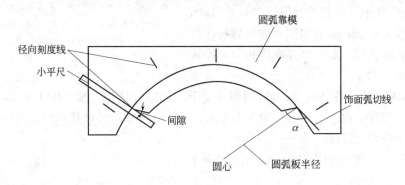

图 6-8 侧面角测量

④ 外观质量

a. 花纹色调。将协议板与被检板材并列平放在地上，距板材 1.5m 处站立目测。

b. 缺陷。用游标卡尺测量缺陷的长度、宽度，测量值精确到 0.1mm。

⑤ 物理性能

a. 镜向光泽度。采用入射角为 60°的光泽仪，样品尺寸不小于 300mm×300mm，按 GB/T 13891—1992 的规定检验。

b. 干燥压缩强度。按 GB/T 9966.1—2001 的规定检验，干燥压缩强度值可取荒料中的检测结果。

c. 弯曲强度。按 GB/T 9966.2—2001 的规定检验。

d. 体积密度、吸水率。按 GB/T 9966.3—2001 的规定检验。

e. 耐磨度。采用石材脚踏耐磨度试验方法进行检测。

（a）适用范围。规定各种不同石材做为地板或其他类似用途时，采用脚踏耐磨度试验方法。

（b）实验设备。耐磨试验机如图 6-9 所示，包括：动力驱动磨盘，直径 254mm，转速 45r/min；四个放置试样的试样夹，在试样上可以增加载重；旋转试样的传动齿轮；可以在磨盘上等速添加研磨料的磨料漏斗。试样夹、垂直轴及旋转试样齿轮和载重调节装置合计总重2000g，加于试样上。垂直轴在垂直方向可以自由调整高度，可容纳不同厚度的试样。

（c）取样。选取足以代表石材种类或等级的平均品质，所采样品大小应可制作四个50mm±0.5mm的试样，样品必须有一面为镜面或细面。

（d）试样。每组试样为四个。长度、宽度尺寸为50mm±0.5mm，厚度为15～55mm，试样被磨损面的棱、应磨圆至半径约为0.8mm弧度。

（e）测试前试样处理。试样应置于温度在105℃±2℃的电热恒温干燥箱中干燥24h，将试样置于干燥器中冷却至室温后进行试验。

（f）试验方法

ⅰ．称干燥试样的质量准确至0.02g，然后放入耐磨试验机中，以符合GB/T 2479—1996标准要求粒度为0.25mm的白刚玉做研磨料，在磨盘上研磨225转后，取出试样刷清粉尘，称其质量，准确至0.02g。

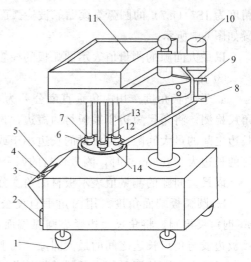

图6-9 耐磨试验机
1—地脚螺钉；2—电源开关；3—停止按钮；
4—启动按钮；5—光电计数器；6—试样；
7—试样夹；8—磨料流量调节器；9—开关阀门；
10—磨料漏斗；11—盒盖（内含传动齿轮）；
12—转动盘；13—垂直轴；14—磨盘

ⅱ．将试样放在水中1h，取出后用湿布擦干表面进行称重。按GB/T 9966.3—2001的规定计算体积密度。由于湿度会影响研磨效果，例如湿度较高时试样具较高之研磨率，因此建议本试验应在相对湿度30%～40%间进行。

（g）计算。按式（6-11）计算每一试样的耐磨度。

$$H_a = 10G\,\frac{2000 + W_s}{2000 W_a} \tag{6-11}$$

式中　H_a——耐磨度，$1/cm^3$；

　　　G——样品的体积密度，g/cm^3；

　　　W_s——试样的平均质量（原质量加磨后质量除以2），g；

　　　W_a——研磨后质量损失，g。

说明：耐磨度 H_a 之数值为磨损物质体积倒数乘以10的值。试样所负载重为2000g加上试样本身质量在内；试样质量校正已包含于计算式内。根据耐磨度与质量成正比的事实，对体积密度变化较大的材料以体积作为计算耐磨度的方法比以质量作为计算耐磨度的方法更为适合。

（h）试验报告。由各试样测定结果的平均值，作为报告耐磨度值，并给出试验结果的最大值和最小值作为参考，该结果取两位有效数字。报告中应列明石材的种类及等级、来源地等相关信息。

6.3　天然花岗石质量检测

6.3.1　概述

花岗石是花岗岩的俗称，它属于深成岩，是岩浆岩中分布最广的岩石，其主要矿物组成为长石、石英和少量云母及暗色矿物。商业上所说的花岗石是指以花岗岩为代表的一类装饰石材，包括各种岩浆岩和花岗岩的变质岩，一般质地较硬。如辉长岩、闪长岩、辉绿岩、玄武岩、安山岩、正长岩等。

花岗石为全晶质结构，按结晶颗粒的大小，通常分为粗粒、中粒、细粒和斑状等多种构造。花岗石的颜色取决于其所含长石、云母及暗色矿物的种类及数量。花岗石的化学成分随产地不同而有所区别，各种花岗岩 SiO_2 含量均很高，一般为 $67\%\sim75\%$，属酸性岩石。天然花岗石主要化学成分见表 6-13。

表 6-13　天然花岗石化学成分

化学成分	SiO_2	Al_2O_3	CuO	MgO	Fe_2O_3
含量/%	$67\sim75$	$12\sim17$	$1\sim2$	$1\sim2$	$0.5\sim1.5$

天然花岗石板材是由天然花岗石荒料经锯切、研磨、抛光及切割而成的，其性能指标见表 6-14。

表 6-14　天然花岗石性能

项　　目		指　　标	项　　目	指　　标
体积密度/(kg/m³)		$2500\sim2700$	膨胀系数/(10^{-6}/℃)	$5.6\sim7.34$
强度/MPa	抗压	$120\sim250$	平均韧性/cm	8
	抗折	$8.5\sim15$	平均质量磨耗率/%	11
	抗剪	$13\sim19$	耐用年限/年	$75\sim200$
吸水率/%		<1		

6.3.1.1　天然花岗石的优点

① 结构致密，抗压强度高。

② 材质坚硬，耐磨性很强。

③ 孔隙率小，吸水率极低，耐冻性强。

④ 装饰性好。

⑤ 化学稳定性好，抗风化能力强。

⑥ 耐腐蚀性等耐久性很强。

6.3.1.2　天然花岗石的缺点

① 自重大，用于房屋建筑与装饰会增加建筑物的质量。

② 硬度大，给开采和加工造成困难。

③ 质脆，耐火性差。

④ 某些花岗岩含有微量放射性元素，应根据花岗石石材的放射性强度水平确定其应用范围。

6.3.2　天然花岗石板材质量检测

6.3.2.1　概述

（1）分类　天然花岗石板材有两种分类方法。

按形状分为普型板（PX）、圆弧板（HM）和异型板（YX）三类。普型板是指正方形或长方形的板材；圆弧板是指装饰面轮廓线的曲率半径处处相同的饰面板材；异型板是指普型板和圆弧板以外的其他形状的板材。

按表面加工程度可分为亚光板（YG）、镜面板（JM）和粗面板（CM）三类。亚光板是饰面平整细腻，能使光线产生漫反射现象的板材；粗面板是指饰面粗糙规则有序，端面锯切整齐的板材。

（2）天然花岗石板材的等级　普型板按规格尺寸偏差、平面度公差、角度公差及外观质量将板材分为优等品（A）、一等品（B）、合格品（C）三个等级。

圆弧板按规格尺寸偏差、直线度公差、线轮廓度公差及外观质量将板材分为优等品（A）、一等品（B）、合格品（C）三个等级。

（3）天然花岗石板材的标记　板材标记顺序：荒料产地地名、花纹色调特征描述、花岗石、编号、类别、规格尺寸、等级、标准号。

用山东济南黑色花岗石荒料加工的 600mm×600mm×20mm、普型、镜面、优等品板材示例如下。

标记：G3701 PX JM600×600×20 A GB/T 18601—2001

6.3.2.2　技术要求及检测标准

（1）技术要求　普型板和圆弧板的技术指标应符合以下的规定，异型板材的技术指标由供需双方协商确定。

① 规格尺寸允许偏差

a. 普型板规格尺寸允许偏差应符合表 6-15 的规定。

表 6-15　普型板规格尺寸允许偏差　　　　单位：mm

项目		亚光面和镜面板材			粗面板材		
		优等品	一等品	合格品	优等品	一等品	合格品
长度、宽度		0～−1.0	0～−1.5		0～−1.0		0～−1.5
厚度	≤12	±0.5	±1.0	+1.0～−1.5	—		
	>12	±1.0	±1.5	±2.0	+1.0～−2.0	±2.0	+2.0～−3.0

b. 圆弧板壁厚最小值应不小于 18mm，规格尺寸允许偏差应符合表 6-16 的规定。圆弧板各部位名称如图 6-4 所示。

表 6-16　圆弧板规格尺寸允许偏差　　　　单位：mm

项目	亚光面和镜面板材			粗面板材		
	优等品	一等品	合格品	优等品	一等品	合格品
弦长	0～−1.0		0～−1.5	0～−1.5	0～−2.0	0～−2.0
高度				0～−1.0	0～−1.0	0～−1.5

c. 用于干挂的普型板材厚度允许偏差为 +3.0mm～−1.0mm。

② 平面度允许公差

a. 普型板平面度允许公差应符合表 6-17 规定。

表 6-17　普型板平面度允许公差　　　　单位：mm

项目	亚光面和镜面板材			粗面板材		
	优等品	一等品	合格品	优等品	一等品	合格品
≤400	0.20	0.35	0.50	0.60	0.80	1.00
>400,≤800	0.50	0.65	0.80	1.20	1.50	1.80
>800	0.70	0.85	1.00	1.50	0.80	2.00

b. 圆弧板直线度与线轮廓允许公差应符合表 6-18 规定。

表 6-18　圆弧板直线度与线轮廓允许公差　　　　单位：mm

项目		亚光面和镜面板材			粗面板材		
		优等品	一等品	合格品	优等品	一等品	合格品
直线度(按板材高度)	≤800	0.80	1.00	1.20	1.00	1.20	1.50
	>800	1.00	1.20	1.50	1.50	1.50	2.00
线轮廓度		0.80	1.00	1.20	1.00	1.50	2.00

③ 角度允许公差

a. 普型板角度允许公差应符合表 6-19 的规定。

表 6-19　普型板角度允许公差　　　　单位：mm

板材长度	优等品	一等品	合格品
≤400	0.30	0.50	0.80
>400	0.40	0.60	1.00

b. 圆弧板角度允许公差：优等品为 0.40mm，一等品为 0.60mm，合格品为 0.80mm。

c. 普型板拼缝板材正面与侧面的夹角不得大于 90°。

d. 圆弧板侧面角 α 应不小于 90°。

④ 外观质量

a. 同一批板材的色调应基本调和，花纹应基本一致。

b. 板材正面的外观质量要求应符合表 6-20 规定。

表 6-20　板材正面的外观质量要求

名称	规　定　内　容	优等品	一等品	合格品
缺棱	长度不超过 10mm,宽度不超过 1.2mm(长度小于 5mm,宽度小于 1.00mm 不计),周边每米长允许个数	不允许	1	2
缺角	沿板材边长,长度≤3mm,宽度≤3mm(长度≤2mm,宽度≤2mm 不计),每块板允许个数			
裂纹	长度不超过两端顺延至板边总长度的 1/10(长度小于 20mm 的不计),每块板允许条数			
色斑	面积不超过 15mm×30mm(面积小于 10mm×30mm 不计),每块板允许个数		2	3
色线	长度不超过两端顺延至板边总长度的 1/10(长度小于 40mm 的不计),每块板允许条数			

注：干挂板材不允许有裂纹存在。

⑤ 物理性能

a. 镜面板材的镜向光泽度应不低于 80 光泽单位或按供需双方协商确定。

b. 天然花岗石建筑板材的物理性能技术指标应符合表 6-21 的规定。

表 6-21　天然花岗石建筑板材的物理性能技术指标

项　　目		指　　标	项　　目		指　　标
体积密度/(g/cm³)	≥	2.56	干燥	弯曲强度/MPa ≥	8.0
吸水率/%	≤	0.60	水饱和		
干燥压缩强度/MPa	≥	100.0			

c. 工程对物理性能指标有特殊要求的，按工程要求执行。

⑥ 放射防护分类控制。石材产品的使用应符合 GB 6566—2001 标准中对放射性水平的规定。

⑦ 标志、包装、运输与贮存

a. 标志。板材应注明：企业名称、商标、标记；须有"向上"和"小心轻放"的标志，并符合 GB/T 191—2008 中的规定。对安装顺序有要求的板材，应在每块板材侧面表明安装序号。

b. 包装。按板材品种、类别、等级等分别包装，并附产品合格证（包括产品名称、规格、等级、批号、检验员、出厂日期）；板材光面相对且加垫。包装应满足在正常条件下安全装卸、运输的要求。

c. 运输。板材在运输过程中应防碰撞、滚摔。

d. 储存

板材应在室内储存，室外储存应加遮盖。板材堆放时应按板材品种、类别、等级或工程安装部位分别码放。

（2）检测标准

① 出厂检验

a. 检验项目。普型板检验项目为规格尺寸偏差、平面度公差、角度公差、镜向光泽度、外观质量。

圆弧板检验项目为规格尺寸偏差、角度公差、直线度公差、线轮廓度公差、镜向光泽度、外观质量。

b. 组批。同一品种、类别、等级的板材为一批。

c. 抽样。采用 GB/T 2828—2003 一次抽样正常检验方式，检查水平为Ⅱ。合格质量水平（AQL 值）取为 6.5；根据抽样判定表抽取样本（见表 6-22）。

表 6-22　抽样判定表　　　　　　　　　　　　单位：块

批量范围	样本数	合格判定数(Ac)	不合格判定数(Re)	批量范围	样本数	合格判定数(Ac)	不合格判定数(Re)
≤25	5	0	1	281～500	50	7	8
26～50	8	1	2	501～1200	80	10	11
51～90	13	2	3	1201～3200	125	14	15
91～150	20	3	4	≥3200	200	21	22
151～280	32	5	6				

d. 判定。单块板材的所有检验结果均符合技术要求中相应等级时，则判定该板材符合该等级。

根据样本检验结果，若样本中发现的等级不合格品数小于或等于合格判定数（Ac），则判定该批符合该等级；若样本中发现的等级不合格品数大于或等于不合格判定数（Re），则判定该批不符合该等级。

② 型式检验

a. 检验项目。技术要求中的全部项目。

b. 检验条件。有下列情况之一时，进行型式检验：新建厂投产；荒料、生产工艺有重大改变；正常生产时，每一年进行一次；国家质量监督机构提出进行型式检验要求。

c. 组批。同出厂检验。批量和识别批的方式由检验方和生产方协商确定。

d. 抽样。规格尺寸偏差、平面度公差、角度公差、直线度公差、线轮廓度公差、外观质量的抽样同出厂检验；吸水率、体积密度、弯曲强度的试样可从荒料上制取；放射防护分类控制试验的样品应能代表该批产品的放射性水平。

e. 判定。体积密度、吸水率、弯曲强度、干燥压缩强度的试验结果中，有一项不符合外观质量的要求时，则判定该批板材为不合格品，其他项目检验结果的判定同出厂检验。

6.3.2.3　天然花岗石板材质量检测

(1) 主要仪器及参数

① 游标卡尺。

② 钢平尺：平面度公差为 0.01mm，长度为 2000mm。

③ 塞尺。

④ 圆弧：尺寸精度为 JS7 (js7)。

⑤ 钢角尺：内角垂直度公差为 0.13mm，内角边长为 500mm×400mm 的 90°钢角尺。

⑥ 入射角为 60°的光泽仪。

(2) 检验步骤

① 规格尺寸

a. 普型板的规格尺寸。用游标卡尺或能满足精度要求的量器具测量板材的长度、宽度、厚度。长度、宽度分别在板材的三个部位测量；厚度测量 4 条边的中点部位。分别用偏差的最大值和最小值表示长度、宽度、厚度的尺寸偏差。测量值精确到 0.1mm。

b. 圆弧板规格尺寸。用游标卡尺或能满足测量精度要求的量器具测量圆弧板的弦长、高度及最小壁厚。在圆弧板的两端面处测量弦长；在圆弧板端面与侧面测量壁厚；圆弧板高度测量部位如图 6-7 所示。

分别用偏差的最大值和最小值表示弦长、高度及壁厚的尺寸偏差。测量值精确到 0.1mm。

② 平面度、直线度、线轮廓度

a. 普型板平面度。将平面度公差为 0.01mm 的钢平尺分别自然贴放在距板边 10mm 处和被检平面的两条对角线上，用塞尺测量尺面与板面的间隙。钢平尺的长度应大于被检面周边和对角线的长度；当被检面周边和对角线长度大于 2000mm 时，用长度为 2000mm 的钢平尺沿周边和对角线分段检测。以最大间隙的测量值表示板材的平面度公差。测量值精确到 0.05mm。

b. 圆弧板直线度。将平面度公差为 0.1mm 的钢平尺沿圆弧板母线方向贴放在被检弧面上，用塞尺测量尺面与板面的间隙，测量位置如图 6-7 所示。当被检圆弧高度大于 2000mm 时，用 2000mm 的钢平尺沿被检测母线分段测量。

以最大间隙的测量值表示圆弧板的直线度公差。测量值精确到 0.05mm。

c. 圆弧板线轮廓度。按 GB/T 1800.3—1998 和 GB/T 1801—1999 的规定，采用尺寸精度为 JS7 (js7) 的圆弧靠模自然贴靠被检弧面，圆弧靠模的弧长与被检弧面的弧长之比应不小于 2：3，用塞尺测量尺面与圆弧面之间的间隙，测量位置如图 6-7 所示。以最大间隙的测量值表示圆弧板的线轮廓度公差。测量值精确到 0.05mm。

③ 角度

a. 普型板角度。用内角垂直度公差为 0.13mm，内角边长为 500mm×400mm 的 90°钢角尺检测。将角尺短边紧靠板材的短边，长边贴靠板材的长边，用塞尺测量板材长边与角尺长边之间的最大间隙。当板材的长边小于或等于500mm时，测量板材的任一对对角；当板材的长边大于500mm时，测量板材的四个角。以最大间隙的测量值表示板材的角度公差。测量值精确到0.05mm。

b. 圆弧板角度。用内角垂直度公差为0.13mm，内角边长为500mm×400mm的90°钢角尺检测。将角尺短边紧靠圆弧端面，用角尺长边贴靠圆弧板的边线，用塞尺测量圆弧板边线与角尺长边之间的最大间隙。用上述方法测量圆弧板的四个角。以最大间隙的测量值表示圆弧板的角度公差。测量值精确到0.05mm。

c. 圆弧板 α 角。将圆弧靠模贴靠圆弧板装饰面并使其上的径向刻度线延长线与圆弧板边线相交，将小平尺径向刻度线置于圆弧靠模上，测量圆弧板侧面与小平尺间的夹角（见图6-8）。

④ 外观质量

a. 花纹色调。将协议板与被检板材并列平放在地上，距板材1.5m处站立目测。

b. 缺陷。用游标卡尺测量缺陷的长度、宽度，测量值精确到0.1mm。

⑤ 镜向光泽度。采用60°入射角，样品尺寸不小于300mm×300mm，按GB/T 13891—2008的规定检验。

⑥ 干燥压缩强度。按GB/T 9966.1—2001的规定检验，干燥压缩强度值可取荒料中的检测结果。

⑦ 弯曲强度。按GB/T 9966.2—2001的规定检验。

⑧ 体积密度、吸水率。按GB/T 9966.3—2001的规定检验。

⑨ 放射防护分类控制。按GB 6566—2001的规定检验。

6.4　人造装饰石材质量检测

6.4.1　概述

人造饰面石材是用无机或有机胶结料、矿物质原料及各种外加剂配制而成，具有天然石材的花纹和质感的合成石。它的花纹图案可人为控制，并具有质量轻、强度高、耐腐蚀、耐污染、施工方便的特点，目前已经成为现代建筑的理想装饰材料。

6.4.1.1　人造石材的分类

人造石材按生产所用材料及生产方法不同，一般可分为以下四类。

（1）水泥型人造石材　水泥型人造石材是以各种水泥或石灰磨细作为黏结剂，砂为细骨料，碎大理石、花岗石、工业废渣为粗骨料，经配料、搅拌、成型、加压蒸养、磨光、抛光而制成，如各种水磨石制品。该类产品的规格、色泽、性能等均可根据使用要求制作，制作成本低，但耐酸腐蚀能力较差，若养护不好，易产生龟裂。

（2）树脂型人造石材　树脂型人造石材是以不饱和聚酯树脂为胶结剂，与天然碎石、石粉及颜料等配制拌成混合料，经浇捣成型、固化、脱模、烘干、抛光等工序而制成。由于不饱和聚酯树脂具有黏度小、易于成型、光泽好、颜色浅、容易配制成各种明亮的色彩与花纹、固化快、常温下可进行操作等特点，因此其物理、化学性能稳定，适用范围广，又称聚酯合成石。室内装饰工程中采用的人造石材主要是树脂型人造石材。

（3）复合型人造石材　复合型人造石材是由无机胶结料（各类水泥、石膏等）和有机胶结料（不饱和聚酯或单体）共同组合而成。复合型人造石材采用的黏结剂中，既有无机材料，又有有机高分子材料。复合型人造石材制品的造价较低，但它受温差影响后聚酯面易产生剥落或开裂。

（4）烧结型人造石材　烧结型人造石材是把斜石、石英、辉石石粉和赤铁矿以及高岭土等混合成矿粉，再配以 40％左右的黏土混合制成泥浆，经制坯、成型和艺术加工后，再经1000℃左右的高温焙烧而成。如仿花岗石瓷砖、仿大理石陶瓷艺术板等。烧结型人造石材的装饰性好，性能稳定，但需经高温焙烧，因而能耗大，造价高。

6.4.1.2　树脂型人造石材

树脂型人造石材按表面图案进行分类，可分为人造大理石、人造花岗石、人造玛瑙石和人造玉石四类。树脂型人造石材的技术性能特点如下。

① 花色品种多，色泽鲜艳，装饰性好；

② 质量轻，强度高，厚度薄，耐磨性较好；

③ 耐腐蚀性，耐污染性好（聚酯型人造大理石的物理性能见表 6-23）；

④ 可加工性好；

⑤ 耐热性较差，会老化。

表 6-23　聚酯型人造大理石的物理性能

抗压强度/MPa	抗折强度/MPa	抗冲击强度/(J/cm²)	体积密度/(kg/cm³)	布氏硬度(HB)	光泽度（光泽单位）	吸水率/%	线膨胀系数(1/℃)
80～120	25～40	＞0.1	2100～2300	32～45	60～90	<0.1	$(2\sim3)\times10^{-6}$

6.4.1.3　实体面材

实体面材，学名为矿物填充型高分子复合材料，它是以甲基酸甲酯（MMA：又称压克力）或不饱和聚酯树脂（UPR）机体，由天然矿石粉为填料，加入颜料及其他辅助剂，经烧铸成型或真空模塑或模压成型的复合材料。该复合材料无孔均质，贯穿整个厚度的组成具有均一性；它们可以制成难以察觉接缝的物品；连续表面，并可通过维护和翻新使产品表面回复如初。

人造石实体面材是以符合食品卫生学要求的高分子材料及填料为主要原料，通过真空成型，再经自动控温使其化学反应达到终点的产品。它是系列人造石中的一种，与传统的人造石的最大区别是该产品表里如一，致密度极高，可随意打磨，拼接处经打磨后无接痕，用常用的木工机具可加工。其抗折、抗压、抗冲击及弯曲强度大大高于天然石材，无毛细孔，吸水率极低，耐污性能优良，阻燃耐温，无毒无味，色彩随意，可广泛用于建筑装饰、家具台面及厨卫台面等。人造石实体面材因原材料及生产工艺的不同，可分为丙烯酸型和聚酯型两类，前者的成本高、生产工艺繁杂、售价高，因此，现国内产销量 95％以上的人造石实体面材为聚酯型。

从最早在国内市场面世的杜邦可丽耐开始，短短几年时间，我国人造石实体面材从无到有，如今已有数百家大小不等的企业生产这类产品，也有为数不少的国外产品销往国内。保守估计我国人造石实体面材的年销售额在 10 亿元以上，从业人员达数万人，可谓发展迅速。随着我国经济的不断发展，消费观念也随之变化，一些比较讲究生活品味的人纷纷采用价格高昂的人造石实体面材作厨卫台面，市场逐渐扩大，很多消费者接受了这种产品。

作为一种新型装饰材料，实体面材有着许多优良性能，它兼具了木材的可塑性和石材的坚韧性，结构致密；色彩纯正典雅，千变万化；接口平滑无缝，浑然一体。由于这些优点，实体面材才可以在许多领域替代木材、石材、陶瓷和不锈钢等传统材料，被广泛应用于家居和商业建筑的各类台面和墙体的装饰。中国家具协会厨房专业委员会已经将实体面材列为未来家用橱柜的标准台面材料，市场前景广阔。

6.4.2 实体面材的质量检测

6.4.2.1 概述

实体面材板材按基体树脂可分为 PMMA 类和 UPR 类两种类型。PMMA 类是以聚甲基丙烯酸甲酯为基体的实体面材（压克力类）。UPR 类是以不饱和聚酯树脂为基体的实体面材。

实体面材板材按长×宽×厚分为三种标准规格尺寸型式（单位 mm）：A 型，2440×762×12.7；B 型，2440×762×6.4；C 型，3050×762×12.7。另外还有 D 型，由供需双方商定的其他非标准规格尺寸。

实体面材板材的产品标记由产品中文名称、基体树脂英文缩写、规格尺寸型式代号及本标准号组成。

例如，聚甲基丙烯酸甲酯为基体，厚 12.7 mm 的 A 型，符合本标准规定的实体面材标记如下：

实体面材　PMMA（压克力）　A　JC 908—2002

6.4.2.2 技术要求及检测标准

（1）尺寸偏差

① 规格尺寸偏差。长度、宽度偏差的允许值为规定尺寸的±0.3mm；B 型厚度允许偏差：6.4mm±0.2mm。

其他产品的厚度偏差的允许值应不大于规定厚度的 3%。

② 平整度。A、C 型，≤0.5mm；B 型，≤0.34mm。

其他产品的平整度公差的允许值应不大于规定厚度的 5%。

③ 边缘不直度。板材边缘不直度，≤1.5mm/m。

（2）外观质量　板材外观质量应符合表 6-24 的规定。

表 6-24　板材外观质量

项 目	要 求
色泽	色泽均匀一致,不得有明显色差
板边	板材四边平整,表面不得有缺棱掉角现象
花纹图案	图案清晰、花纹明显;对花纹图案有特殊要求的,由供需双方商定
表面	光滑平整,无波纹、方料痕、刮痕、裂纹,不允许有气泡、杂质
拼接	拼接不得有缝隙

（3）巴氏硬度　板材的巴氏硬度：PMMA 类，≥58；UPR 类，≥50。

（4）力学性能

① 荷载性能。A、C 型进行荷载变形试验后，表面不得有破裂，最大残余挠度值不得超过 0.25mm；B 型不要求此性能。

② 落球冲击。落球冲击试验后，表面无破裂和碎片。

③ 弯曲强度及弯曲弹性模量。弯曲强度不小于 40MPa；弯曲弹性模量不小于 6500MPa。

（5）色牢度与老化性能　试样与控制样品比较，不得呈现任何破裂、裂缝、气泡或表面质感变化。当按 GB/T 11942—1989 中 7.3、4.4 测量和计算颜色变化时，试样与控制样品间的色差不得超过 2 CIE 单位。

（6）耐污染性　试样耐污值总和不得超过 64，最大污迹深度不大于 0.12mm。

（7）耐燃烧性能

① 香烟燃烧。样品在与香烟接触过程中，或在此之后，不得有明火燃烧或阴燃。任何形式的损坏不得影响产品的实用性，并可通过研磨剂和抛光剂大致恢复至原状。

② 阻燃性能。板材的阻燃性能以氧指数评定，即板材的氧指数不小于 35。

（8）耐化学药品性　试样表面应无明显损伤，轻度损伤用 600 目砂纸轻擦即可除去，损伤程度应不影响板材的使用性，并易恢复至原状。

（9）耐加热性　试样表面应无破裂、裂缝或气泡。任何变色采用研磨剂或抛光剂可除去并接近板材原状，并不影响板材的使用。仲裁时，修复后样品与试验前样品的色差不得大于 2 CIE 单位。

（10）耐高温性能　试样表面应无破裂、裂缝或鼓泡等显著影响。表面缺陷易打磨恢复至原状，并不影响板材的使用。仲裁时，修复后样品与试验前样品的色差不得大于 2 CIE 单位。

（11）耐水性　试样表面应无破裂、裂缝、鼓泡、隆隆作响、敲击声变哑或分层。

6.4.2.3　检验步骤

（1）尺寸偏差

① 规格尺寸偏差。板材的长度、宽度用精度为 1mm 的量具（钢平尺）进行测量，测量板材的四边及各边的中点。

板材的厚度用精度为 0.02mm 的游标卡尺进行测量，端部的测定点应距离板材边缘至少 10mm，长、宽方向等距（但距边缘不超过 100mm），各测定三点处的厚度。

② 对角线偏差。用精度为 1mm 的钢平尺或钢卷尺测量同一板材正面两对角的长度，计算两对角线长度之差。

③ 平整度。将 1m 长的钢平尺的边缘紧靠在板材的正平面上，然后用精度为 0.01mm 塞尺测量钢平尺边缘到板材边缘的最大缝隙。

④ 边缘不直度。将 1m 长的钢平尺的边缘紧靠在板材的边缘上，然后用精度为 0.01mm 塞尺测量钢平尺边缘到板材边缘的最大缝隙，四边分别测量，取其中最大值。

（2）外观质量

① 将试验样品水平放置在光强 800～900lx 光源下，观察距离为 750～900mm，观测角度为与水平线夹角 45°～75°（正常视力、矫正视力 1.2 及以上）。

② 用 50% 黑色或蓝色，或与产品呈对比色的墨水溶液，以海绵或软棉布涂在试验样品正面，按①方式观测样品是否有破裂、裂缝或起泡等。其他检验项目的外观检验按本条进行。

（3）巴氏硬度　巴氏（巴柯尔）硬度按 GB/T 3854—2005 的规定试验。

（4）力学性能

① 荷载性能：荷载变形试验。

a. 测试原理。通过施加荷载，测量板材抗荷载变形的力学特性。

b. 测试仪器

（a）试验夹具。能提供 610mm×760mm 悬空区域的刚性四点支撑。

（b）加载装置。

（c）挠度仪：精度 0.02mm。

c. 试样

（a）试样规格：660mm×810mm×厚度。

（b）试样数量：两块。

d. 测试步骤

（a）将试样卡紧在试验夹具上。

（b）通过直径 200mm 荷载分配盘加载，用厚 13mm 泡沫橡胶或其他合适的柔软材料衬垫在荷载分配盘与试样之间。首先加上预荷载 1330N 并保持 2.5min，此时允许试验夹具框的初始移动和固定。

（c）除去预荷载（12.5±2.5）min 后，用挠度仪测量板中部的初始挠度值 l_0。重新施加 1330N 荷载 1.5～2.0min。

（d）卸载 10min 后，再次用挠度仪测量板中部的挠度值 l_1，测量精确至 0.02mm，$\Delta l = l_1 - l_0$，即为残余挠度值。

（e）记录试验结果。

e. 测试报告。以两块试样试验结果算数平均值为荷载变形残余挠度值。

② 落球冲击。将 660mm×810mm 试样的四角平稳卡在能提供 610mm×760mm 悬空区域的刚性四点支撑的试验夹具上，用直径 38.1mm、0.225kg 的钢球以 610mm 落差自由降落在距试样中点 48mm 范围内。所用钢球应无缺口、凹痕、变形或其他表面缺陷。

③ 冲击韧性。冲击韧性按 GB/T 2571—1995 规定进行。

④ 弯曲强度及弯曲弹性模量。弯曲强度及弯曲弹性模量按 GB/T 2570—1995 规定进行。接缝板试样的接缝应位于试样中部，接缝方向应与弯曲压辊的轴向平行。

（5）色牢度与老化性能　老化性能按 GB/T 16442.2—1999 规定进行，氙弧灯暴露200h，黑板温度为（63±5）℃，辐射通量密度控制在 340nm 下 0.35W/m²。内、外滤光镜组合为高硅硼酸盐玻璃。不需控制湿度。保留一个样品为控制样品。

按 GB/T 11942—1989 规定测量老化前后的色差。

（6）耐污染性试验

① 测试原理。测试板材在于日常生活用品接触时，其表面颜色和质感的变化，通过评估计分，判断板材的耐污染性。

② 测试仪器和试剂

a. 玻璃表面皿。

b. 试剂。如表 6-25 所示。

表 6-25　试剂

酱油	草莓汁	甲紫溶液	红汞溶液（2%）
黑色液体鞋油	口红（对比色）	苹果汁	湿茶袋
蓝色水溶性墨水	染发精（对比色）		

③ 试样及试验条件。每组试样数量足以进行十种试剂各两项对比试验。

试验应在温度（23±2）℃，相对湿度（50±5）%的环境条件下进行。

④ 测试步骤

a. 将表 6-25 所列的每种试剂放 2 滴在试样的表面，其中一滴用玻璃表面皿盖上，以防挥发。16h 后用干净柔软的棉布或纸巾擦去所有的试剂。

b. 用自来水洗涤试样，并用软布或软毛刷以适当力度擦洗表面 20 次，用纸将水吸干，若试剂的颜色完全消失，则试样的耐污值为 1。

c. 仍存在污迹，再用酒精或石脑油擦洗 20 次，若污迹除去，则试样的耐污值为 2。

d. 仍存在污迹，用去污粉擦洗 20 次。冲洗干净后，吸干水分，若污迹除去，则试样的耐污值为 3。

e. 仍然存在污迹，再用去污粉擦洗 40 次，若污迹除去，则试样的耐污值为 4；否则，耐污值为 5。

f. 耐污值为 5 的试样，需测量其污迹的深度。用 600 目砂纸摩擦污迹处，直至污迹消失，测量其深度，精确至 0.02mm。

⑤ 测试报告。试样的耐污值是所有试剂耐污值综合（包括未盖和加盖玻璃表面皿的试验），最大污迹深度为所有摩擦深度的最大值。

（7）耐燃烧性能

① 香烟燃烧。从新开封的三种牌子的香烟中各取一支点燃，放置在样品上，点燃端向内，距样品边缘 50mm，令香烟燃烧（120±2）s 后，拿开香烟。试样不得有明火式燃烧或阴燃。待燃烧区域冷却，用软布或软毛刷擦净燃烧区，检查燃烧区域。若有明显污迹残留，使用 400 目砂纸与水打磨至污迹消失。

② 阻燃性能。氧指数按 GB/T 2406—1993 规定进行。

（8）耐化学药品性

① 测试原理。测试板材在与常用化学药品接触后，其表面损伤程度和可修复性，获取板材耐化学药品腐蚀的基体数据。

② 测试仪器和化学药品

a. 玻璃表面皿。

b. 化学药品。如表 6-26 所示。

表 6-26　化学药品

石脑油	甲苯	柠檬酸(10%,质量分数)	磷酸钠(5%,质量分数)
酒精	醋酸乙酯	尿素(6%,质量分数)	醋
醋酸正戊酯	氢氧化钠溶液(1%~2%)	家用过氧化氢溶液(3%)	松节油
家用氨水溶液(10%,体积分数)	丙酮	浓缩次氯酸钠溶液	—

③ 试样及试验条件。每组试样足以进行 15 种化学试剂各两项对比试验。试验应在温度（23±2）℃，相对湿度（50±5）% 的环境下进行。

④ 测试步骤。由表 6-26 所列试剂中各取 2 滴施加在试样上，进行两项试验，一项加盖玻璃表面皿，一项不加盖。16h 后，除去玻璃表面皿，擦去所有残余试剂。在室温下悬置 24h，用肉眼观察表面损伤程度。

⑤ 测试报告。试样表面应未受到明显损伤，轻度损伤可用 600 目砂纸轻擦即能出去；损伤程度应不会影响板材的使用性，并易修复至原状；否则为不合格。

（9）耐加热性　样品的有效直径至少为 250mm，表面平整光滑。直径 150mm，厚度 7mm 的铝板在（185±5）℃干燥箱内恒温（15±5）min，取出放置在样品上保持（10±0.5）min，然后除去。在同一试验中，连续进行三次该程序。在室温下保持 4h 后，检查表面变化，诸如破裂、裂缝、变色等缺陷。仲裁时，应按 GB/T 11942—1989 测量试验位置试验前后色差。

（10）耐高温性能试验　耐高温性能按耐高温性能试验规定进行。仲裁时，应按 GB/T 11942—1989 测量试验位置试验前后色差。

① 测试原理。通过板材在与高温物体接触状态下，经过一定时间后，其颜色和表面质感的变化，测定其耐高温性能。

② 测试仪器和用品

a. 铝制平底加热容器：底和壁厚均为 2～3mm，直径 90～100mm，高 65～75mm。

b. 平板加热炉。

c. 浴锅蜡。

d. 热电偶或温度计，检测范围为 100～250℃，精确±1℃。

e. 荧光灯：光强在 800～1100lx。

③ 试样

a. 试样规格：200mm×200×厚度。

b. 试样数量：两块。

④ 测试步骤

a. 测试前仔细检查试样表面的颜色和质感状况，并作记录。

b. 填充浴锅蜡至加热容器顶缘下 12mm 处，通过平板加热炉加热升温至 185℃后，移开容器，让其冷却至 180℃±1℃，将容器放置在试样上，保持 20min。

c. 移去容器，使试样在室温下放置 24h。

d. 用石脑油或酒精擦洗试样表面。

e. 将试样放置于平桌上，在光强在 800～1100lx 规定的荧光灯下，用肉眼观测，观测距离为 750～900mm，观察角度为 45°～75°（与水平面夹角），转动试样，从各个方向观察试样，应避免在直接阳光下或其他不规范条件下作业。

f. 记录观测结果。

⑤ 测试报告。耐高温性能测试报告的项目包括气泡、裂纹、断裂和泛白现象。测试结果报告如下。

a. 无影响——颜色和质感无变化；

b. 轻微影响——颜色和质感的变化只能在某些特殊的角度和方向观察到；

c. 适度影响——颜色和质感的变化可在任何角度和方向观察到，但没有显著改变试样的原始状况；

d. 显著影响——试样的颜色和质感发生了明显变化，包括破裂、裂缝或鼓泡。

（11）耐水性　将 300mm×300mm 的样品与水平方向呈 8°±2°角夹紧，用流量（3.8±0.8）L/min、温度（88±2）℃的水流冲击距上边缘 38mm 处表面 1.5min，在 1.5s 内迅速用相同流量、温度为（21±2）℃冷水冲击同一点（误差范围在 25mm）1.5min；连续 250 次不间断循环后进行检查。

【思考题】

1. 什么叫装饰石材？它是如何进行分类的？

2. 天然饰面石材有哪些检测方法？

3. 天然大理石有哪些特点？为什么大理石饰面板不宜用于室外？

4. 天然大理石有哪些检验项目？如何检测？

5. 天然花岗石如何检测？

6. 什么叫人造石材？它如何分类？

7. 什么叫实体面材？有哪些检测项目？

8. 人造石材和天然石材相比，有何优点？

7 木质装饰材料的检测

【本章要点】 本章介绍木质装饰材料质量的物理力学性能质量指标、主要检测项目、仪器、原理及检测方法。通过本章学习重点掌握实木复合地板、强化地板、人造板材质量的理化性能检测、技术要求、检验的条件、使用仪器的主要参数、检测的步骤、结果的计算及质量评定。

7.1 实木地板的质量检测

7.1.1 概述

实木地板是指用木材直接加工而成的地板。实木地板物理质量检测指标有：实木地板的主要尺寸、物理力学性能指标（GB/T 15036—2001）。

7.1.2 技术要求及检测标准

见表 7-1 和表 7-2。

表 7-1 实木地板的主要尺寸及偏差 单位：mm

名　　称	偏　　差
长度	长度≤500 时，公称长度与每个测量值之差绝对值≤0.5 长度>500 时，公称长度与每个测量值之差绝对值≤1.0
宽度	公称宽度与平均宽度之差绝对值≤0.3，宽度最大值与最小值之差≤0.3
厚度	公称厚度与平均厚度之差绝对值≤0.3 厚度最大值与最小值之差≤0.4

表 7-2 实木地板的物理力学性能质量评价指标

名称	优等品	一等品	合格品
含水率/%	7≤含水率≤我国各地区的平衡含水率		
漆板表面耐磨/(g/100r)	≤0.08 且漆膜未磨透	≤0.10 且漆膜未磨透	≤0.15 且漆膜未磨透
漆膜附着力	0~1	2	3
漆膜硬度	≥H		

注：含水率是指地板在未拆封和使用前的含水率。

7.1.3 测定项目主要仪器、方法步骤及结果计算

7.1.3.1 尺寸的测量

（1）所需仪器 千分尺，精度 0.01mm；游标卡尺，精度 0.1mm。

（2）检测步骤方法

① 测量厚度时，应将千分尺的测量面缓慢地卡在试件上，所施压强约为 0.02MPa。

② 测量长度和宽度时，游标卡尺应缓慢地卡在试件上，卡尺与试件表面的夹角约成45°，见图7-1。

（3）结果表示　厚度：mm，精确至0.01mm；长度和宽度：mm，精确至0.1mm。

7.1.3.2　含水率的测定

（1）仪器　天平，感量0.01g；空气对流干燥箱，恒温灵敏度±1℃，温度范围40～200℃；干燥器；试件尺寸：长 L 为100mm±1mm，宽 b 为100mm±1mm。

（2）原理　试件在干燥前后质量之差与干燥后质量之比，即为含水率。

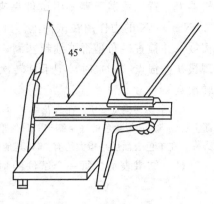

图7-1　长度、宽度测量方法

（3）方法　测定含水率时，试件在锯割后立即进行称量，精确至0.01g。如果不可能应避免试件含水率在锯割到称量期间发生变化。

试件在温度（103±2）℃条件下干燥至恒重（前后相隔6h两次称量所得的质量差小于0.1%即视为质量恒定），干燥后的试件应立即置于干燥器内冷却，防止从空气中吸收水分。冷却后称量，精确至0.01g。

（4）结果表示　试件的含水率按下式计算，精确至0.1%。

$$H=\frac{m_0-m_1}{m_1}\times100\% \qquad (7-1)$$

式中　H——试件的含水率，%；

m_0——试件干燥前的质量，g；

m_1——试件干燥后的质量，g。

一张板的含水率是同一张板内全部试件含水率的算术平均值，精确至0.1%。

7.1.3.3　表面耐磨性能测定

（1）仪器和材料

① Taber型耐磨仪，见图7-2（或以MH-1型漆膜磨耗仪代用）。

② 恒温恒湿箱，温度范围10～80℃，环境相对湿度98%。

③ 砂布2404/0（GB/T 2477—1983）。

④ 双面胶带或糨糊或胶水。

⑤ 试件尺寸：长 L 为110mm±2mm，宽 b 为110mm±2mm（或直径）=120mm±2mm。孔 ϕ=8mm或 ϕ=6mm。

确定由一对包着砂布的研磨轮与旋转着的试件摩擦，产生一定磨损时的转数。

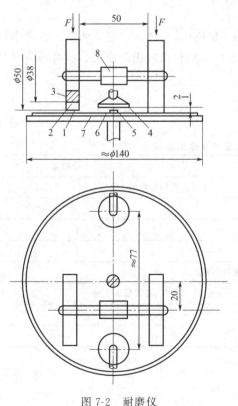

图7-2　耐磨仪

单位：mm

1—砂纸；2—橡胶；3—研磨轮；

4—吸尘嘴；5—螺钉；6—试件；

7—试件夹；8—研磨轮提升装置

（2）方法　将制好的研磨轮置于温度为（23±2）℃，相对湿度为50%±5%的环境中处理72h。将试件置于温度为（23±2）℃，相对湿度为50%±5%的环境中处理7d。把两个研磨轮安装于机器上，置计数器于零。用试件夹夹紧试件，然后将研磨轮轻轻地放在试件上，研磨轮以5.0N±0.2N 的力作用在试件上。开启吸尘器，然后旋转试件。每转 25～50 圈检查试件磨损度，并检查砂布是否被细粒塞满，若砂布被细粒塞满或转过 500 圈后，应调换砂布。当出现最初磨损点（IP）时，记下旋转次数；再恢复检验直至达到最终磨损点（FP），再记下旋转次数。

注：最初磨损点（IP）在有花纹表面层是指研磨面上约有 5% 的花纹被磨去；在单色表面层是指研磨面上有约 5% 其他颜色的底层露出。最终磨损点（FP），在有花纹表面层是指研磨面上大约 95% 的花纹被磨去；在单色表面层是指大约 95% 其他颜色的底层露出。

（3）结果表示　每一个试件的耐磨性以旋转圈数表示，按下式计算，精确至 1r。

$$P = \frac{IP + FP}{2} \tag{7-2}$$

式中　P——耐磨性，r；

IP——最初磨损点转数，r；

FP——最终磨损点转数，r。

一张板的耐磨转数是同一板内全部试件耐磨转数的算术平均值，精确至 50r。

7.2　实木复合地板质量检测

7.2.1　概述

实木复合地板按国家标准《实木复合地板》（GB/T 18103—2000）定义如下：以实木板或单板为面层、实木条为芯层、单板为底层制成的企口地板和以单板为面层、胶合板为基材制成的企口地板。

7.2.2　技术要求及检测标准

见表 7-3。

表 7-3　实木复合地板的技术要求及检测标准

检验项目	优等品	一等品	合格品
浸渍剥离	每一边的任一胶层开胶的累计长度不超过该胶层长度的 1/3（3mm 以下不计）		
静曲强度/MPa	≥30		
弹性模量/MPa	≥4000		
含水率/%	5～14		
漆膜附着力	割痕及割痕交叉处允许有少量断续剥落		
表面耐磨/(g/100r)	≤0.08，且漆膜未磨透		≤0.15，且漆膜未磨透
表面耐污染	无污染痕迹		
甲醛释放量/(mg/100g)	A 类：≤9；B 类：>9～40		

7.2.3　测定项目主要仪器、方法步骤及结果计算

7.2.3.1　浸渍剥离性能测定

（1）仪器

① 恒温水浴槽。温度可调节范围为 30～100℃，精度为 ±1℃。

② 空气对流干燥箱。温度可控制范围 103℃±2℃。

③ 游标卡尺，精度为 0.02mm；钢板尺，精度为 0.5mm。

④ 试件尺寸。长 $L=75mm\pm1mm$；宽 $b=75mm\pm1mm$。

（2）原理 试件经浸渍、干燥，由于湿胀与干缩给胶层以应力，根据胶层是否发生剥离及剥离的程度判断其胶合性能。

（3）方法 实木复合地板浸渍剥离试验处理条件：将试件放置在（70±3）℃的热水中浸渍 2h，取出后置于（60±3）℃的干燥箱中干燥 3h。浸渍试件时应将试件全部浸没在热水之中。

试件按其所属产品类别分别经下列条件处理。

① Ⅰ类浸渍剥离试验。将试件放在沸水中煮 4h，取出后置于（63±3）℃的干燥箱中干燥 20h，然后将试件放置在沸水中煮 4h，取出后再置于（63±3）℃的干燥箱中干燥 3h。煮试件时应将其全部浸没在沸水之中。

② Ⅱ类浸渍剥离试验。将试件放置在（63±3）℃的热水中浸渍 3h，取出后置于（63±3）℃的干燥箱中干燥 3h。浸渍试件时应将其全部浸没在热水之中。

③ Ⅲ类浸渍剥离试验。将试件放置在（30±3）℃的温水中浸渍 2h，取出后置于（63±3）℃的干燥箱中干燥 3h。浸渍试件时应将其全部浸没在温水之中。

仔细观察试件各胶层之间或贴面层与基材之间胶层有无剥离和分层现象。用钢板尺分别测量试件每个胶层各边剥离或分层部分的长度。

（4）结果表示 以剥离或分层部分的长度表示，若一边的剥离或分层分为几段则应累积相加，精确至 1mm。

7.2.3.2 静曲强度和弹性模量测定

（1）仪器 木材万能力学试验机，精确到 10N；游标卡尺，精度 0.1mm；千分尺，精度 0.01mm；百分表，精度 0.01mm；秒表。

试件尺寸：长 $L=(20h+50)\,mm\pm2mm$，h 为试件公称厚度，试件长度 L 不得小于 150mm，宽 $b=50mm\pm1mm$。

（2）原理 静曲强度是确定试件在最大载荷作用时的弯矩和抗弯截面模量之比；弹性模量是确定试件在材料的弹性极限范围内，载荷产生的应力与应变之比。

（3）方法 试件在（20±2）℃，相对湿度 65%±5% 的条件下放至质量恒重，即前后相隔 24h 两次称量所得的质量差小于试件质量的 0.1%。测量试件的宽度和厚度。宽度在试件长边中心处测量；厚度在试件长边中心距边 10mm 处，每边各测一点，计算时采用两点算术平均值，精确至 0.01mm。

调节两支座跨距为试件公称厚度的 20 倍，最小为 100mm。按图 7-3 所示测定静曲强度和弹性模量。

加荷辊轴线应与支撑辊轴线平行。当试件厚度≤7mm 时，加荷辊、支撑辊直径为 15mm±0.5mm。当试件厚度＞7mm 时，加荷辊、支撑辊直径为 30mm±0.5mm。

加荷辊和支撑辊长度应大于试件宽度。

试验时加荷辊轴线必须与试件长轴中心线垂直，应均匀加载，从加荷开始在（60±30）s 内使试件破坏，与此同时，测定试件中部（加荷辊正下方）挠度和相应的载荷值，绘制载荷-挠度曲线图。记下最大载荷值，精确至 10N。

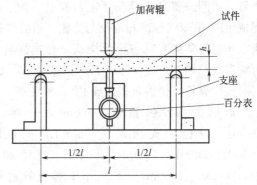

图 7-3 静曲强度和弹性模量测定示意图

l—支座距离，mm；h—试件厚度，mm

测定静曲强度时，如果试件挠度变化很大，而试件并未破坏，则两支座间距离应减小。检验报告中应写明试件破坏时的支座距离。

（4）结果计算　试件的静曲强度按式下式计算，精确至 0.1MPa。

$$\sigma_b = \frac{3P_{max}l}{2bh^2} \qquad (7-3)$$

式中　σ_b——试件的静曲强度，MPa；

$\quad P_{max}$——试件破坏时的最大载荷，N；

$\quad\quad l$——两支座间的距离，mm；

$\quad\quad b$——试件宽度，mm；

$\quad\quad h$——试件厚度，mm。

一张板的静曲强度是同一张板内全部试件的静曲强度的算术平均值，精确至 0.1MPa。在载荷-挠度曲线图的直线段上计算载荷-挠度斜率，斜率采用三位有效数字。试件的弹性模量按下式计算，精确到 10MPa。

$$E_b = \frac{l^3}{4bh^3} \times \frac{\Delta f}{\Delta s} \qquad (7-4)$$

式中　E_b——试件的弹性模量，MPa。

$\quad\quad l$——两支座间的距离，mm；

$\quad\quad b$——试件宽度，mm；

$\quad\quad h$——试件厚度，mm；

$\quad\Delta f$——在载荷-挠度图中直线段内力的增加量，N；

$\quad\Delta s$——在力 $f_2 \sim f_1$ 区间试件变形量，mm。

一张板的弹性模量是同一张板内全部试件的弹性模量的算术平均值，精确至 10MPa。

7.2.3.3　含水率的测定

检测方法步骤同实木地板含水率的测定。

7.2.3.4　表面耐磨性能测定

检测方法步骤同实木地板表面耐磨性能测定。

7.2.3.5　甲醛释放量穿孔法测定

（1）仪器与设备　穿孔萃取仪，包括四个部分，见图 7-4。水槽。标准磨口圆底烧瓶，1000mL，用以加热试件与溶剂，进行液-固萃取。萃取管，具有边管（包以石棉绳）与小虹吸管，中间放置穿孔器进行液-液穿孔萃取。冷凝管，通过一个大小接头与萃取管联结，可促成甲醛-甲苯气体冷却液化与回流。液封装置，防止甲醛气体逸出的虹吸装置，包括 90°弯头、小直管防虹吸球与锥形烧瓶。套式恒温器，宜于加热 1000mL 圆底烧瓶，功率 300W，可调温度范围 50～200℃。天平：感量 0.01g，感量 0.0001g。水银温度计，0～300℃。空气对流干燥箱，恒温灵敏度±1℃，温度范围 40～200℃。分光光度计。

玻璃器皿：碘量瓶，500mL；单标线移液管，0.1mL、2.0mL、25mL、50mL、100mL；棕色酸式滴定管，50mL；棕色碱式滴定管，50mL；量筒，10mL、50mL、100mL、250mL、500mL；干燥器，直径 20～24cm；表面皿，直径 12～15cm；白色容量瓶，100mL、1000mL、2000mL；棕色容量瓶，1000mL；带塞锥形烧瓶，50mL、100mL；烧杯，100mL、250mL、500mL、1000mL；棕色细口瓶，1000mL；滴瓶，60mL；玻璃研钵，直径 10～12cm；小口塑料瓶，500mL、1000mL。

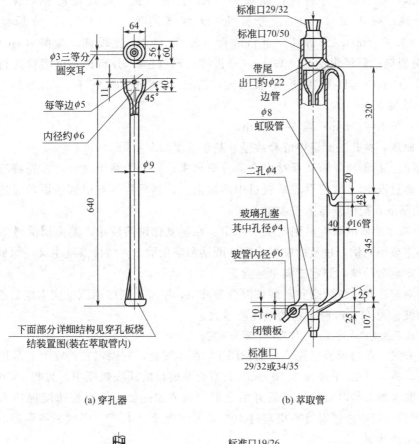

(a) 穿孔器

(b) 萃取管

(c) 穿孔器中穿孔板烧结装置

(d) 穿孔萃取仪装置

图 7-4　测定甲醛释放量的穿孔萃取仪部件图

试剂：甲苯（C_7H_8），分析纯；碘化钾（KI），分析纯；硫代硫酸钠（$Na_2S_2O_3 \cdot 5H_2O$），分析纯；碘化汞（HgI_2），分析纯；无水碳酸钠（Na_2CO_3），分析纯；硫酸（H_2SO_4），$\rho=1.84g/mL$，分析纯；重铬酸钾（$K_2Cr_2O_7$），优级纯；盐酸（HCl），$\rho=1.19g/mL$，分析纯；氢氧化钠（NaOH），分析纯；碘（I_2），分析纯；可溶性淀粉，分析纯；乙酰丙酮（$CH_3COCH_2COCH_3$），优级纯；乙酸铵（CH_3COONH_4），优级纯；甲醛溶液（CH_2O），浓度 $35\%\sim40\%$。

试件尺寸：长 $L=20mm$；宽 $b=20mm$。

（2）测定原理　穿孔法测定甲醛释放量，基于下面两个步骤。

① 穿孔萃取。把游离甲醛从板材中全部分离出来，它分为两个过程：首先将溶剂甲苯与试件共热，通过液-固萃取使甲醛从板材中溶解出来，然后将溶有甲醛的甲苯通过穿孔器与水进行液-液萃取，把甲醛转溶于水中。

② 测定甲醛水溶液的浓度。用碘量法测定：在氢氧化钠溶液中，游离甲醛被氧化成甲酸，进一步再生成甲酸钠，过量的碘生成次碘酸钠和碘化钠，在酸性溶液中又还原成碘，用硫代硫酸钠滴定剩余的碘，测定游离甲醛含量。

用光度法测定：在乙酰丙酮和乙酸铵混合溶液中，甲醛与乙酰丙酮反应生成二乙酰基二氢氯替啶，在波长为 412nm 时，它的吸光度最大。

注：对低甲醛释放量的人造板，应优先用光度法测定。

（3）测定方法　仪器校验：先将仪器按图 7-4 所示安装，并固定在铁座上。采用套式恒温器加热烧瓶。将 500mL 甲苯加入 1000mL 具有标准磨口的圆底烧瓶中，另将 100mL 甲苯及 1000mL 蒸馏水加入萃取管内，然后开始蒸馏。调节加热器，使回流速度保持为每分钟 30mL，回流时萃取管中液体温度不得超过 40℃，若温度超过 40℃，必须采用降温措施，以保证甲醛在水中的溶解。

溶液配制如下：

① 硫酸（1∶1 体积浓度）。量取 1 体积硫酸（$\rho=1.84g/mL$）在搅拌下缓慢倒入 1 体积蒸馏水中，搅匀，冷却后放置在细口瓶中。

② 硫酸（1mol/L）。量取约 54mL 硫酸（$\rho=1.84g/mL$）在搅拌下缓慢倒入适量蒸馏水中，搅匀，冷却后放置在 1L 容量瓶中，加蒸馏水稀释至刻度，摇匀。

③ 氢氧化钠（1mol/L）。称取 40g 氢氧化钠溶于 600mL 新煮沸而后冷却的蒸馏水中，待全部溶解后加蒸馏水至 1000mL，储于小口塑料瓶中。

④ 淀粉指示剂（0.5%）。称取 1g 可溶性淀粉，加入 10mL 蒸馏水中，搅拌下缓慢注入 200mL 沸水中，再微沸 2min，放置待用（此试剂使用前配制）。

⑤ 硫代硫酸钠标准溶液 $[c(Na_2S_2O_3)=0.1mol/L]$。

配制：在感量 0.01g 的天平上称取 26g 硫代硫酸钠放于 500mL 烧杯中，加入先煮沸而后冷却的蒸馏水至完全溶解后，加入 0.05g 碳酸钠（防止分解）及 0.01g 碘化汞（防止发霉），然后再用新煮沸而后冷却的蒸馏水稀释成 1L，盛于棕色细口瓶中，摇匀，静置 8～9d 再进行标定。

标定：称取在 120℃ 下烘干至恒重的重铬酸钾（$K_2Cr_2O_7$）0.1～0.15g，精确至 0.0001g，然后置于 500mL 碘量瓶中，加 25mL 蒸馏水，摇动使之溶解，再加 2g 碘化钾及 5mL 盐酸（$\rho=1.19g/mL$），立即塞上瓶塞，用蒸馏水封瓶口圈，摇匀于暗处放置 10min，再加蒸馏水 150mL，用待标定的硫代硫酸钠滴定到呈草绿色，再加入淀粉指示剂 3mL，继续滴定至突变为亮绿色为止，记下硫代硫酸钠用量 V。

硫代硫酸钠标准溶液的浓度（mol/L），由下式计算。

$$c(\mathrm{Na_2S_2O_3}) = \frac{G}{\dfrac{V}{1000} \times 49.04} = \frac{G}{0.04904V} \qquad (7\text{-}5)$$

式中　$c(\mathrm{Na_2S_2O_3})$——硫代硫酸钠标准溶液的浓度，mol/L；

　　　　V——硫代硫酸钠滴定耗用量，mL；

　　　　G——重铬酸钾质量；

　　　　49.04——重铬酸钾（$1/6\mathrm{K_2Cr_2O_7}$）的摩尔质量，g/mol。

⑥ 硫代硫酸钠标准溶液 $[c(\mathrm{Na_2S_2O_3})=0.01\mathrm{mol/L}]$。

配制：根据公式 $c_\text{浓}V_\text{浓}=c_\text{稀}V_\text{稀}$，计算配制 0.01mol/L 硫代硫酸钠标准溶液需用多少体积已知物质的量浓度（0.1mol/L）的硫代硫酸钠标准溶液去稀释（保留小数点后两位），然后精确地从滴定管中放出由计算所得的 0.1mol/L 的硫代硫酸钠标准溶液体积（精确至 0.01ml）于 1L 容量瓶中，并加水稀释到刻度，摇匀。

标定：由于 0.1mol/L 的硫代硫酸钠标准溶液是经标定精确稀释的，所以可达到 0.01mol/L 的要求浓度，不需再加标定。

⑦ 碘标准溶液 $[c(1/2\ \mathrm{I_2})=0.1\mathrm{mol/L}]$。

配制：在感量 0.01g 的天平上称取碘 13g 及碘化钾 30g，同置于洗净的玻璃研钵内，加少量蒸馏水磨至碘完全溶解。也可以将碘化钾溶于少量蒸馏水中，然后在不断搅拌下加入碘，使其完全溶解后转至 1L 的棕色容量瓶中，用蒸馏水稀释到刻度，摇匀，储存于暗处。

⑧ 碘标准溶液 $[c(1/2\ \mathrm{I_2})=0.01\mathrm{mol/L}]$。

配制：用移液管吸取 0.1mol/L 碘溶液 100mL 于 1L 棕色容量瓶中，用蒸馏水稀释到刻度，摇匀，储存于暗处。

标定：此溶液不作预先标定。使用时，借助与试液同时进行的空白试验以 0.01mol/L 的硫代硫酸钠标准溶液标定之。

⑨ 乙酰丙酮（$\mathrm{H_3COCH_2COCH_3}$，体积分数 0.4%）溶液。

配制：用移液管吸取 4mL 乙酰丙酮于 1L 棕色容量瓶中，用蒸馏水稀释到刻度，摇匀，储存于暗处。

⑩ 乙酸铵（$\mathrm{CH_3COONH_4}$，质量分数 20%）溶液。

配制：在感量 0.01g 的天平上称取 200g 乙酸铵于 500mL 烧杯中，加蒸馏水使其完全溶解后转至 1L 的棕色容量瓶中，稀释到刻度，摇匀，储存于暗处。

试件含水率的测定：在测定甲醛释放量的同时必须将余下试件进行含水率测定。在感量 0.01g 的天平上称取 50g 试件两份，测定含水率 H。

萃取操作：关上萃取管底部的活塞，加入 1L 蒸馏水，同时加入 100mL 蒸馏水于有液封装置的锥形烧瓶中。倒 600mL 甲苯于圆底烧瓶中并加入 105～110g 的试件，精确至 0.01g（M_0）。安装妥当，保证每个接口紧密而不漏气，可涂上凡士林或"活塞油脂"。打开冷却水，然后进行加热，使甲苯沸腾开始回流，记下第一滴甲苯冷却下来的准确时间，继续回流 2h。在此期间保持每分钟 30mL 恒定回流速度，这样一可以防止液封锥形瓶中的水虹吸回到萃取管中，二可以使穿孔器中的甲苯液柱保持一定的高度，使冷凝下来的带有甲醛的甲苯从穿孔器的底部穿孔而出并溶入水中。因甲苯相对密度小于1，会浮在水面上，并通过萃取管的小虹吸管返回烧瓶中，液-固萃取过程持续2h。

在整个加热萃取的过程中，应有专人看管，以免发生意外事故。在萃取结束时，移开加热器，让仪器迅速冷却，此时锥形瓶中的液封水会通过冷凝管回到萃取管中，起到了洗涤仪器上半部的作用。萃取管的水面不能超过图7-4所示的最高水位线，以免吸收甲醛的水溶液通过小虹吸管进入烧瓶。为了防止上述现象，可将萃取管中吸收液转移一部分至2000mL容量瓶，再向锥形瓶加入200mL蒸馏水，直到此系统中压力达到平衡。开启萃取管底部的活塞，将甲醛吸收液全部转至2000mL容量瓶中，再加入两份200mL蒸馏水到锥形烧瓶中，让它虹吸回流到萃取管中。合并转移到2000mL容量瓶中。将容量瓶用蒸馏水稀释到刻度，若有少量甲苯混入，可用滴管吸出后再定容、摇匀、待定量。

在萃取过程中若有漏气或停电发生，此项试验须重做。试验用过的甲苯属易燃品，应妥善处理，若有条件可重蒸脱水，回收利用。

甲醛含量的定量操作（碘量法）：从2000mL容量瓶中，准确吸取100mL萃取液（V_2）于500mL碘量瓶中，从滴定管中精确加入0.01mol/L碘标准溶液50mL，即刻倒入1mol/L氢氧化钠溶液20mL，加塞摇匀，静置暗处15min，然后加入1:1硫酸10mL，即以0.01mol/L硫代硫酸钠溶液滴定到棕色褪尽至淡黄色，加0.5%淀粉指示剂1mL，继续滴定到溶液变成无色为止。记录0.01mol/L硫代硫酸钠标准溶液的用量（V_1）。与此同时，量取100mL蒸馏水代替试液于碘量瓶中用同样方法进行空白试验，并记录0.01mol/L硫代硫酸钠标准溶液滴定的用量（V_0）。每种吸收液需滴定两次，平行测定结果所用0.01mol/L硫代硫酸钠标准溶液的量，相差不得超过0.25mL，否则需重新吸样滴定。

若板材中甲醛释放量高，则滴定时吸取的萃取样液的用量可以减半，但须加蒸馏水补充到100mL进行滴定。

（4）结果计算　甲醛释放量按下式计算，精确至0.1mg。

$$E=\frac{\dfrac{V_0-V_1}{1000}\times C\times 15\times 1000\times 100}{\dfrac{100M_0}{100+H}\times\dfrac{V_2}{2000}}$$

$$=\frac{(V_0-V_1)\times C\times(100+H)\times 3\times 10^4}{M_0 V_2} \tag{7-6}$$

式中　E——100g试件释放甲醛的量，mg/100g；

　　　H——试件含水率，%；

　　　M_0——用于萃取试验的试件质量，g；

　　　V_2——滴定时取用甲醛萃取液的体积，mL；

　　　V_1——滴定萃取液所用硫代硫酸钠标准溶液的体积，mL；

　　　V_0——滴定空白液所用硫代硫酸钠标准溶液的体积，mL；

　　　C——硫代硫酸钠标准溶液的浓度，mol/L；

　　　15——甲醛（$1/2CH_2O$）摩尔质量，g/mol。

7.2.3.6　甲醛释放量光度分析法测定（标准曲线）

标准曲线是根据甲醛溶液绘制的，其浓度用碘量法测定（见图7-5）。

标准曲线至少每周检查一次。

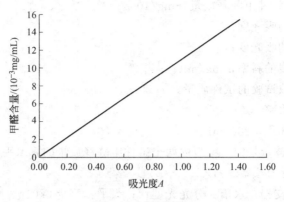

图 7-5 标准曲线

（1）甲醛溶液标定 把大约 2.5g 的甲醛溶液（浓度 35%～40%）移至 1000mL 容量瓶中，并用蒸馏水稀释至刻度。甲醛溶液浓度按下述方法标定：量取 20mL 甲醛溶液、25mL 碘标准溶液（0.1mol/L）、10mL 氢氧化钠标准溶液（1mol/L）于 100mL 带塞锥形烧瓶中，混合静置暗处 15min 后，把 1mol/L 硫酸溶液 15mL 加入到混合液中。多余的碘用 0.1mol/L 硫代硫酸钠溶液滴定，滴定接近终点时，加入几滴 0.5%淀粉指示剂，继续滴定到溶液变为无色为止。同时用 20mL 蒸馏水做平行试验。甲醛溶液浓度按下式计算。

$$\rho = (V_0 - V) \times 15 \times c \times 1000/20 \tag{7-7}$$

式中 ρ——甲醛浓度，mg/L

V_0——滴定空白液所用的硫代硫酸钠标准溶液的体积，mL；

V——滴定甲醛溶液所用的硫代硫酸钠标准溶液的体积，mL；

c——硫代硫酸钠标准溶液的浓度，mol/L；

15——甲醛$\left(\frac{1}{2}HCHO\right)$摩尔质量，g/mol。

注：1mL 0.1mol/L 硫代硫酸钠相当于 1mL 0.1mol/L 的碘溶液和 1.5mg 的甲醛。

（2）甲醛校定溶液 按（1）中确定的甲醛溶液浓度计算含有甲醛 15mg 的甲醛溶液体积。用移液管移取该体积数到 1000mL 容量瓶中，并用蒸馏水稀释到刻度，则 1mL 校定溶液中含有 15μg 甲醛。

（3）标准曲线的绘制 把 0mL、5mL、10mL、20mL 和 100mL 的甲醛校定溶液分别移到 100mL 容量瓶中，并用蒸馏水稀释到刻度。然后分别取出 10mL 溶液，按光度分析法所述进行光度测量分析。根据甲醛浓度（0～0.015mg/mL 之间）和吸光情况绘制标准曲线。斜率由标准曲线计算确定，保留四位有效数字。

量取 10mL 乙酰丙酮（体积分数 0.4%）和 10mL 乙酸铵溶液（质量分数 20%）于 50mL 带塞锥形烧瓶中，再准确吸取 10mL 萃取液到该烧瓶中，塞上瓶塞，摇匀，再放到 (40±2)℃ 的恒温水浴中加热 15min，然后把这种黄绿色的溶液静置暗处，冷却至室温 (18～28℃) 约 1h。在分光光度计上 412nm 处，以蒸馏水作为对比溶液，调零。用厚度为 0.5cm 的比色皿测定萃取溶液吸光度 A_s，同时用蒸馏水代替萃取溶液作空白试验，确定空白值 A_b。

甲醛释放量按下式计算，精确至 0.1mg。

$$E = \frac{(A_s - A_b) \times f \times (100\% + H) \times V \times 100}{M_0} \tag{7-8}$$

式中 E——每100g试件甲醛释放量，mg/100g；

A_s——萃取液的吸光度；

A_b——蒸馏水的吸光度；

f——标准曲线的斜率，mg/mL；

M_0——用于萃取试验的试件质量，g；

H——试件含水率，%；

V——容量瓶体积，2000mL。

一张板的甲醛释放量是同一张板内两个试件甲醛释放量的算术平均值，精确至0.1mg。

7.2.3.7 甲醛释放量干燥器法测定

（1）仪器 金属支架；水槽；分光光度计；天平：感量0.01g，感量0.0001g；

① 玻璃器皿：碘量瓶，500mL；单标线移液管，0.1mL、2.0mL、25mL、50mL、100mL；棕色酸式滴定管，50mL；棕色碱式滴定管，50mL；量筒，10mL、50mL、100mL、250mL、500mL；干燥器，直径240mm，容积9~11L；表面皿，直径为2~15cm；白色容量瓶，100mL、1000mL、2000mL；棕色容量瓶，1000mL；带塞锥形烧瓶，50mL、100mL；烧杯，100mL、250mL、500mL、1000mL；棕色细口瓶，1000mL；滴瓶，60mL；玻璃研钵，直径10~12cm；结晶皿，直径120mm，高度60mm。

② 试剂：碘化钾（KI），分析纯；重铬酸钾（$K_2Cr_2O_7$），优级纯；硫代硫酸钠（$Na_2S_2O_3 \cdot 5H_2O$），分析纯；碘化汞（HgI_2），分析纯；无水碳酸钠（Na_2CO_3），分析纯；硫酸（H_2SO_4），$\rho = 1.84g/mL$，分析纯；盐酸（HCl），$\rho = 1.19g/mL$，分析纯；氢氧化钠（NaOH），分析纯；碘（I_2），分析纯；可溶性淀粉，分析纯；乙酰丙酮（$CH_3COCH_2COCH_3$），优级纯；乙酸铵（CH_3COONH_4），优级纯；甲醛溶液（CH_2O），浓度35%~40%。

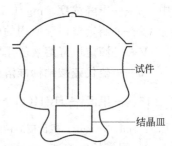

③ 试件尺寸：长 $L = 50mm \pm 2mm$，宽 $b = 50mm \pm 1mm$。

（2）溶液配制

① 硫酸溶液（1mol/L）。配制方法见前。

② 氢氧化钠溶液（0.1mol/L）。配制方法见前。

③ 淀粉指示剂（1%）。配制方法见前。

④ 硫代硫酸钠标准溶液（0.1mol/L）。配制方法见前。

⑤ 碘标准溶液（0.05mol/L）。配制方法见前。

⑥ 乙酰丙酮溶液（体积分数0.4%）。配制方法见前。

⑦ 乙酸铵溶液（质量分数20%）。配制方法见前。

图7-6 干燥器法甲醛测定装置

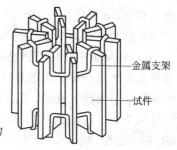

（3）方法 甲醛的收集：如图7-6所示，在直径为240mm（容积9~11L）的干燥器底部放置直径为120mm、高度为60mm的结晶皿，在结晶皿内加入300mL蒸馏水。在干燥器上部放置金属支架，如图7-7所示。金属支架上固定试件，试件之间互不接触。测定装置在（20±2）℃下放置24h，蒸馏水吸收从试件释放出的甲醛，此溶液作为待测液。

甲醛浓度的定量方法：量取10mL乙酰丙酮（体积分数

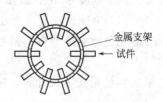

图7-7 金属支架示意图

0.4％）和 10mL 乙酸铵溶液（质量分数 20％）于 50mL 带塞锥形烧瓶中，再从结晶皿中移取 10mL 待测液到该烧瓶中。塞上瓶塞，摇匀，再放到（40±2）℃的水槽中加热 15min，然后把这种黄绿色的溶液静置于暗处，冷却至室温（18～28℃）约 1h。在分光光度计上 412nm 处，以蒸馏水作为对比溶液，调零。用厚度为 0.5cm 的比色皿测定萃取溶液的吸光度 A_s。同时用蒸馏水代替萃取液作空白试验，确定空白值 A_b，绘制标准曲线。

（4）结果表示　甲醛溶液的浓度按下式计算，精确至 0.1mg/mL。

$$\rho = f(A_s - A_b) \tag{7-9}$$

式中　ρ——甲醛浓度，mg/mL；

　　　f——标准曲线斜率，mg/mL；

　　　A_s——萃取液的吸光度；

　　　A_b——蒸馏水的吸光度。

一张板的甲醛释放量是同一张板内两个试件甲醛释放量的算术平均值，精确至 0.01mg/mL。

7.3　强化地板质量检测

7.3.1　概述

浸渍纸层压木质地板（商品名强化地板）是近年来在市场上出现的一种新型地板，与传统的实木地板在结构和性能上有着一定的差异。它是以一层或多层专用纸浸渍热固性氨基树脂，铺装在刨花板、中密度纤维板、高密度纤维板等人造板基材表面，背面加平衡层，正面加耐磨层，经热压而成的地板。

7.3.2　技术要求及检测标准

强化地板的理化性能质量评价指标见表 7-4。

表 7-4　强化地板的理化性能质量评价指标

检 验 项 目	优等品	一等品	合格品
静曲强度/MPa	≥40.0		≥30.0
内结合强度/MPa	≥1.0		
含水率/%	3.0～10.0		
密度/(g/cm³)	≥0.8		
吸水厚度膨胀率/%	≤2.5	≤4.5	≤10.0
表面胶合强度/MPa	≥1.0		
表面耐冷热循环	无龟裂、无鼓泡		
表面耐划痕	≥3.5N 表面无整圈连续划痕	≥3.0N 表面无整圈连续划痕	≥2.0N 表面无整圈连续划痕
尺寸稳定性	≤0.5		
表面耐磨/r	家庭用耐磨转数≥6000		
	公共场所用耐磨转数≥9000		
表面耐香烟灼烧	无黑斑、裂纹和鼓泡		
表面耐干热	无龟裂、无鼓泡		
表面耐污染腐蚀	无污染、无腐蚀		
表面耐龟裂	0 级	1 级	
表面耐水蒸气	无突起、变色和龟裂		
抗冲击/mm	≤9	≤12	
甲醛释放量/(mg/100g)	A 类≤9；B 类>9～40		

7.3.3 测定项目主要仪器、方法步骤及结果计算

7.3.3.1 静曲强度的测定

检测方法步骤同实木复合地板静曲强度的测定。

7.3.3.2 内结合强度的测定

（1）仪器 木材万能力学试验机，精确到10N；秒表；游标卡尺，精度0.1mm；专用卡具，见图7-8；试件尺寸：长 L 为50mm±1mm，宽 b 为50mm±1mm。

（2）原理 垂直于试件表面的最大破坏拉力和试件面积的比。

（3）测定方法 试件在（20±2）℃、相对湿度65%±5%的条件下放至质量恒定（前后相隔24h两次称量所得的质量差小于试件质量的0.1%即视为质量恒定）。在试件的长度、宽度中心处测量宽度和长度尺寸。用聚乙酸乙烯酯乳胶或热熔胶等，按图7-8所示将试件和卡头黏结在一起，并再次放置在（20±2）℃、相对湿度65%±5%的条件下，待胶接牢固后进行检测。

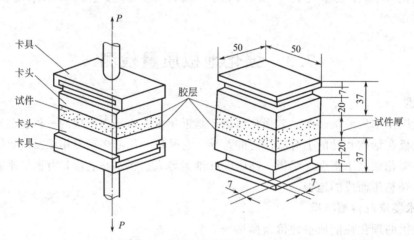

图 7-8 内结合强度的测定示意图

测试时应均匀加载荷，从加荷开始在（60±30）s内使试件破坏，记下最大载荷值，精确至10N。若测试时在胶层破坏，则应在原试样上另取试件重做。

（4）结果表示 试件内结合强度按下式计算，精确至0.01MPa。

$$\sigma_\perp = \frac{P_{max}}{lb} \tag{7-10}$$

式中 $\sigma_\perp$——试件内结合强度，MPa；

P_{max}——试件破坏时最大载荷，N；

l——试件长度，mm；

b——试件宽度，mm。

一张板的内结合强度是同一张板内全部试件内结合强度的算术平均值，精确至0.01MPa。

7.3.3.3 密度测定

（1）所需仪器 千分尺，精度0.01mm；游标卡尺，精度0.1mm；天平，感量0.01g；试件尺寸：长 L 为100mm±1mm，宽 b 为100mm±1mm。

注：试件在（20±2）℃、相对湿度65%±5%的条件下放至质量恒重，即前后相隔24h两次称量所得的质量差小于试件质量的0.1%。

（2）测定原理　试件质量与其体积之比。

（3）测定方法步骤

① 称量每一试件质量，精确至 0.01g。

② 按图 7-9 所示 A、B、C、D 四点测量试件的厚度，试件的厚度为四点厚度的算术平均值，精确至 0.01mm。

③ 试件长度和宽度在试件边长的中部测量。

（4）结果表示　每一个试件的密度按下式计算，精确至 0.01g/cm³。

$$\rho = \frac{m}{abh} \times 1000 \qquad (7\text{-}11)$$

式中　ρ——试件的密度，g/cm³；

　　　m——试件的质量，g；

　　　a——试件的长度，mm；

　　　b——试件的宽度，mm；

　　　h——试件的厚度，mm。

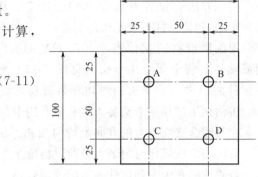

图 7-9　试件厚度测量位置图

一张板的密度是同一张内全部试件密度的算术平均值，精确至 0.01g/cm³。

7.3.3.4　吸水厚度膨胀率测定

（1）仪器　水槽；千分尺，精度 0.01mm；试件尺寸：长 L 为 50mm±1mm，宽 b 为 50mm±1mm。

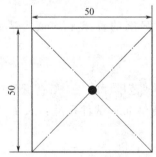

图 7-10　试件厚度测量点

（2）原理　试件吸水后厚度的增加量与吸水前厚度的比。

（3）测定方法　试件在温度（20±2）℃、相对湿度 65%±5% 的条件下放至质量恒重，即前后相隔 24h 两次称量所得的质量差小于试件质量的 0.1%。

测量试件中心点厚度 h_1。测量点在试件对角线交点处，见图 7-10。

将试件浸于 pH 值为 7±1、温度为（20±2）℃的水槽中，试件垂直于水平面并保持水面高于试件上表面，试件下表面与水槽底部要有一定距离，试件之间要有一定间隙，使其能自由膨胀。浸泡时间根据产品标准规定。完成浸泡后，取出试件，擦去表面附水，在原测量点测量其厚度 h_2。测量工作必须在 30min 内完成。

（4）结果计算　试件吸水厚度膨胀率按下式计算，精确至 0.1%。

$$T = \frac{h_2 - h_1}{h_1} \times 100\% \qquad (7\text{-}12)$$

式中　T——吸水厚度膨胀率，%；

　　　h_1——浸水前试件的厚度，mm；

　　　h_2——浸水后试件的厚度，mm；

一张板的吸水厚度膨胀率是同一张板内全部试件吸水厚度膨胀率的算术平均值，精确至 0.1%。

7.3.3.5　表面胶合强度的测定

（1）仪器和材料　木材万能力学试验机；金属专用卡头，见图 7-11；游标卡尺，精度

0.1mm；秒表。

　　试件尺寸：长 $L = 50\text{mm} \pm 1\text{mm}$；宽 $b = 50\text{mm} \pm 1\text{mm}$。

　　(2) 原理　确定基材表层与饰面材料在垂直试件面上的最大拉力与胶合面积之比。

　　(3) 方法　试件在温度（20±2）℃、相对湿度 65％±5％初始条件下放至质量恒定。

　　用细砂纸打磨试件表面，用 HY-914 快速胶黏剂或熟熔胶将金属专用卡头（见图 7-11）底面粘接在试件的中央，沿卡头四周切断装饰层，切割深至基材表面。

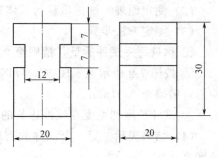

图 7-11　金属专用卡头示意图

　　将粘接了试件的卡头装入试验机专用卡具，然后把卡具连同试件固定在万能力学试验机上，在与胶合表面垂直的方向上均匀加载，从加荷开始在（60±30）s 内使试件破坏，记下试件胶层剥离或破坏时的最大载荷，精确至 10N。

　　若测试时在卡头和试件之间的胶层破坏，则应在原试样上另取试件重测。

　　(4) 结果表示　试件表面胶合强度按下式计算，精确至 0.01MPa。

$$\sigma_{Z\perp} = \frac{P_{max}}{A} \tag{7-13}$$

式中　$\sigma_{Z\perp}$——试件表面胶合强度，MPa；

　　　　P_{max}——试件表面层破坏时的最大载荷，N；

　　　　A——试件与卡头胶合面积，400mm²。

　　一张板的表面胶合强度是同一张板内所有试件表面胶合强度的算术平均值，精确至 0.01MPa。

7.3.3.6　表面耐冷热循环测定

　　(1) 仪器和材料　空气对流干燥箱，恒温灵敏度±1℃，温度范围 40～200℃；低温冰箱，温度可达−25℃；乙醇，95％（体积分数），工业级；脱脂纱布；试件尺寸：长 L 为 100mm±2mm，宽 b 为 100mm±2mm。

　　(2) 原理　确定试件表面装饰层对温度反复变化的抵抗能力。

　　(3) 方法　用脱脂纱布蘸少许乙醇将试件表面擦净，晾干。将试件置于温度（80±2）℃的干燥箱内处理（120±10）min，再在温度为（−20±3）℃的冰箱中处理（120±10）min，此为一个周期。如此循环四个周期后，在室温下放置 1h 以上。在自然光线下，距试件表面约 4cm 处，用肉眼从任意角度观察试件表面情况。

　　(4) 结果表示　试件表面是否有裂纹、鼓泡等情况。

7.3.3.7　表面耐磨性能测定

　　检测方法步骤同实木地板表面耐磨性能测定。

7.3.3.8　抗冲击

　　(1) 仪器和材料　耐冲击试验机，见图 7-12；抛光的钢球，直径为 42.8mm±0.2mm；框式试件夹具，见图 7-13；试件质量为 324g±5.0g，表面无损坏；中密度纤维板，厚（16～18）mm±0.3mm，密度 650～700kg/m³，含水率 9％±2％；约含 15％填料的脲醛胶黏剂，或具有相同性能的其他胶黏剂，如 PVAC；游标卡尺，精度 0.1mm；试件尺寸：长 L 为 230mm±5mm，宽 b 为 230mm±5mm。

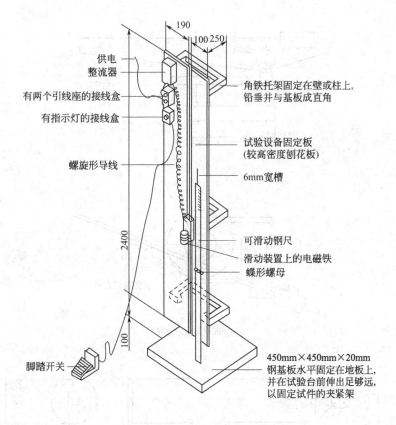

供电整流器

有两个引线座的接线盒

有指示灯的接线盒

螺旋形导线

角铁托架固定在壁或柱上，铅垂并与基板成直角

试验设备固定板（较高密度刨花板）

6mm宽槽

可滑动钢尺

滑动装置上的电磁铁

蝶形螺母

脚踏开关

450mm×450mm×20mm钢基板水平固定在地板上，并在试验台前伸出足够远，以固定试件的夹紧架

图 7-12　耐冲击试验机

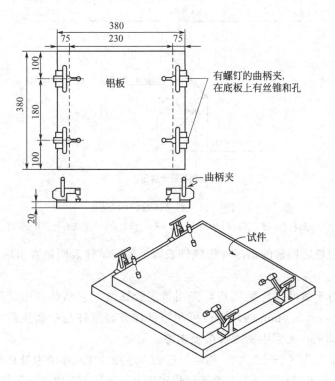

铝板

有螺钉的曲柄夹，在底板上有丝锥和孔

曲柄夹

试件

图 7-13　框式夹具

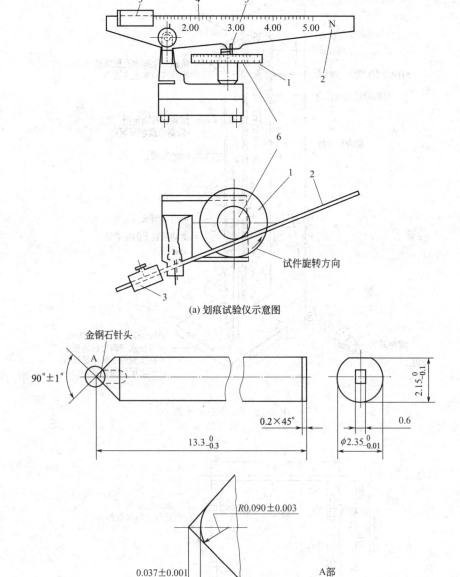

图 7-14　划痕试验仪示意图

1—载物台；2—横梁；3—磁码；4—刻度标尺；5—金刚石针；6—试件

（2）原理　用规定质量的钢球冲击试件表面，确定试件表面是否出现裂纹和大于规定直径的压痕。

（3）方法　对于薄型高压装饰板，先用指定胶黏剂把它粘贴在中密度纤维板上做成试件；厚度 $2.0\text{mm} \leqslant h < 5.0\text{mm}$ 的装饰板可利用试件夹将试件与中密度纤维板夹紧即可；厚度 $h \geqslant 5.0\text{mm}$ 装饰板，无需中密度纤维板支撑。

把试件放在温度为（23 ± 2）℃、相对湿度为 $50\%\pm5\%$ 的环境中处理 7d。

试件表面向上夹在试件夹上，并置于试机底座上。试件表面覆盖一张复写纸，与试件表面紧密接触。在距试件表面高度为 1m 处，使钢球自由垂直落于试件表面。当球第一次弹起时，就抓住它，防止连续冲击。共冲击五次，各落点距离应大于 50mm，并应在试件中心 130mm×130mm 范围内。做仲裁试验时，每一试件只冲击一次。测量压痕直径，精确至 0.1mm。

（4）结果表示　记录落球高度、压痕直径及板面情况。

7.3.3.9　表面耐划痕测定

（1）仪器和材料　划痕试验仪，见图 7-14；试件尺寸：长 L 为 100mm±2mm；宽 b 为 100mm±2mm。

（2）原理　确定试件表面装饰层抵抗一定作用下的金刚石针刻划的能力。

（3）方法　擦净试件表面，将被测面向上固定在划痕试验仪载物台上。调节横梁高度，使金刚石针尖部接触到试件表面时，横梁上边缘处于水平位置。

将砝码移到 1.5N 的位置上，启动载物台旋转，便金刚石针在试件表面刻划一周。取下试件，在自然光下，距试件表面约 40cm 处，用肉眼从任意角度观察试件表面被刻划部位的情况。

（4）结果表示　试件表面是否有整圈连续划痕。

7.4　人造板材质量检测

7.4.1　概述

人造板材：木质纤维原料经机械加工分离成各种形状的单元材料，再经组合压制而成的各种板材。

饰面人造板：以人造板材为基础料材，经涂饰或以各种装饰材料作饰面的板材。

常用的人造板材主要包括胶合板、刨花板和纤维板。

人造板材及饰面人造板的理化性能检验按国家标准 GB/T 17657—1999。

7.4.2　技术要求及检测标准

人造板材之一刨花板在出厂时的共同质量评价指标见表 7-5。

表 7-5　刨花板在出厂时的共同质量评价指标

序号	项　　目		指　标
1	公称尺寸偏差/mm	板内和板间厚度（砂光板）	±0.3
		板内和板间厚度（未砂光板）	−0.1,+0.9
		长度和宽度	0~5
2	板边缘不直度偏差/(mm/m)		1.0
3	翘曲度/%		≤1.0
4	含水率/%		4~13
5	密度/(g/cm³)		0.4~0.9
6	板内平均密度偏差/%		±8.0
7	甲醛释放量/(mg/100g)	E_1	≤9.0
		E_2	>9.0~30

胶合板质量评价指标见表 7-6。

表 7-6　胶合板（装饰单板贴面人造板）质量评价指标

序号	项　目		指　标
1	浸渍剥离		每一边的任一胶层开胶的累计长度不超过该胶层长度的 1/3（3mm 以下不计）
2	含水率/%		6～14
3	表面胶合强度/MPa		≥50
4	甲醛释放量/(mg/L)	E₁	≤1.5
		E₂	≤5.0

7.4.3　测定项目主要仪器、方法步骤及结果计算

7.4.3.1　含水率的测定

检测方法步骤同实木地板含水率的测定。

7.4.3.2　密度的测定

检测方法步骤同强化地板密度的测定。

7.4.3.3　甲醛释放量的测定

检测方法步骤同实木复合地板甲醛释放量穿孔法测定。

7.4.3.4　浸渍剥离的测定

检测方法步骤同实木复合地板浸渍剥离性能测定。

7.4.3.5　表面胶合强度的测定

检测方法步骤同强化地板表面胶合强度的测定。

7.5　其他木质装饰材料质量检测

7.5.1　概述

其他木质装饰材料包括：竹地板、软木地板、木装饰线条、木塑装饰材料，其中比较重要的装饰材料是竹地板。

7.5.2　技术要求及检测标准

竹地板的主要理化性能质量评价指标见表 7-7。

表 7-7　竹地板的主要理化性能质量评价指标

项　目		指　标　值
含水率/%		6～14
静曲强度/MPa	厚度≤15mm	≥98.0
	厚度>15mm	≥90.0
浸渍剥离实验/mm		任一胶层的累计剥离长度≤25
硬度/MPa		≥55.0
表面漆膜耐磨性	磨耗转数/r	磨 100r 后表面留有漆膜
	磨耗值/(g/100r)	≤0.08
表面漆膜耐污染性		无污染痕迹
表面漆膜附着力		割痕及割痕交叉处允许有少量断续剥落
表面漆膜光泽度/%		≥85(有光)
甲醛释放量/(mg/100g)		A 类<9；B 类 9～40
表面抗冲击(落球高度≥1000mm)/mm		压痕直径≤10,无裂纹

7.5.3　测定项目主要仪器、方法步骤及结果计算

7.5.3.1　含水率的测定

检测方法步骤同实木地板含水率的测定。

7.5.3.2　静曲强度的测定

检测方法步骤同实木复合地板静曲强度的测定。

7.5.3.3　浸渍剥离的测定

检测方法步骤同实木复合地板浸渍剥离性能测定。

7.5.3.4　甲醛释放量的测定

检测方法步骤同实木复合地板甲醛释放量穿孔法测定。

7.5.3.5　表面抗冲击

检测方法步骤同强化地板抗冲击测定。

【思考题】

1. 哪几种类型的木质装饰材料必须检测甲醛释放量？各类材料对甲醛的限量标准？
2. 简述检测甲醛释放量的测定步骤、方法、标准溶液的配制及检测结果的计算。
3. 什么是木质装饰材料的静曲强度、弹性模量？试述检测方法及结果表示。
4. 浸渍剥离是哪种木质装饰材料主要的检测项目之一？为什么？
5. 表面胶合强度是人造板材中密度板的检测项目吗？

8 塑料装饰材料

【本章要点】 随着塑料生产的日益发展，应用范围不断扩大。从事和关注塑料研究、生产与应用的人也日益增多。随着新技术、新材料和新工艺的不断出现，塑料材料的测试也日益受到人们的重视。本章以建筑上常用的塑料为主，从介绍塑料基本性能入手，着重介绍了PVC塑料门窗型材检测和门窗检测；同时对建筑上常用塑料板材和塑料管材的检测指标也进行了简单介绍。

8.1 塑料装饰材料质量检测概述

塑料是一种高分子材料，是当代文明的支柱之一，同时也是一切技术发展的物质基础。他是继钢材、木材、水泥之后的重要建筑材料。而本书中所要讲到的塑料建材是化学建材的主要组成部分，主要包括塑料装饰装修材料（如塑料门窗、塑料管、塑料板材、卷材）、塑料包装材料（如塑料食品包装材料及医用塑料等）及工程塑料等。

8.1.1 塑料的定义和分类

定义：一种比较公认的说法是以合成的或天然的高分子化合物为基本成分，加以填料、增塑剂、稳定剂及其他添加剂等配合料，在制造或加工过程中的某一阶段能流动成型或借原地聚合固化而定形，其成品状态为柔韧性或刚性固体，称之为塑料。

分类：塑料的品种很多，分类方法也不尽相同。

8.1.1.1 根据各种塑料不同的理化特性划分

可以把塑料分为热固性塑料和热塑性塑料两种类型。这种分类方法反映了高聚物的结构特点、物理特性、化学性能和成型特性。

（1）热塑性塑料 在一定的温度范围内加热时软化并熔融，成为可流动的黏稠液体，可成型为一定形状的制品，冷却后变硬，保持已成型的形状，并且该过程可以反复进行。这类塑料在成型过程中只有物理变化而无化学变化，其树脂分子链都是线形或带支链的结构，分子链之间无化学键产生。常见的热塑性塑料有聚乙烯、聚丙烯、聚苯乙烯、聚氯乙烯、聚甲基丙烯酸甲酯（有机玻璃）、丙烯腈-丁二烯-苯乙烯（ABS）、聚酰胺（尼龙）、聚甲醛、聚碳酸酯、聚苯醚、聚砜和聚四氟乙烯等。

（2）热固性塑料 第一次加热时可以软化流动，加热到一定温度，产生化学反应，交联固化而变硬，此时树脂变得不可熔而硬化，塑件形状被固定不再发生变化。正是借助这种特性进行成型加工，利用第一次加热时的塑化流动，在压力下充满形腔，进而固化成为确定形状和尺寸的制品。热固性塑料的树脂固化前是线形或带支链的，固化后分子链之间形成化学键，成为三维体型的网状结构，不仅不能再熔融，在溶剂中也不能溶解，即固化。上述过程既有物理变化又有化学变化，与热塑性塑料不同的是，该类制品一旦损坏则不能再回收。酚醛塑料、氨基塑料、环氧塑料、有机硅塑料、不饱和聚酯塑料等是常用的热固性塑料。

8.1.1.2 根据塑料不同用途划分

根据塑料的不同用途可分为通用塑料和工程塑料

通用塑料是指产量大、价格低、应用范围广的塑料，主要包括聚烯烃、聚氯乙烯、聚苯乙烯、酚醛塑料和氨基塑料五大品种。人们日常生活中使用的许多制品如包装塑料等都是由这些通用塑料制成的。

工程塑料是可作为工程结构材料和代替金属制造机器零部件等的塑料。例如聚酰胺、聚碳酸酯、聚甲醛、ABS树脂、聚四氟乙烯、聚酯、聚砜、聚酰亚胺等。工程塑料具有密度小，化学稳定性高，机械性能良好，电绝缘性优越，加工成型容易等特点，广泛应用于汽车、电器、化工、机械、仪器、仪表等工业，也应用于宇宙航行、火箭、导弹等方面。

8.1.1.3 按塑料成型方法划分

有模压塑料，层压塑料，注塑、挤塑和吹塑塑料，浇铸塑料，反应注射模塑料等。塑料装饰材料是指以各种塑料为主要材料铺设或涂装在建筑物表面，包括内、外表面兼起使用和装饰效果的材料。塑料装饰材料是集材料、工艺、造型设计、色彩、美学于一身的材料。

8.1.2 塑料的特点

(1) 比强度高　一般塑料的密度在 $0.83 \sim 2.2 \text{g/cm}^3$ 之间，只有钢铁的八分之一至四分之一，铝的二分之一左右。所以，如果按单位质量来衡量（即材料的比强度），则有些塑料（例如层压塑料）是比强度最高的材料。例如，用玻璃纤维增强的塑料，它的单位质量的拉伸强度可高达 $170 \sim 400 \text{MPa}$，这是一般钢材都达不到的。表 8-1 中列出了几种材料的比强度值。

表 8-1　不同材料的比强度值

材料名称	比强度	材料名称	比强度
玻璃纤维增强环氧树脂	467	聚苯乙烯	40
增强尼龙	130	低密度聚乙烯	15
尼龙 66	64	高级合金钢	200
有机玻璃(PMMA)	42	铝	23
铸铁	13		

(2) 优异的电绝缘性能　几乎所有的塑料都有优异的电绝缘性、极小的介质损耗以及优良的耐电弧特性。多少年来用于电器行业的陶瓷材料，其性能也仅此而已。

(3) 化学稳定性好　一般塑料对酸、碱等化学药品均有良好的抗腐蚀能力，特别值得一提的是聚四氟乙烯耐化学性能比黄金还要好。

(4) 优良的减摩、耐磨性能　许多塑料的摩擦系数很小，且极耐磨，可以作为减摩材料。而且塑料还有良好的对异物埋没性。这对于在有磨粒或杂质存在的恶劣条件下工作的摩擦零件尤其适宜。因为这样可以避免对金属的刮伤现象。这些性能是许多金属材料所不能比拟的。

(5) 方便、灵活的可加工性　塑料材料具有方便、灵活的加工特性。可以根据不同材料、不同场合和加工条件来选择合适的加工和成型办法。它可以像金属材料一样进行切削、车、刨等；也可以在合适的条件下用注塑、模压的办法直接制造零件；还可以挤出板材、管材，吹塑成薄膜；其他如拉成丝、发泡成泡沫塑料等。

由于塑料具有这些突出的优点，所以尽管塑料材料的发展的历史不长，但其产量的迅猛增加、品种的飞速发展、使用场合的日趋广泛，都是任何一种传统材料所不能比拟的。

当然，塑料材料也有一些严重的缺点。例如，它的耐热性能远不如金属，一般的塑料仅能在 100℃ 以下工作；它的热膨胀系数要比金属大 3～10 倍，容易因温度变化而影响尺寸的稳定；在受力状态下工作，蠕变现象严重，以及在日光、气雾、长期应力作用下会发生老化现象，使其性能变坏等。塑料材料的这些缺点或多或少影响与限制了它的应用，同时也促使无数材料科学家从研究塑料材料的结构和性能的关系入手，去改变某些结构，设计出满足特定要求的新型材料。

8.1.3　装饰塑料材料质量检测

塑料生产中，从原料到塑料，又从塑料到塑料制品的生产过程中塑料的检测应该包括塑料生产过程中原材料的检测及塑料制品的性能测试等。

进行检测首先要了解一下塑料的性能。塑料的性能包含使用性能和工艺性能，使用性能体现了塑料的使用价值，工艺性能体现了塑料的成型特性。

塑料的使用性能包括物理性能、化学性能、力学性能、热学性能、电性能等。这些性能都可以用一定的指标进行衡量并可以用一定的方法加以测定。

8.1.3.1　塑料的物理性能

塑料的物理性能有密度、相对密度、表观密度、透气性、透湿性、吸水性、透明性等。

密度指单位体积中塑料的质量。测量方法较多，有浸渍法、比重瓶法、浮沉法、密度梯度法等。而表观密度是指单位体积的试验材料的质量。测量是将大约 120mL 的试样放在规定尺寸和固定在定高度的漏斗中，让试样自由落在 100mL 的量筒中，称量盛有试样的量筒的质量与空量筒的质量，便可以计算出表观密度。

透气性测试，也称作气体阻隔性测试或是气体透过性测试，透气性是高聚物重要的物理性能之一。特别是考察薄膜、薄片对常见无机气体的阻隔性能，是塑料材料主要的阻隔性能指标之一。

气体透过量是在一个大气压差下，每平方米面积上 24h 透过的气体量。

透气性测试方法可分为压差法与等压法。广泛使用的是压差法，可分为真空压差法和正压差法（体积法）。

随着微量探测技术的发展，微量传感器逐步应用在材料的透气性测试领域中，即透气性测试中的传感器法，利用不同的气体传感器可以检测不同气体对材料的渗透性能，目前对氧气和二氧化碳的传感器法检测工艺已经成熟。另外还可以利用气相色谱法检测材料的透气性。传感器法和气相色谱法都可以归为透气性测试的等压法。

透湿性是塑料透过水蒸气的性质。它可以用透湿系数表示。

透湿系数是在一定温度和相对湿度下，试样两侧在单位压力（kPa）差情况下，单位时间内（1s）在单位面积（1m³）上通过的蒸汽量与试样厚度的乘积。

吸水性指塑料浸泡在水中，对水的吸收程度。规定尺寸的试样（与材料种类、厚度有关），在经过规定温度（50℃）干燥后，在规定的水温条件下（23℃）浸泡规定的时间（24h）后，根据质量变化计算吸水性。

透明性是指塑料透过可见光的性质，它可以用透光率来表示。透光率指透过塑料的光通量与入射光通量的百分比。

8.1.3.2 塑料的化学性能

塑料的化学性能包括耐化学性、耐候性、耐老化性、光稳定性、抗霉性等。

耐化学性是指塑料耐酸、碱、盐、溶剂和其他化学物质的能力。耐候性是指塑料暴露在日光、冷热、风雨等条件下，保持其性能的性质。耐老化性是指塑料暴露在自然环境或人工条件下，随着时间的推移而不产生化学结构的变化，从而保持其性能的能力。光稳定性是指塑料在日光或紫外线的照射下，抵抗褪色、变黑或降解等的能力。抗霉性是指塑料对霉菌的抵抗能力。如塑料的老化表现出变色、失光、龟裂甚至粉化，物理化学性能（如力学性能变化、电学性能）改变等。这几种变化表现形式并不是单一的，而常常是综合作用的效果。

塑料老化的研究可以评定材料的稳定性、耐候性，确定其使用价值和存储期。另一方面可以进行耐老化性能的研究来提高材料稳定性等。塑料的老化性能测试大致可分为两类：一类是人工老化试验，另一类是自然老化试验。

8.1.3.3 塑料的力学性能

主要有硬度、强度、摩擦与磨耗、蠕变性能及动态力学性能等。

硬度有许多种，如布氏硬度、洛氏硬度、邵氏硬度、巴柯尔硬度、肖氏硬度等。

强度有抗拉强度、抗压强度、抗弯强度、断裂伸长率、冲击韧性、抗疲劳强度和剪切强度等。不同的塑料种类和不同的力学性能指标对应着不同的检测标准和方法。

塑料的硬度测定方法和原理见表 8-2。

表 8-2 塑料的硬度测定方法和原理

项目	测定原理（方法）	计算公式	适用范围
布氏硬度 (HB)	用一定大小的载荷 P 把直径为 D 的钢球压入被测物的表面，保持一定时间(10～60s)卸除载荷，根据压痕深度或压痕直径来计算得到的硬度	$$HB=\frac{P}{\pi Dh}$$ （P 为主试验力）$$HB=\frac{2P}{\pi D(D-\sqrt{D^2-d^2})}$$	较硬材料
洛氏硬度 (HR)	用规定的压头，先施加初试验力，再施加主试验力，然后返回到初试验力，前后两次试验力作用下的压头压入的深度差即为洛氏硬度	$$HR=130-\frac{e}{C}$$ e 为两次初试验力作用下的压痕深度差，mm；C 为常数，其值规定为 0.002mm	都可
邵氏硬度	施加一定的载荷，加载 30s 后直接由表盘读出硬度值		较软材料

除了以上硬度测定之外，对于塑料板材、型材等，因为巴柯尔硬度计小巧玲珑可对现场进行测试，便于随时控制产品质量，在塑料行业中，玻璃钢板材及其制品采用巴柯尔硬度作为产品的质量控制指标。

由于塑料较金属材料软，测试时采用较小的负荷、较大的压痕器和大量程的硬度计。适用于塑料的洛氏硬度标尺有 M、R、L 三种标尺。同时温度在（23±2）℃范围内。

采用金刚石圆锥或钢球作为压头，分两次对试样进行加荷，首先施加初试验力，压头压入深度为 h_1；接着再施加主试验力，压头在总试验力作用下压入深度为 h_2；然后压头在总试验力作用下保持一定时间后卸除主试验力，只保留初试验力，压痕因试样的弹性回复而最终形成压痕深度为 h_3；最后用 $e=h_3-h_1$ 表示前后两次试验力作用下的压痕深度差；结果按式(8-1) 计算。

$$HR = 130 - \frac{e}{C} \tag{8-1}$$

式中　e——两次初试验力作用下的压痕深度差，mm；

　　　C——为规定值，0.002mm；

　　试验前要根据试样的软硬选择合适的标尺，以便使测量值在50～115之间，少数材料如不能处于此范围内，也不得超过125。如果同一种材料可以选择不同标尺，且所测值均处于规定范围内，应选用较小试验力的标尺。同一材料必须用同一标尺进行测定。

　　试验前要对机器用已知硬度的标准块用 E 标尺进行校准，大批量试验前还应用 M、R、L 标尺的标准块进行校准。

　　试样应平稳放在工作台上，试验过程中不得有位移；试样厚度应均匀，厚度应不小于10mm，试样大小应能保证在同一表面可进行5个点的测试，每个测点的中心距离以及距试样边缘的距离均不得小于10mm。试样若为非平面的其他形状，其尺寸可由有关的产品标准规定。采用叠层试样时，层数不得多于三层。同时必须保证施加试验力与试样表面垂直。

　　测量结果以5个点的平均值为结果，并取三位有效数字。试验过程中如发现试样的正反两面有裂痕，该数据无效。

　　试验的影响因素：试验仪器的影响、测试温度的影响、试样厚度的影响、主试验力保持时间的影响、读数时间的影响及标尺的选择对硬度的影响。

　　塑料的拉伸性能是塑料力学性能中最重要、最基本的性能之一。几乎所有的塑料都要考核拉伸性能的各项指标，这些指标的高低很大程度决定了该种塑料的使用场合。

　　拉伸性能的好坏，可以通过拉伸试验进行检验。如拉伸强度、拉伸断裂应力、拉伸屈服应力、偏置屈服应力、拉伸弹性模量、断裂伸长率等。从这些测试值的高低，可对塑料的拉伸性能作出评价。

　　拉伸试验测出的应力、应变对应值，可绘制应力-应变曲线。从曲线上可得到材料的各项拉伸性能指标。曲线下方所包括的面积代表材料的拉伸破坏能。拉伸试验可为质量控制、按技术要求验收或拒收产品、研究、开发与工程设计及其他目的提供数据。

　　拉伸试验的试样要求：拉伸试验共有四种类型的试样：Ⅰ型试样（双铲形）；Ⅱ型试样（哑铃形）；Ⅲ型试样（8字形）；Ⅳ型试样（长条形）。这四种类型试样尺寸参数见表8-3～表8-6。不同塑料对试样类型及相关条件的选择见表8-7、表8-8。

表 8-3　Ⅰ型试样尺寸及公差

符号	名称	尺寸/mm	公差/mm
L	总长(最小)	150	
H	夹具间距离	115	±5.0
C	中间平行部分长度	60	±0.5
G_0	标距(或有效部分)	50	±0.5
W	端部宽度	20	±0.2
d	厚度	4	
b	中间平行部分宽度	10	±0.2
R	半径(最小)	60	

表 8-4　Ⅱ型试样尺寸及公差

符号	名称	尺寸/mm	公差/mm
L	总长(最小)	115	
H	夹具间距离	80	±5
C	中间平行部分长度	33	±2
G_0	标距(或有效部分)	25	±1
W	端部宽度	25	±1
d	厚度	2	
b	中间平行部分宽度	6	±0.4
R_0	小半径	14	±1
R_1	大半径	25	±2

表 8-5　Ⅲ型试样尺寸及公差

符号	名称	尺寸/mm
L	总长（最小）	110
C	中间平行部分长度	9.5
d_0	中间平行部分厚度	3.2
W	端部宽度	45
d_1	端部厚度	6.5
b	中间平行部分宽度	25
R_0	端部半径	6.5
R_1	表面半径	75
R_2	侧面半径	75

表 8-6　Ⅳ型试样尺寸及公差

符号	名称	尺寸/mm	公差/mm
L	总长（最小）	250	
H	夹具间距离	170	±5
L_2	加强片最小长度	50	
G_0	标距（或有效部分）	100	±0.5
W	宽度	25 或 50	±0.5
L_1	加强片间长度	150	±5
d_0	厚度	2～10	
θ	加强片角度	5°～30°	
d_1	加强片厚度	3～10	

表 8-7　不同塑料对试样类型及相关条件的选择（1）

试样材料	试样类型	试样制备方法	试样最佳厚度/mm	试验速度
硬质热塑料性塑料、热塑性增强塑料	Ⅰ型	注塑、模压	4	B、C、D、E
硬质热塑性塑料板、热固性塑料板（包括层压板）		机械加工	2	A、B、C、D、E、F、G
软质热塑性塑料、软质热塑性塑料板	Ⅱ型	注塑、模压、板材机械加工、板材冲压加工	2	F、G、H、I
热固性塑料（包括填充、增强塑料）	Ⅲ型①	注塑、模压		C
热固性增强塑料板	Ⅳ型	机械加工		B、C、D

① Ⅲ型试样仅用于测定拉伸强度。

表 8-8　不同塑料对试样类型及相关条件的选择（2）

速度类型	速度值/(mm/min)	范围	速度类型	速度值/(mm/min)	范围
A	1	±50%	F	50	±10%
B	2	±20%	G	100	±10%
C	5	±20%	H	200	±10%
D	10	±20%	I	500	±10%
E	20	±10%			

拉伸试验步骤要点如下。

① 检查设备，并按要求制样，然后将试样陈化。

② 在试样中间平行部分做标线，示明标距。此标线应对测试结果无影响。

③ 测量试样中间平行部分的宽带与厚度，每个试样测 3 点，取算术平均值。

④ 选择合适的试验速度（根据材料和试样类型选择，也可按被测材料的产品标准或双方协商决定）。

⑤ 固定试样在试验机上，注意夹持时试样纵轴与夹具上下中心重合，且松紧适度。

⑥ 选择试验机量程，进行拉伸。试样断裂应在中间平行部分，否则此试验作废，重新选择试样补做。

结果表示如下。

$$\delta_t = \frac{P}{bd} \qquad (8\text{-}2)$$

式中　δ_t——拉伸强度或拉伸断裂应力、拉伸屈服应力、偏置屈服应力，MPa；

　　　P——最大负荷或断裂负荷、屈服负荷、偏置负荷，N；

　　　b——试样的宽度，mm；

　　　d——试样厚度，mm；

断裂伸长率按式(8-3)。

$$\varepsilon_t = \frac{G - G_0}{G_0} \times 100\% \qquad (8\text{-}3)$$

式中　ε_t——断裂伸长率，%；

　　　G_0——试样原始标距，mm；

　　　G——试样断裂时标线距离，mm。

计算结果以算术平均值表示，δ_t 取三位有效数字；ε_t 取两位有效数字。

8.1.3.4　塑料的热性能

主要有线性膨胀系数、导热系数、玻璃化温度、耐热性、热变形、熔体指数、热稳定性、热分解温度、耐燃性等。

耐热性是指塑料在外力作用下，受热而不变形的性质，它可用热变形温度或马丁耐热度来衡量。这两种测试方法的基本原理都是一样的，都是将试样置于等速升温的环境中，并在一定的弯矩作用下，测定其达到一定弯曲变形量时的温度。前者适用于量度在常温下是硬质的模塑材料和板料的耐热性；后者适用于量度耐热性小于 60℃ 的塑料耐热性。

熔体指数是指热塑性树脂在一定温度和负荷下，其熔体在 10min 内通过标准毛细管的质量，以 g/min 表示。

热稳定性是指高分子化合物在加工或使用过程中受热而不分解变质的性质。它可以用一定量的高聚物以一定的压力压成一定尺寸的试片，然后将其置于专用的试验装置中，在一定的温度下恒温加热一定时间，测其质量损失。以质量损失百分率表示热稳定性大小。

耐燃性是指塑料接触火焰时抵制燃烧或离开火焰时阻碍继续燃烧的能力。

8.1.3.5　塑料的电性能

主要有表面电阻率、体积电阻率、介电常数、介电强度、介电损耗及耐电弧性等。表面电阻率是平行于通过材料表面上的电流方向的电位梯度与表面单位宽度上的电流之比；体积电阻率是平行于通过材料电流方向上的电位梯度与电流密度之比。

8.1.3.6　塑料的光学性能

主要有透光率和雾度、折光率测定、黄色指数测定、白度和色泽测定等。

8.1.3.7　塑料的工艺性能

不同的塑料工艺性能不同，故塑料的工艺性能可分为热塑性塑料工艺性能和热固性塑料工艺性能。

热塑性塑料的工艺性能包括收缩性、塑料状态与加工性、黏度与流动性、吸水性、结晶性、热敏性、应力开裂和熔体破裂等。

热固性塑料的工艺性能包括收缩性、流动性、比容与压缩率、水分与挥发物的含量及固化特性等。

8.2　塑料门窗质量检测

8.2.1　塑料门窗的定义

塑料门窗是以聚氯乙烯（PVC）树脂为主要原料，加上一定比例的稳定剂、着色剂、填充剂、紫外线吸收剂等，经挤出成型，然后通过切割、焊接或螺接的方式制成门窗框扇，配装上密封条、毛条、五金件等，同时为增强型材的刚性，超过一定长度的型材空腔内需要填加钢衬（加强筋），这样制成的门窗，称之为塑料门窗。塑料门窗根据使用材料不同分为一代产品（钙塑门窗）和二代产品（塑钢门窗）。

塑钢门窗是继传统木材、钢材、铝材门窗后发展起来的第四代新型门窗，具有许多传统门窗所无法比拟的性能和优点。它既克服了传统木门窗耐腐蚀性、耐火性差的缺点；又克服了普通钢门窗和铝合金门窗的隔热保温性、耐腐蚀性、隔声性差等方面的缺点，是一种兼收并蓄的复合新型材料产品。

8.2.2　塑料门窗的分类

目前塑料门窗的种类很多，按开启方式分类：平开窗、平开门、推拉窗、推拉门、固定窗、旋窗等。

按构造分类：单玻、双玻、三玻门窗。

按颜色分类：单色（白色或彩色）、双色（共挤、覆膜或喷涂）。

8.2.3　塑料门窗的生产工艺

塑料门窗的生产工艺主要是塑料型材的生产工艺和型材装配门窗工艺。塑料型材生产工艺有单螺杆挤出成型和双螺杆挤出成型工艺。门窗装配工艺流程如下。

异型材截取——铣、钻铰链执手孔、气水孔——穿入橡胶密封条——截取钢质内衬筋穿入异型材——焊接成框——焊接缝——安玻璃——五金件总装——检验包装出厂

8.2.4　塑料门窗的性能、特点

8.2.4.1　保温节能性

塑料型材的多腔式结构，具有良好的隔热性能，传热系数甚小，仅为钢材的1/357、铝材的1/1250。有关部门调查显示：使用塑料门窗比使用木窗的房间，冬季室内温度提高4～5℃；另外，塑料门窗的广泛使用也给国家节省了大量的木、铝、钢材料；同时生产同样重量的PVC型材的能耗是钢材的1/45，铝材的1/8。

8.2.4.2　气密性

塑料门窗在安装时所有缝隙处均装有橡塑密封条和毛条，所以其气密性远远高于铝合金门窗。而塑料平开窗的气密性又高于推拉窗的气密性，一般情况下，平开窗的气密性可达一级，推拉窗可达二级至三级。

8.2.4.3　水密性

塑料型材具有独特的多腔式结构，均有独立的排水腔，无论是框还是扇的积水都能有效排出。塑料平开窗的水密性又远高于推拉窗，一般情况下，平开窗的水密性可达到二级，推拉窗可达到三级。

8.2.4.4　抗风压性

在独立的塑料型腔内，可填加2～3mm厚的钢材，可根据当地的风压值、建筑物的高度、洞口大小、窗型设计来选择加强筋的厚度及型材系列，以保证建筑对门窗的要求。

8.2.4.5 隔声性

塑料型材本身具有良好的隔声效果，如采用双玻结构其隔声效果更理想，特别适用于闹市区噪声干扰严重、需要安静的场所，如医院、学校、宾馆、写字楼等。

8.2.4.6 耐腐蚀性

塑料异型材具有独特的配方；具有良好的耐腐蚀性，因此塑料门窗的耐腐蚀性能主要取决于五金件的选择，如选防腐五金件、不锈钢材料，其使用寿命是钢窗的 10 倍左右。

8.2.4.7 耐候性

塑料异型材采用独特的配方，提高了其耐寒性。塑料门窗可长期使用于温差较大的环境中（−50～70℃），烈日暴晒、潮湿都不会使其出现变质、老化、脆化等现象，正常环境条件下塑料门窗使用寿命可达 50 年以上。

8.2.4.8 防火性

塑料门窗不易燃、不助燃、能自熄，安全可靠，符合《门窗框用硬聚氯乙烯（PVC-U）型材》（GB/T 8814—2004）中规定的氧指数的要求。

8.2.4.9 绝缘性

塑料门窗使用的塑料型材为优良的电绝缘材料，不导电，安全系数高。

8.2.4.10 成品尺寸精度高

不变形塑料型材材质均匀、表面光洁，无需进行表面特殊处理，易加工、易切割，焊接加工后成品长、宽及对角线公差均能控制在 2mm 以内；加工精度高，焊角强度可达 3500N 以上，同时焊接处经清除去焊瘤，型材焊接处表面平整、美观。

8.2.4.11 高性价比

塑料门窗不受侵蚀，又不会变黄褪色，不受灰、水泥及黏合剂影响，几乎不必保养，脏污时，可用任何清洗剂，清洗后洁净如初。与同等性能的木窗、铝窗、钢窗相比，塑料门窗的价格较经济实惠。

塑料门窗具有优良的物理化学性能，可广泛使用于风大、雨水多、高热、高寒及有腐蚀性气体等环境恶劣的场所，是较为理想可靠的建筑门窗。

8.2.5 塑料门窗型材主要质量指标和检测方法

8.2.5.1 分类及产品标记

型材按老化时间、落锤冲击、壁厚分类，见表 8-9～表 8-11。

表 8-9 按老化时间分类表

项目	老化时间分类	M 类	S 类
	老化试验时间/h	4000	6000

表 8-10 主型材落锤冲击分类表

项目	主型材在−10℃时落锤冲击分类	Ⅰ 类	Ⅱ 类
	落锤质量/g	1000	1000
	落锤高度/mm	1000	1500

表 8-11 主型材的壁厚分类表

项目	主型材壁厚	A 类	B 类	C 类
	可视面	≥2.8mm	≥2.5mm	不规定
	非可视面	≥2.5mm	≥2.0mm	不规定

产品标记：老化时间类别-落锤冲击类别-可视面壁厚分类。

示例：老化时间 4000h，落锤高度 1000mm，壁厚 2.5mm，标记为 M-I-B。

8.2.5.2 表面状态

型材可视面的颜色应均匀，表面应光滑、平整，无明显凹凸，无杂质。型材端部应清洁、无毛刺。型材允许有由工艺引起的不明显收缩痕。

8.2.5.3 尺寸偏差

外形尺寸和极限偏差：对于厚度（D）≤80mm 的型材，其极限偏差为±0.3mm，对于 D>80mm 的型材，其极限偏差为±0.5mm；宽度（W）的极限偏差为±0.5mm。

型材的直线偏差：长度为 1m 的主型材直线偏差应≤1mm。长度为 1m 的纱扇直线偏差应≤2mm。

主型材质量：主型材单位长度的质量偏差应小于标称质量的 5%。

8.2.5.4 型材主要物理力学性能

见表 8-12。

表 8-12 主要物理力学性能指标

序号	项　目		指　标
1	硬度（HR）		≥85
2	主型材的可焊接性（焊角平均应力）/MPa		≥35 且最小应力大于 30
3	断裂伸长率/%		≥100
4	弯曲弹性模量/MPa		≥2200
5	低温落锤冲击，破裂个数		≤1
6	维卡软化点（℃）按 GB/T 1633—2000 的规定中 B50 法进行试验。试样承受的静负载 G=50N±1N		（维卡软化温度 VST）≥75℃
7	加热后状态		无气泡、裂痕、麻点。对于共挤型材，共挤层不能出现分离
8	加热后主型材、辅型材尺寸变化率及试样两可视面的加热后尺寸变化率之差/%		±2.0、±3.0 和<0.4
9	氧指数/%		≥38
10	高低温反复尺寸变化率/%		±0.2
11	简支梁冲击	按 ISO 179：2000 进行测试/(KJ/m²)	≥20
12	耐老化	老化后冲击强度保留率/%	≥60
		老化前后试样的颜色变化 ΔE^*、Δb^*	ΔE^*≤5，Δb^*≤3

8.2.5.5 检验和试验方法

检验分出厂检验和型式检验。出厂检验以批量为单位，检验项目为外观、尺寸和偏差、型材的直线偏差、主型材的质量、加热后尺寸变化率、主型材的落锤冲击、150℃加热后状态、主型材的可焊接性及维卡软化温度。

型式检验项目为要求的全部内容。一般情况下每年进行一次检验（老化指标除外），每三年进行一次老化检验。有下列情况之一，应进行型式检验：

① 新产品或老产品转厂生产的试制定型鉴定；

② 正式生产后，如原材料、工艺有较大改变，可能影响产品性能时；

③ 产品长期停产后，恢复生产时；

④ 出厂检验结果与上次型式检验有较大差异时；

⑤ 国家质量监督机构提出进行型式检验的要求时。

8.2.5.6 组批与抽样

组批：以同一原料、工艺、配方、规格为一批，每批数量不超过50t。如产量小不足50t，则以7d的产量为一批。

抽样：外观、尺寸检验按 GB/T 2828.1—2003 的规定，采用正常检查一次抽样方案，取一般检查水平 I，合格质量水平 AQL6.5，抽样方案见表8-13。型材及型材的材料性能的检验，应从外观、尺寸检验合格的样本中随机抽取足够数量的样品。

表 8-13　抽样方案　　　　　　　　单位：块

批量范围 N	样本大小 n	合格判定数 Ac	不合格判定数 Re	批量范围 N	样本大小 n	合格判定数 Ac	不合格判定数 Re
2～15	2	0	1	281～500	20	3	4
16～25	3	0	1	501～1200	32	5	6
26～90	5	1	2	1201～3200	50	7	8
91～150	8	1	2	3201～10000	80	10	11
151～280	13	2	3	10001～35000	125	14	15

8.2.5.7 合格项的判定

（1）外观与尺寸的判定　外观与尺寸检验结果按 8.2.5.3（尺寸偏差）进行判定。

（2）型材及材料性能的判定　型材及材料性能测试结果中，若有不合格项时，对该项目进行复验，复验结果全部合格，则型材及材料性能合格；若复检结果仍有不合格项时，则该型材及材料不合格。

（3）合格批的判定　外观、尺寸、型材及材料性能检验结果全部合格，则判该批合格；若有一项不合格，则判该批不合格。

8.2.5.8 标志

主型材的可视面应贴有保护膜。保护膜上至少有本标准代号、厂名、厂址、电话、商标等。合格型材出厂应具有合格证。合格证上至少应包括每米质量、规格、生产日期。

8.2.5.9 主型材永久性标识

主型材应在非可视面上沿型材长度方向，每间隔一米至少应具有一组永久性标识，应包括老化时间分类、落锤冲击分类、壁厚分类等。

8.2.5.10 包装、运输和储存

外包装型材应捆紧扎牢，用塑料薄膜或其他材料包装。运输时应避免重压，轻装轻卸。储存产品应储存在阴凉、通风的库房内，平整堆放，高度不宜超过 1.5m，避免阳光直射。型材储存期一般不超过两年。

8.2.6 型材各指标检测

8.2.6.1 状态调节和试验环境

在（23±2）℃的环境下进行状态调节，用于检测外观、尺寸的试样，调节时间不少于1h，其他检测项目调节时间不少于24h，并在此条件下进行试验。

8.2.6.2 外观

在自然光或一个等效的人工光源下进行目测，目测距离0.5m。

8.2.6.3 尺寸和偏差

测量外形尺寸和壁厚，用精度至少为 0.05mm 的游标卡尺测量，外形尺寸和壁厚各测量 3 点。壁厚取最小值。测量方法见图 8-1。

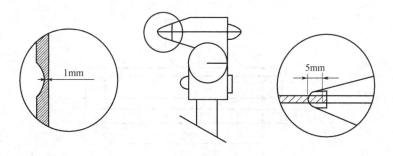

图 8-1 壁厚的测量方法

8.2.6.4 直线偏差

从三根型材上各截取长度为 (1000^{+10}_{0}) mm 的试样一个。把试样的凹面放在三级以上的标准平台上。用精度至少为 0.1mm 的塞尺测量型材和平台之间的最大间隙，然后再测量与第一次测量相垂直的面，取三个试样中的最大值。

8.2.6.5 主型材质量

从三根型材上各截取长度为 200～300mm 的试样一个。型材的质量用精度不低于 1g 的天平称量，型材的长度用精度至少为 0.5mm 的量具测量，取三个试样的平均值。

8.2.6.6 加热后尺寸变化率

用机械加工的方法，从三根型材上各截取长度为 (250 ± 5) mm 的试样一个，在试样规定的可视面上划两条间距为 200mm 的标线，标线应与纵向轴线垂直，每一标线与试样一端的距离约为 25mm，并在标线中部标出与标线垂直并相交的测量线。主型材在两个相对最大可视面各做一对标线，辅型材只在一面做标线。用精度为 0.05mm 的量具测量两交点间的距离 L_0，精确至 0.1mm，将非可视面放于 (100 ± 2)℃ 的电热鼓风箱内撒有滑石粉的玻璃板上，放置 (60^{+3}_{0}) min，连同玻璃板取出，冷却至室温，测量两交点间的距离 L_1，精确至 0.1mm。加热后尺寸变化率按式(8-4) 计算。

$$R=\frac{L_0-L_1}{L_0}\times100\% \qquad (8\text{-}4)$$

式中　R——加热后尺寸变化率，%；

　　L_0——加热前两交点间的距离，mm；

　　L_1——加热后两交点间的距离，mm。

对于主型材，要计算每一可视面的加热后尺寸变化率 R，取三个试样的平均值；并计算每个试样两个相对可视面的加热后尺寸变化率的差值 ΔR，取三个试样中的最大值。

8.2.6.7 主型材的落锤冲击

以规定高度和规定质量的落锤冲击试样，对试验结果的评价采用通过法。用机械加工的方法，从三根型材上共截取长度为 (300 ± 5) mm 的试样 10 个。落锤冲击试验机，落锤质量 (1000 ± 5) g，锤头半径 (25 ± 0.5) mm。试样在 (-10^{+0}_{2})℃ 条件下放置 1h 后，开始测试。在标准环境 (23 ± 2)℃ 下，试验应在 10s 内完成。

试验步骤：将试样的可视面向上放在支撑物上（见图 8-2），使落锤冲击在试样可视面的中心位置上，上下可视面各冲击五次，每个试样冲击一次。落锤高度 Ⅰ 类为（1000^{+10}_{0}）mm，Ⅱ 类为（1500^{+10}_{0} mm）。观察并记录型材可视面破裂、分离的试样个数。

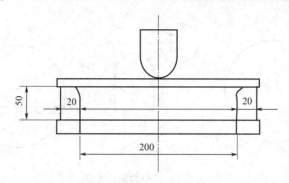

图 8-2　落锤冲击实验试样支撑物及落锤位置

8.2.6.8　150℃加热后状态

试样制备用机械加工的方法，从三根型材上各截取长度为（200±10）mm 的试样一个。试验设备：电热鼓风箱；分度值为 1℃的温度计。将试样水平放于（150±2）℃的电热鼓风箱内撒有滑石粉的玻璃板上，放置（30^{+3}_{0}）min 连同玻璃板取出，冷却至室温。目测观察是否出现气泡、裂纹、麻点或分离。

8.2.6.9　老化试验方法

老化试验按 GB/T 16422.2—1999 中 A 法的规定进行。黑板温度为（65±3）℃，相对温度为 50%±5%。老化面为型材的可视面。M 类老化 4000h，S 类老化 6000h。

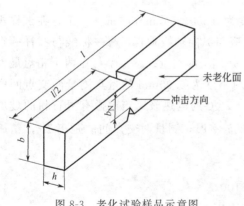

图 8-3　老化试验样品示意图

（1）老化后的冲击强度保留率　试样采用双 V 形缺口，长度 l 为 50mm±1mm，宽度 b 为 6.0mm±0.2mm，厚度取型材的原厚，缺口底部半径 N_r 为 0.25mm±0.05mm，缺口剩余宽度为（3.0±0.1）mm，试样数量至少六个。试验设备冲击试验机应符合 ISO 179：2000 的要求。跨距 $L=40^{+0.5}_{0}$mm，试样的冲击方向见图 8-3。

冲击强度按下式计算。

$$\alpha_{cN} = \frac{E_c}{h \times b_N} \times 10^3 \tag{8-5}$$

式中　α_{cN}——冲击强度，kJ/m²；

　　　E_c——试样断裂时吸收的已校准的能量，J；

　　　h——试样厚度，mm；

　　　b_N——试样缺口底部剩余宽度，mm。

（2）颜色变化　试样的长和宽为 50mm×40mm，数量至少两个。试验设备使用 CIE 标准光源 D65（包括镜子反射率），测定条件 8/d 或 d/8（两者都没有滤光器）的分光光度仪。一个试样作为原始的试样，另外一个试样的可视面进行老化。老化试样取出后应在 24h 内测量，每个试样测量两个点，取平均值，计算出 ΔE^* 和 Δb^*。

8.2.6.10 主型材的可焊接性

试样制备：焊接角试样为五个，不清理焊缝，只清理 90° 角的外缘。试样支撑面的中心长度 a 为（400±2）mm，见图 8-4。

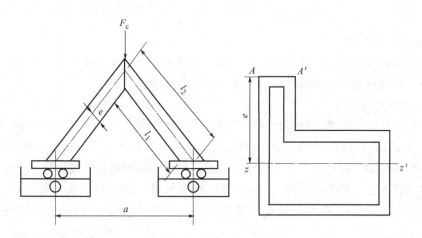

图 8-4 可焊性实验和 e 值示意图

试验设备：用精度为±1%、测量范围为 0～20kN 的试验装置，试验速度（50±5）mm/min。试验步骤按图 8-4 将试样的两端放在活动的支撑座上，对焊接角或 T 形接头施加压力，直到断裂为止，记录最大力值 F_c。

按式（8-6）计算受压弯曲应力 σ_c

$$\sigma_c = F_c \times \frac{\left(\dfrac{a}{2} - \dfrac{e}{2^{\frac{1}{2}}}\right)}{2W} \tag{8-6}$$

式中　σ_c——受压弯曲应力，MPa；

　　F_c——受压弯曲的最大力值，N；

　　a——试样支撑面的中心长度，mm；

　　e——临界线 AA' 与中性轴 zz' 的距离（见图 8-4）；

　　W——应力方向的倾倒矩 I/e，mm³；

　　I——型材横断面 zz' 轴的惯性矩，T 形焊接的试样应使用两面中惯性矩的较小值，mm⁴。

8.2.7 塑料门窗产品主要质量指标和检测方法

现在，随着建筑的发展，对建筑物的结构提出更高的要求，建筑向着节能、智能和舒适化发展，对建筑物的采光、隔声和保温也提出更高的要求。作为建筑物结构的门窗，其一系列的性能，如保温性能、气密性及水密性、抗风压性等也逐渐被人们所重视。

塑料门窗的主要质量指标包括型材的主要质量指标和产品的主要质量指标。

8.2.7.1 塑料门窗的主要标准

JG/T 140—2005、GB 8484—2008、GB7106—2008 和 JG/T 180—2005。

8.2.7.2 塑料窗分类

开启形式与代号按表 8-14 的规定。

表 8-14　开启形式与代号

开启形式	平开	推拉	上下推拉	平开下悬	上悬	中悬	下悬	固定
代号	P	T	ST	PX	S	C	X	G

注：1. 固定窗与上述各类窗组合时，均归入该类窗。

2. 纱扇窗代号为 A。

8.2.7.3　窗的外观质量

窗构件可视面应平滑，颜色基本均匀一致，无裂纹、气泡，不得有严重影响外观的擦、划伤等缺陷。焊缝清理后，刀痕应均匀、光滑、平整。

8.2.7.4　窗的装配

应根据窗的抗风压强度、挠度计算结果确定增强型钢的规格。当窗主型材构件长度大于 450mm 时，其内腔应加增强型钢。增强型钢的最小壁厚不应小于 1.5mm，应采用镀锌防腐处理，端头距型材端头内角距离不宜大于 15mm，且以不影响端头焊接为宜。增强型钢与型材承载方向内腔配合间隙不应大于 1mm，用于固定每根增强型钢的紧固件不得少于三个，其间距不应大于 300mm，距型材端头内角距离不应大于 100mm。固定后的增强型钢不得松动。

外窗窗框、窗扇应有排水通道，使浸入框、扇内的水及时排至室外，排水通道不得与放置增强型钢的腔室连通。

装配式结构的中挺连接部位应加衬连接件，该连接件与增强型钢应采用紧固件固定，连接处的四周缝隙应有可靠密封措施。窗框、窗扇对角线尺寸之差不应大于 3.0mm，窗框、窗扇相邻构件装配间隙不应大于 0.5mm，相邻两构件焊接处的同一平面度不应大于 0.6mm。平开窗、上悬窗、平开下悬窗、下悬窗、中悬窗关闭时，窗框、窗扇四周的配合间隙允许偏差为 ±1.0mm。平开窗、上悬窗、下悬窗、平开下悬窗、中悬窗窗扇与窗框搭接量 b 的允许偏差为 ±2mm，平开窗、平开下悬窗装配时应有防下垂措施。左右推拉窗、上下推拉窗锁闭后的窗扇与窗框搭接量 b 的允许偏差为 ±2mm，且窗扇与窗框上下搭接量的实测 b 值（导轨顶部装滑轨时，应减去滑轨高度）不应小于 6mm。五金配件安装位置应正确，数量应齐全，承受往复运动的配件在结构上应便于更换。五金配件承载能力应与窗扇重量和抗风压要求相匹配。当平开窗窗扇高度大于 900mm 时，窗扇锁闭点不应少于两个。五金配件与型材连接应满足物理性能和力学性能要求。摩擦铰链的连接螺钉应全部与框扇增强型钢可靠连接。密封条、毛条等装配后应均匀、牢固、接口严密，无脱槽、收缩、虚压等现象。压条装配后应牢固。压条角部对接处的间隙不应大于 1mm。不得在一边使用两根（含两根）以上压条。玻璃的装配应符合 JGJ 113—2003 的规定。当中空玻璃厚度尺寸超过 24mm 时，应考虑相应的玻璃嵌入深度、前部和后部余隙。

8.2.7.5　窗的性能

（1）力学性能　平开窗、平开下悬窗、上悬窗、中悬窗和下悬窗的力学性能应符合表 8-15 的要求，推拉窗的力学性能应符合表 8-16 的要求。

（2）物理性能

① 抗风压性能。以安全检测压力值（P_3）进行分级，其分级指标值按表 8-17 的规定。

② 气密性能。单位缝长空气渗透量 q_1 和单位面积空气渗透量 q_2 分级指标值按表 8-18 的规定。

表 8-15 平开窗、平开下悬窗、上悬窗、中悬窗、下悬窗的力学性能

项目	技术要求		
锁紧器(执手)的开关力	不大于 80N(力矩不大于 10N·m)		
开关力	平合页	不大于 80N	不小于 30N,不大于 80N
	摩擦铰链		
悬端吊重	在 500N 力作用下,残余变形不大于 2mm,试件不损坏,仍保持使用功能		
翘曲	在 300N 作用力下,允许有不影响使用的残余变形,试件不损坏,仍保持使用功能		
开关疲劳	经不少于 10000 次的开关试验,试件及五金配件不损坏,其固定处及玻璃压条不松脱,仍保持使用功能		
大力关闭	经模拟 7 级风连续开关 10 次,试件不损坏,仍保持开关功能		
焊接角破坏力	窗框焊接角最小破坏力的计算值不应小于 2000N,窗扇焊接角最小破坏力的计算值不应小于 2500N,且实测值均应大于计算值		
窗撑试验	在 200N 力作用下,不允许位移,连接处型材不破裂		
开启限位装置	(制动器)在 10N 力作用下,开启 10 次试件不损坏		

注:大力关闭只检测平开窗和上悬窗。

表 8-16 推拉窗的力学性能

项目	技术要求		
开关力	推拉窗	不大于 100N	不大于 135N
	上下推拉窗		
弯曲	在 300N 力作用下,允许有不影响使用的残余变形,试件不损坏,仍保持使用功能		
扭曲	在 200N 作用下,试件不损坏,允许有不影响使用的残余变形		
开关疲劳	经不少于 10000 次的开关试验,试件及五金配件不损坏,其固定处及玻璃压条不松脱		
焊接角破坏力	窗框焊接角最小破坏力的计算值不应小于 2500N,窗扇焊接角最小破坏力的计算值不应小于 1400N,且实测值均应大于计算值		

注:没有凸出把手的推拉窗不做扭曲试验。

表 8-17 抗风压性能分级　　　　单位:kPa

分级代号	1	2	3	4	5	6	7	8	9
分级指标值	$1.0{\leqslant}P_3$ <1.5	$1.5{\leqslant}P_3$ <2.0	$2.0{\leqslant}P_3$ <2.5	$2.5{\leqslant}P_3$ <3.0	$3.0{\leqslant}P_3$ <3.5	$3.5{\leqslant}P_3$ <4.0	$4.0{\leqslant}P_3$ <4.5	$4.5{\leqslant}P_3$ <5.0	$P_3{\geqslant}5.0$

注:第 9 级应在分级后注明具体检测压力值。

表 8-18 气密性能分级

分级	1	2	3	4	5	6	7	8
单位缝长空气渗透量 $q_1/[m^3/(m·h)]$	$4.0{\geqslant}q_1$ >3.5	$3.5{\geqslant}q_1$ >3.0	$3.0{\geqslant}q_1$ >2.5	$2.5{\geqslant}q_1$ >2.0	$2.0{\geqslant}q_1$ >1.5	$1.5{\geqslant}q_1$ >1.0	$1.0{\geqslant}q_1$ >0.5	$q_1{\leqslant}0.5$
单位面积空气渗透量 $q_2/[m^3/(m^2·h)]$	$12.0{\geqslant}q_2$ >10.5	$10.5{\geqslant}q_2$ >9.0	$9.0{\geqslant}q_2$ >7.5	$7.5{\geqslant}q_2$ >6.0	$6.0{\geqslant}q_2$ >4.5	$4.5{\geqslant}q_2$ >3.0	$3.0{\geqslant}q_2$ >1.5	$q_2{\leqslant}1.5$

③ 水密性能。分级指标值 Δp 按表 8-19 的规定。

表 8-19 水密性能分级　　　　单位:Pa

分级	1	2	3	4	5	6
指标值	$100{\leqslant}\Delta p<150$	$150{\leqslant}\Delta p<250$	$250{\leqslant}\Delta p<350$	$350{\leqslant}\Delta p<500$	$500{\leqslant}\Delta p<700$	$\Delta p{\geqslant}700$

注:第 6 级应在分级后注明具体检测压力值。

④ 保温性能。根据外门窗传热系数 K 分级，见表 8-20。

表 8-20 根据传热系数分级 单位：W/(m·K)

分级	1	2	3	4	5
分级指标值	$K \geqslant 5.0$	$5.0 > K \geqslant 4.0$	$4.0 > K \geqslant 3.5$	$3.5 > K \geqslant 3.0$	$3.0 > K \geqslant 2.5$
分级	6	7	8	9	10
分级指标值	$2.5 > K \geqslant 2.0$	$2.0 > K \geqslant 1.6$	$1.6 > K \geqslant 1.3$	$1.3 > K \geqslant 1.1$	$K < 1.1$

⑤ 空气隔声性能。外门、外窗以计权隔声和交通噪声频谱修正量之和 $R_w + C_{tr}$ 作为分级指标；内门、内窗以计权隔声量和粉红噪声频谱修正量 $R_w + C$ 之和作为分级指标。分为六个等级，具体见表 8-21。

表 8-21 建筑门窗空气隔声性能分级 单位：dB

分级	外门、外窗分级指标	内门、内窗分级指标	分级	外门、外窗分级指标	内门、内窗分级指标
1	$20 \leqslant R_w + C_{tr} < 25$	$20 \leqslant R_w + C < 25$	4	$35 \leqslant R_w + C_{tr} < 40$	$35 \leqslant R_w + C < 40$
2	$25 \leqslant R_w + C_{tr} < 30$	$25 \leqslant R_w + C < 30$	5	$40 \leqslant R_w + C_{tr} < 45$	$40 \leqslant R_w + C < 45$
3	$30 \leqslant R_w + C_{tr} < 35$	$30 \leqslant R_w + C < 35$	6	$R_w + C_{tr} \geqslant 45$	$R_w + C \geqslant 45$

注：用于对建筑内机器、设备噪声源隔声的建筑内门窗，对中低频噪声宜用外门窗指标值进行分级；对中高频噪声仍可采用用内门窗的指标值进行分级。

⑥ 采光性能。分级指标值 T_r 按表 8-22 的规定。

表 8-22 采光性能分级

分级	1	2	3	4	5
分级指标值	$0.20 \leqslant T_r < 0.30$	$0.30 \leqslant T_r < 0.40$	$0.40 \leqslant T_r < 0.50$	$0.50 \leqslant T_r < 0.60$	$T_r \geqslant 0.6$

8.2.7.6 窗的性能检测方法

（1）试件存放及试验环境 试验前窗试件应在 18～28℃ 的条件下存放 16h 以上，并在该条件下进行检测。

（2）型材壁厚 用游标卡尺检测型材的壁厚。

（3）外观质量检测 在自然散射光线下，距试样 400～500mm 目测外观项目。

（4）窗的装配检测 用游标卡尺、卷尺、塞尺检测增强型钢及其装配质量。用卷尺检测紧固件的装配质量。目测窗框、窗扇排水通道。目测装配式结构的中挺部位连接件的密封。用精度为 1mm 的量具测量窗框、窗扇外形尺寸及对角线。用塞尺检测窗框、窗扇相邻构件的装配间隙和窗框、窗扇的配合间隙。用精度为 0.02mm 的量具测量相邻构件同一平面度。用精度 0.5mm 的量具检测窗扇与窗框搭接量。目测五金配件的安装数量和装配质量。目测密封条、毛条的装配质量。目测，并用塞尺检测压条的装配质量。用游标卡尺和钢尺检测玻璃的装配质量。

（5）力学性能检测 锁紧器（执手）的开关力检测：在锁紧器的手柄上，距其转动轴心 100mm 处，挂一个 0～150N 的测力弹簧秤，沿垂直手柄的运动方向以顺或逆时针方向加力，直到手柄移动使门扇松开或紧闭，记录测量过程中所显示的最大力，即为该锁紧器的开力或关力。开关力、悬端吊重、翘曲、开关疲劳、大力关闭、弯曲、扭曲、开启限位装置按 GB/T 11793.3—1989 规定的方法进行检测。焊接角破坏力以所用型材生产厂提供的焊接角破坏力计算值为依据，对与该批门窗相同型材、相同工艺制作的焊接角样品按 GB/T

8814—2004 规定的可焊性试验方法进行检测。

（6）物理性能检测　抗风压性能按 GB/T 7106—2008 规定的方法检测。在各分级指标中，当外窗采用单层、夹层玻璃时，其主要受力杆件相对挠度不应大于 1/120；采用中空玻璃时，其主要受力杆件相对挠度不应大于 1/180，对于单扇固定窗，其最大允许挠度为矩形玻璃短边边长的 1/60；当采用中空玻璃时，对于单扇平开窗，取距锁点最远的窗扇自由角的位移值与该自由角至锁点距离之比为最大相对挠度值；当窗扇上有受力杆件时，应同时测量该杆件的最大相对挠度，取两者中的不利者作为抗风压性能检测结果；无主要受力杆件的外开单扇平开窗只进行负压检测，无主要受力杆件的内开单扇平开窗只进行正压检测。气密性能、水密性能、保温性能、空气隔声性能、采光性能应分别按 GB/T 7107—2002、GB/T 7108—2002、GB/T 8484—2008、GB/T 8485—2008、GB/T 11976—2002 规定的方法检测。物理性能宜按气密性能、水密性能、抗风压性能的顺序试验。

8.2.7.7　门的外观质量

门构件可视面应平滑，颜色基本均匀一致，无裂纹、气泡，不得有严重影响外观的擦、划伤等缺陷。焊缝清理后，刀痕应均匀、光滑、平整。

8.2.7.8　门的装配

根据门的抗风压强度、挠度计算结果确定增强型钢的规格。当门主型材构件长度大于 450mm 时，其内腔应加增强型钢。增强型钢的最小壁厚不应小于 2.0mm，应采用镀锌防腐处理，增强型钢端头与型材端头内角距离不宜大于 15mm，且以不影响端头焊接为宜。增强型钢与型材承载方向内腔配合间隙不应大于 1mm。用于固定每根增强型钢的紧固件不得少于 3 个，其间距不应大于 300mm，距型材端头内角距离不应大于 100mm。固定后的增强型钢不得松动。外门门框、门扇应有排水通道，使浸入框、扇内的水及时排至室外，排水通道不得与放置增强型钢的腔室连通。装配式结构的中挺连接部位应加衬连接件。该连接件与增强型钢应用紧固件固定，连接处的四周缝隙应有密封措施。

8.2.7.9　门框、门扇外形尺寸的允许偏差

门外形尺寸允许偏差见表 8-23。

门框、门扇对角线尺寸之差不应大于 3.0mm。

表 8-23　门外形尺寸允许偏差　　　　单位：mm

项目	尺寸范围	偏差值
宽度和高度	≤2000	±2.0
	>2000	±3.0

门框、门扇相邻构件装配间隙不应大于 0.5mm，相邻两构件焊接处的同一平面度不应大于 0.6mm。

平开门、平开下悬门、推拉下悬门、折叠门关闭时，门框、门扇四周的配合间隙 c（见图 8-5），允许偏差为 ±1.0mm。地弹簧门门框与门扇之间以及门扇与门扇之间的配合间隙的允许偏差为 ±1.0mm（见图 8-7）。平开门、平开下悬门、推拉下悬门、折叠门门扇与门框搭接量 b（见图 8-5）的允许偏差为 ±2mm，装配时应有防下垂措施。推拉门锁闭后的门扇与门框搭接量 b（见图 8-6）的允许偏差为 ±2mm，且门扇与门框上下搭接量的实测 b 值（导轨顶部装滑轨时，应减去滑轨高度）不应小于 8mm。五金配件安装位置应正确，数量应齐全，承受往复运动的配件在结构上应便于更换。五金配件承载能力应与门扇重量和抗风压

要求相匹配。门扇锁闭点不应少于两个。五金配件与型材连接强度应满足物理性能和力学性能要求。密封条、毛条装配后应均匀、牢固、接口严密，无脱槽、收缩、虚压等现象。压条装配后应牢固。压条角部对接处的间隙不应大于1mm。不得在一边使用两根（含两根）以上压条。

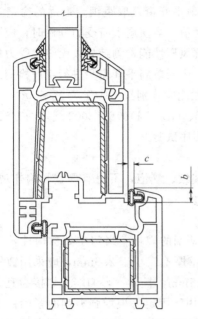

图 8-5　平开门、平开下悬门、推拉下悬门、
折叠门关闭时，门框、门扇四周的
配合间隙及搭接量
b—搭接量；c—配合间隙

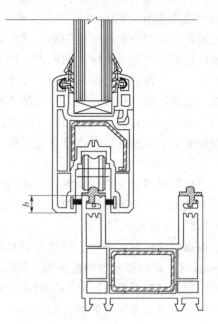

图 8-6　推拉门锁闭后门扇与门框搭接量
b—搭接量

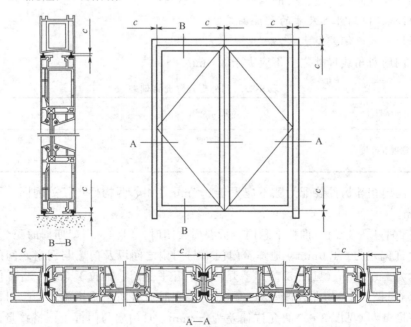

图 8-7　地弹簧门
c—配合间隙

8.2.7.10 门的性能包括力学性能和物理性能

物理性能包括风压、气密、水密、保温和隔声几个指标分类,参考塑料窗及 JG/T 180—2005 标准。平开门、平开下悬门、推拉下悬门、折叠门、地弹簧门的力学性能应符合表 8-24 的要求,推拉门的力学性能应符合表 8-25 的要求。

表 8-24 平开门、平开下悬门、推拉下悬门、折叠门、地弹簧门的力学性能

项目	技 术 要 求
锁紧器(执手)的开关力	不大于 100N(力矩不大于 10N·m)
开关力	不大于 80N
悬端吊重	在 500N 力作用下,残余变形不大于 2mm,试件不损坏,仍保持使用功能
翘曲	在 300N 作用力下,允许有不影响使用的残余变形,试件不损坏,仍保持使用功能
开关疲劳	经不少于 100000 次的开关试验,试件及五金配件不损坏,其固定处及玻璃压条不松脱,仍保持使用功能
大力关闭	经模拟 7 级风连线开关 10 次,试件不损坏,仍保持开关功能
焊接角破坏力	门框焊接角的最小破坏力的计算值不应小于 3000N,门扇焊接角的最小破坏力的计算值不应小于 6000N,且实测值均应大于计算值
垂直荷载强度	对门扇施加 30kg 荷载,门扇卸荷后的下垂量不应大于 2mm
软物撞击	无破损,开关功能正常
硬物撞击	无破损

注:1. 垂直荷载强度适用于平开门、地弹簧门。

2. 全玻门不检测软、硬物撞击性能。

表 8-25 推拉门的力学性能

项目	技 术 要 求
开关力	不大于 100N
弯曲	在 300N 力作用下,允许有不影响使用的残余变形,试件不损坏,仍保持使用功能
扭曲	在 200N 作用下,试件不损坏,允许有不影响使用的残余变形
开关疲劳	经不少于 100000 次的开关试验,试件及五金件不损坏,其固定处及玻璃压条不松脱
焊接角破坏力	门框焊接角最小破坏力的计算值不应小于 3000N,门扇焊接角最小破坏力的计算值不应小于 4000N,且实测值均应大于计算值
软物撞击	无破损,开关功能正常
硬物撞击	无破损

注:1. 无凸出把手的推拉门不做扭曲试验。

2. 全玻门不检测软、硬物撞击性能。

8.2.7.11 门的性能检测方法

(1)试件存放及试验环境 试验前门试件应在 18～28℃ 的条件下存放 16h 以上,并在

该条件下进行检测。

（2）型材壁厚　用游标卡尺检测型材的壁厚。

（3）外观质量检测　在自然散射光线下，距试样 400～500mm 目测外观项目。

（4）门的装配　用游标卡尺、卷尺、塞尺检测增强型钢及其装配质量。用卷尺检测紧固件间的装配质量。目测门框、门扇排水通道。目测装配式结构的中挺部位连接件的密封。用精度为 1mm 的量具测量门框、门扇外形尺寸及对角线。用塞尺检测门框、门扇相邻构件的装配间隙和门框与门扇的配合间隙、门扇与门扇配合间隙。用精度为 0.02mm 的量具测量相邻构件同一平面度。用 0.5mm 的量具检测门扇与门框搭接量。目测五金配件的安装数量和装配质量。目测密封条、毛条的装配质量。目测，并用塞尺检测压条的装配质量。用游标卡尺和钢板尺检测玻璃的装配质量。

（5）力学性能检测　锁紧器（执手）的开关力检测：在锁紧器的手柄上，距其转动轴心 100mm 处，挂一个 0～150N 的测力弹簧秤，沿垂直手柄的运动方向以顺或逆时针方向加力，直到手柄移动使门扇松开或紧闭，记录测量过程中所显示的最大力，即为该锁紧器的开力或关力。开关力、悬端吊重、翘曲、开关疲劳、大力关闭、弯曲、扭曲按 GB/T 11793.3—1989 规定的方法进行检测。焊接角破坏力以所用型材生产厂提供的焊接角破坏力计算值为依据，对与该批门窗相同型材、相同工艺制作的焊接角样品按 GB/T 8814—2004 规定的可焊性试验方法进行检测，并查验相应生产过程中的焊接角破坏力原始记录。焊接角最小破坏力的计算值应按焊接角最小破坏力的计算见式（8-7）。

$$F_c = \frac{4\sigma_{min}W}{(a - 2^{1/2}e)} \tag{8-7}$$

式中　F_c——焊接角最小破坏力，N；

W——应力方向的倾倒矩 I/e，mm^3；

I——型材横断面中性轴的惯性矩，T 形焊接的试样应使用两面中惯性矩的较小值，mm^4；

a——试样支撑面的中心长度，mm，$a = 400mm \pm 2mm$；

e——临界线与中性轴的距离，mm；

σ_{min}——型材最小破坏应力，MPa，$\sigma_{min} = 35MPa$；

垂直荷载强度按 GB/T 14154—1993 规定的方法进行检测。门的软物撞击性能按 GB 14155—2008 规定的试验方法进行检测。门的硬物撞击性能按 QB/T 1129—1991 规定的试验方法进行检测。

（6）物理性能检测　抗风压性能按 GB/T 7106—2008 规定的方法检测。

气密性能、水密性能、保温性能、空气隔声性能按 GB/T 7106—2008、GB/T 8484—2008、GB/T 8485—2008 规定的方法检测。

物理性能测试按气密性能、水密性能、抗风压性能的顺序进行试验。

（7）检验规则　产品检验分出厂检验和型式检验。

出厂检验：应在型式检验合格后的有效期内进行出厂检验。出厂检验项目应符合表 8-26 的规定。不合格的产品不允许出厂。产品出厂前，抽样方法应按每一批次、品种、规格分别随机抽取 5%。

表 8-26　出厂检验与型式检验项目

项目	型式检验 平开门	平开下悬门	推拉下悬门	折叠门	推拉门	地弹簧门	出厂检验 平开门	平开下悬门	推拉下悬门	折叠门	推拉门	地弹簧门
抗风压性能	√	√	√	√	√	—	—	—	—	—	—	—
气密性能	√	√	√	√	√	—	—	—	—	—	—	—
水密性能	√	√	√	√	√	—	—	—	—	—	—	—
保温性能	√	√	√	√	√	—	—	—	—	—	—	—
隔声性	△	△	△	△	△	—	—	—	—	—	—	—
焊接角破坏力*	√	√	√	√	√	—	√	√	√	√	√	—
型材壁厚*	√	√	√	√	√	—	√	√	√	√	√	√
外观质量	√	√	√	√	√	√	√	√	√	√	√	√
增强型钢*	√	√	√	√	√	—	√	√	√	√	√	√
紧固件	√	√	√	√	√	√	√	√	√	√	√	√
排水通道	—	√	√	√	—	√	√	√	√	√	√	√
中挺连接处的密封	√	√	√	√	√	—	√	√	√	√	√	—
门外形尺寸	√	√	√	√	√	√	√	√	√	√	√	√
对角线尺寸	√	√	√	√	√	√	√	√	√	√	√	√
相邻构件同一平面度	√	√	√	√	√	√	√	√	√	√	√	√
门框、门扇配合间隙	√	√	√	√	—	√	√	√	√	√	—	√
门扇与门扇配合间隙	—	—	—	—	—	√	—	—	—	—	—	√
门框、门扇搭接量	√	√	√	√	—	√	√	√	√	√	√	—
五金件安装	√	√	√	√	√	√	√	√	√	√	√	√
密封条、毛条装配	√	√	√	√	√	√	√	√	√	√	√	√
压条装配	√	√	√	√	√	√	√	√	√	√	√	√
玻璃装配	√	√	√	√	√	√	√	√	√	√	√	√
锁紧器(执手)的开关力	√	√	√	—	—	√	√	√	√	—	—	√
开关力	√	√	√	√	√	√	√	√	√	√	√	√
悬端吊重	√	√	—	—	—	—	—	—	—	—	—	—
翘曲	√	√	√	—	—	—	—	—	—	—	—	—
开关疲劳	—	—	—	—	—	—	—	—	—	—	—	—
大力关闭	√	√	—	—	—	—	—	—	—	—	—	—
弯曲	—	—	—	—	—	—	—	—	—	—	—	—
扭曲	—	—	√	—	√	—	—	—	—	—	—	—
垂直荷载	√	—	—	—	—	—	—	—	—	—	—	—
软物撞击	√	√	√	—	—	√	—	—	—	—	—	—
硬物撞击	√	√	√	√	√	√	—	—	—	—	—	—

注：1. 表中"√"表示需检测项目；"—"表示不需检测项目；"△"表示用户提出要求时的检测项目。

2. 内门不检测抗风压、气密、水密、保温性能。

3. 带"＊"号的项目检测为生产过程检测。

8.3　塑料板材质量检测

塑料装饰板种类繁多，可应用于工程、广场、宾馆和家庭等装饰。

8.3.1　塑料地板

20 世纪 70 年代，塑料地板就在西欧及美、日等工业国家得到广泛应用。我国进入 20 世纪 80 年代后，塑料地板也投入了批量生产。塑料地板是一种新型的地面装饰材料，目前采用较多的是以聚氯乙烯或氯乙烯与醋酸乙烯的共聚物为基体，加入各种无机或有机填料及其他助剂，经挤出成型、加工而得。按其外形可分为块材和卷材两类；按其材质，可分为软质、硬质、半硬质、半软质四类。塑料地板可以直接制得片材，还可以挤出片材后再经压光与中间层及带图案的面层进行热复合，然后按要求裁剪成块。

塑料地板具有色彩丰富、装饰性强、质轻、尺寸稳定、施工方便、经久耐用、脚感舒适、色泽艳丽美观、耐磨、耐油、耐腐蚀、防火、隔声及隔热等优点。

塑料地板按所用树脂可分为：聚氯乙烯塑料地板、聚丙烯树脂塑料地板和氯化聚乙烯树脂塑料地板三大类。目前，绝大部分塑料地板属于第一类。

8.3.2　主要质量指标

8.3.2.1　外观指标

见表 8-27。

表 8-27　塑料地板外观指标

缺陷种类	规定指标
缺口、龟裂、分层等	不可有
凹凸不平、纹痕、光泽不均、色调不均、污染、划痕、异物	不明显

8.3.2.2　尺寸偏差

见表 8-28。

表 8-28　塑料地板尺寸偏差　　　　　　　　　单位：mm

厚度极限偏差	长度极限偏差	宽度极限偏差
±0.15	±0.3	±0.3

8.3.2.3　垂直度

试件边离直角边最大公差在 0.25mm 以下。

8.3.2.4　物理性能指标

必须符合表 8-29 的规定。

表 8-29　塑料地板物理性能指标

地板种类	项目	单位指标	地板种类	项目	单位指标
单层地板	热膨胀系数	$\leqslant 1.0 \times 10^{-4}/℃$	同质复层地板	热膨胀系数	$\leqslant 1.2 \times 10^{-4}/℃$
	加热质量损失率	0.50%		加热质量损失率	≤0.50%
	加热长度变化率	≤0.20%		加热长度变化率	≤0.25%
	吸水长度变化率	≤0.15%		吸水长度变化率	≤0.17%
	23℃凹陷度	≤0.3mm		23℃凹陷度	≤0.3mm
	45℃凹陷度	≤0.60mm		45℃凹陷度	≤1.00mm
	残余凹陷度	≤0.15mm		残余凹陷度	≤0.15mm
	磨耗量	≤0.020g/m²		磨耗量	≤0.015g/m²

其他具体标准如：《半硬质聚氯乙烯块状地板》（GB/T 4085—2005）；《聚氯乙烯卷材地板 第 1 部分：带基材的聚氯乙烯卷材地板》（GB/T 11982.1—2005）；《聚氯乙烯卷材地板 第 2 部分：有基材有背涂层聚氯乙烯卷材地板》（GB/T 11982.2—1996）。

8.3.3 塑料装饰板

塑料装饰板是以树脂材料为基材或为浸渍材料，经一定工艺制成的具有装饰功能的板材。塑料装饰板种类繁多，根据材料工艺配方和使用部位不同有聚氯乙烯装饰硬板、聚氯乙烯装饰发泡板、塑料贴面装饰板及其他塑料装饰板材（聚苯乙烯板、ABS 装饰板材）等。

聚氯乙烯装饰硬板基本性能和质量指标如下。

（1）板材尺寸极限偏差　应符合表 8-30 的要求。

（2）板材外观　应符合表 8-31 要求。

表 8-30　聚氯乙烯装饰硬板板材尺寸极限偏差

长度极限偏差/%	宽度极限偏差/%	厚度极限偏差/mm
+1.0	+0.5	±(0.1+0.05d)
0	0	

注：d 为板材厚度。

表 8-31　聚氯乙烯装饰硬板板材外观要求

指标名称	外观要求	
	一等品	合格品
色差	同批板材颜色基本一致	同批板材不允许有明显色差
杂质与黑点	不允许有直径超过 2mm 的黑点、杂质存在，在 500mm 见方的面积内直径小于 2mm 的不超过 5 个	不允许有直径超过 2mm 的黑点、杂质存在，在 500mm 见方的面积内直径小于 2mm 的不超过 10 个
波纹	不允许有明显的波纹存在	允许有波纹存在，但无手感
凹槽	允许离板材纵向边缘不超过板材宽度的五分之一的范围内有深度不超过厚度极限偏差、宽度不超过 5mm 的凹槽一条	允许离板材纵向边缘不超过板材宽度的五分之一的范围内有深度不超过厚度极限偏差、宽度不超过 5mm 的凹槽两条
凹凸	不允许有严重凹凸存在，10mm×10mm 以下的轻微凹凸每平方米不得超过 5 个，且呈分散状	不允许有严重凹凸存在，10mm×10mm 以下的轻微凹凸每平方米不得超过 10 个，且呈分散状
污料痕迹	不允许	每块板允许有深度不超过 0.2mm、宽度不超过 30mm、长度不超过 120mm 的痕迹一处
痕迹	允许有轻微手感的刮痕存在，但不得呈网状	允许有轻微手感的刮痕存在，但不得呈网状
条纹	不允许有明显的条纹存在	允许有明显的条纹存在，但无手感

注：工业用板材仅考核色差、杂质与黑点、污料痕迹三项指标。

（3）板材物理性能　应符合表 8-32。

当然不同的装饰板材对应着不同的标准，这里不能一一列举，在今后的学习和工作中会逐渐接触和掌握，如《硬质聚氯乙烯层压板材》（GB/T 4454—1996）、《硬质聚氯乙烯挤出板材》（GB/T 13520—1992）等。

表 8-32 聚氯乙烯装饰硬板板材物理性能

指标名称		指标值	指标名称		指标值
密度/(g/cm³)		1.3～1.5	加热尺寸变化率/%	纵向	−5.0～+5.0
				横向	−3.0～+3.0
拉伸强度（横、纵）/MPa		≥52.0	透光率	d≤3mm	≥80.0
冲击强度（缺口）（纵、横）/MPa		≥5.0		3mm<d≤6mm	≥75.0
落球冲击强度		不破裂	腐蚀度/(g/m²)	35%盐酸溶液	−2.0～+2.0
维卡软化点/℃	装饰用板材	≥75.0		30%硫酸溶液	−1.0～+1.0
	工业用板材	≥80.0		40%硝酸溶液	−1.0～+1.0
				40%氢氧化钠	−1.0～+1.0

注：1. 落球冲击强度仅考核厚度 2mm 以下板材；透光率仅考核厚度 6mm 以下无色透明板；腐蚀度仅考核工业用板。

2. d 为板材厚度。

8.4 塑料管材质量检测

8.4.1 塑料管材的概述

按使用场合不同，塑料管材可分为：建筑工程用塑料管、市政工程用塑料管、农业用塑料管、化工工程用塑料管、特殊工程用塑料管等。

按管材原材料性能分为：热塑性塑料管和热固性塑料管。此外还可以分为普通塑料管、复合塑料管、金属塑料复合管和玻璃钢管四种。

普通塑料管：PVC-U 管、PP-R 管及 ABS 管等。当然在各个分类中由于使用场合和材料的不同还可以进行细分，这里不再一一叙述。

8.4.1.1 PVC-U 管

其具有较好的抗拉、抗压强度，但其柔性不如其他塑料管，耐腐蚀性优良，价格在各类塑料管中最便宜，但低温下较脆。PVC-U 管规格比较齐全，管材外径由 $\phi20\sim315mm$，工作压力为 1.0～2.5MPa。管道不需要做任何防腐处理；管道粗糙系数小，因此流体阻力小，但是 PVC-U 管的耐压强度不高，不适用于高层建筑；耐热性差，热变形温度较低，其维卡软化点仅为 76℃左右，输送的介质温度一般不应超过 45℃；另外，最重要的就是其卫生性能较差，胶水的毒性问题和加工时使用添加剂的问题必须解决。其粘接方式为承插胶圈连接、法兰螺纹连接，用于住宅生活，工矿业，农业的供排水、灌溉、供气、排气用管等。

8.4.1.2 PP-R 管

其是最轻的塑料管材，是继 PVC-U 管之后的第四代新型环保管材，它既可以用作冷水管，也可以用作热水管，由于其无毒、质轻、耐压、耐腐蚀，正在成为一种推广的材料，甚至作为纯净饮用水管道。该管在使用之后可以回收利用，除此之外它还有突出的刚性和耐折叠性，它还是优良的电绝缘体，而且不易燃烧；其连接方式为热容连接，属分子间连接，不渗漏。

它的缺点是，耐候性以及耐应力开裂性差。弯曲后易反弹，且价格相对较高，基于以上原因，当选用 PP-R 管作为给水管时应当注意解决好以下几个问题：①管道应设于管道井中或建筑物内部，尽量避免日晒，以延长管道使用寿命；②管道安装完毕应设固定架固定。

8.4.1.3 金属塑料复合管典型的是铝塑管

铝塑管是一种近几年推广应用较快的新型管材，铝塑管最早在德国和英国实现工业化生产（1990 年），经过约两年的推广期，很快在德国、瑞士、比利时、意大利等国推广开来。我国对铝塑复合管的研究开发与推广应用，是从 20 世纪 90 年代初开始的。国内自 1992 年即有人在一些高档别墅中使用欧洲进口的铝塑管，1995 年以后先后有广东、上海等四家企业引进欧洲生产线和检测设备，按欧洲标准生产铝塑管，因其性能一时还未被人们所认识，加之价格高出镀锌钢管几倍，很难推广开，最早引进的四家企业举步维艰。直到 1997 年建设部经过调研、认证以后正式下文，在新建住宅中限制使用镀锌管，推荐使用铝塑管等新型管材以后，铝塑管市场一下子热起来，并在以后几年内成为国内一个新的投资热点。铝塑管的大量生产，必然会产生一系列问题，具体表现在装备水平、成材率、原料配比、质量管理水平及接头配套技术等方面不同厂家之间相去甚远，只有个别厂家配有专职研发队伍，行业内只有少数几家企业通过 ISO 质量认证。大多数企业还没有建立完善的质量保证体系，甚至连基本的检测测试设备都没有，由于其不合格管材流向市场，在一段时间内影响了铝塑管的声誉。使得各种质量参差不齐的铝塑管流向市场，使得人们对铝塑管的质量提出质疑。

应用领域：铝塑管的应用主要集中在建筑给水和传统散热器采暖及地暖等。主要缺点是在用作热水管使用时，由于长期的热胀冷缩会造成管壁错位以致造成渗漏。

铝塑管基本生产工艺流程：上料→内管挤出→真空定径→冷却→内胶挤出→激光测径→冷却→烘干→牵引→铝带放卷→铝带储带→铝带张力控制→切边→预成→铝管整型→铝管焊接→探伤→专用铝管牵引机→高频加热→外胶挤出→外管 PE 挤出→冷却→激光测径→喷印→切割或卷取→检验→包装。

8.4.1.4 几种管材性能比较

见表 8-33。

表 8-33 管材性能比较

名 称	不锈钢管	塑料管	铝塑复合管
材质	0Cr18Ni9(304)，0Cr17Ni12Mo2(316)	PVC-U,PP-R	
抗拉强度/MPa	520	94	230
耐水腐蚀	优	优	优
耐水流速度腐蚀	优	良	良
耐外环境腐蚀	优	优	优
线性热膨胀系数(20～100℃)/10^{-4}	17.3	80～180	25
热传导率/[cal/(cm·s·℃)]	0.039	0.0012	0.45
卫生性能比较	优	取决于化工材料	取决于化工材料
寿命比较/a	40～50	10～15	20～30

注：1cal/s=4.168W。

8.4.2 塑料管材常见标准

对于管材的质量检测，主要有管材原材料检测、成品检测及对于不同使用场合的主要检测指标的变化等，不是能够简单叙述的，需要在今后工作中不断学习和掌握。塑料管材管件标准见表 8-34。

表 8-34 塑料管材管件标准一览表

序号	产 品 名 称	执 行 标 准
1	建筑排水用硬聚氯乙烯管材	GB/T 5836.1—2006
2	建筑排水用硬聚氯乙烯管件	GB/ 5836.2—2006
3	PP-R、PP-B 管材	GB/T 18742.2—2002
4	PP-R、PP-B 管件	GB/T 18742.3—2002
5	交联聚乙烯管	GB/T 18992.2—2003
6	建筑排水用芯层发泡硬聚氯乙烯(PVC-U)管材	GB/T 16800—1997
7	建筑用绝缘电工套管	JG3050—1998
8	给水用聚乙烯(PE)管材	GB/T 13660—2000
9	铝塑复合管	GB/T 18997.1—2003 GB/T 19887.2—1993 CJ/T 108—1999
10	给水用硬聚氯乙烯(PVC-U)管材	GB/T 10002.1—2006
11	给水用硬聚氯乙烯(PVC-U)管件	GB/T 10002.2—2006
12	无压埋地排污、排水用硬聚氯乙烯(PVC-U)管材	GB/T 20221—2006
13	埋地式高压电力电缆用氯化聚氯乙烯(PVC-C)管材	QB/T 2479—2005
14	埋地排水用硬聚氯乙烯(PVC-U)双壁波纹管材	GB/T 18477—2001
15	地下通信管道用塑料管	YD/T 841—1996
16	燃气用埋地聚乙烯管材	GB 15558.1—2003
17	燃气用埋地聚乙烯管件	GB 15558.2—2005
18	冷热水用\氯化聚氯乙烯(PVC-C)管材	GB/T 18993.2—2003
19	冷热水用\氯化聚氯乙烯(PVC-C)管件	GB/T 18993.3—2003
20	PVC 型材	GB/T 8814—2004
21	埋地排水用聚乙烯双壁波纹管	GB/T 19472.1—2004
22	埋地排水用聚乙烯缠绕管	GB/T 19472.2—2004
23	ABS 管材	GB/T 20207.1—2006
24	ABS 管件	GB/T 20207.2—2006
25	埋地用硬聚氯乙烯(PVC-U)加筋管	QB/T 2782—2006
26	埋地钢塑复合缠绕排水管材	QB/T 2783—2006
27	PP-R 塑铝稳态复合管	CJ/T 210—2005
28	给水用低密度聚乙烯管材	QB/T 1930—2006
29	PVC 型材	GB/T 8814—2004

【思考题】

1. 塑料的定义和优缺点是什么？

2. 塑料的分类有哪些？

3. 塑料的主要质量指标及相应的测试方法有哪些？

4. 建筑塑料中塑料门窗用 PVC 型材主要质量指标及测试主要有哪些？

5. 建筑装饰塑料板材中塑料地板主要质量指标有哪些？

6. 塑料管材中 PVC-U、PP-R 管材的特点是什么？

9 建筑装饰涂料

【本章要点】 建筑装饰涂料的主要作用是装饰功能、保护功能和特殊功能。本章的要点是建筑内、外墙乳液涂料的技术要求以及主要质量指标的测试方法，重点掌握建筑装饰涂料技术性能，明确测试方法及质量评定方法。

9.1 建筑装饰涂料质量检测概述

涂料是指涂敷于物体表面，能与物体黏结在一起，并能形成连续性涂膜，从而对物体起到装饰、保护或使物体具有某种特殊功能的材料。

涂料的用途非常广泛，我国国家标准将其分为建筑涂料、工业涂料、通用涂料及辅助用材料。建筑涂料作为重点发展的四大化学建材产品之一，发展非常迅猛，生产规模不断扩大，产量已达到全国涂料消费总量的 40% 以上，所以将建筑涂料单列一类。

9.1.1 建筑涂料的定义及功能

建筑涂料是指涂装于建筑物的表面，如内墙、外墙、棚顶、地面和门窗等，并能与基体材料很好地黏结，形成完整而坚韧的保护膜，对建筑物起到保护、装饰及其他特殊功能的一类材料。建筑涂料的功能表现在以下三个方面。

9.1.1.1 装饰作用

建筑涂料的目的首先在于遮盖建筑屋表面的各种缺陷，使其显得美观大方、明快舒畅，又能与周围的环境协调配合。涂料的装饰功能包括平面（色彩、色彩图案和光泽）和立体（立体花纹的设计构思）两种不同质感的装饰。室内装修和室外装修功能基本相同，但要求标准不一样，通常内墙喜欢采用较平的立体花纹或色彩花纹，避免高光泽，而外墙要求光泽和富有立体质感的花纹。

9.1.1.2 保护功能

建筑涂料能够阻止或延迟空气中的氧气、水气、紫外线以及工厂排放出来的有害气体对建筑物的破坏，延长建筑物的使用寿命。不同种类的被保护体，要求不同性能的涂料。混凝土、砂浆基底的外装修，要求涂料具有水分控制功能即防水性、防潮性、排湿性，以及对二氧化碳、二氧化硫气体等的隔离作用和对各种化学药品的隔绝作用。金属（如铁）基底，最重要的是防锈性。室内、室外环境不同，室外涂层时常受到风吹雨淋、冬冷夏热的高低温变化，以及紫外线的破坏，因此，外墙涂层要求达到的指标比内墙更高。

9.1.1.3 特殊功能

部分室内涂层要求具有隔声、防结露、防霉防藻功能，有些建筑装修要求涂层具有防火、防水、防辐射、杀虫、隔热等功能。

9.1.2 建筑涂料的组成与分类

组成建筑涂料的物质，按照在涂料中的作用可以分为：主要成膜物质、次要成膜物质和辅助成膜物质。

9.1.2.1 主要成膜物质

主要成膜物质又称基料、胶黏剂或固化剂，主要由一种或多种高分子树脂（包括无机高分子材料）组成，是涂料中最重要的组分，是构成涂料的基础，决定着涂料的基本性能。它的作用是将涂料中的其他组分黏结在一起，并能牢固地附着在基层表面，形成连续均匀、坚韧的保护膜，具有较高的化学稳定性和一定的机械强度。

建筑涂料用主要成膜物质应具有以下特点：

① 具有较好的耐碱性；

② 能常温成膜；

③ 具有较好的耐水性；

④ 具有良好的耐候性；

⑤ 具有良好的耐高低温性；

⑥ 要求原料来源广，资源丰富，价格便宜。

目前我国建筑涂料所用的主要成膜物质以合成树脂为主。

9.1.2.2 次要成膜物质

次要成膜物质是指涂料中所用的颜料和填料，它们是构成涂膜的组成部分，并以微细粉状均匀地分散于涂料介质中，赋予涂膜以色彩、质感，使涂膜具有一定的遮盖力，减少收缩，还能增加膜层的强度，防止紫外线的穿透作用，提高涂膜的抗老化性、耐候性。

颜料的品种很多，可分为人造颜料与天然颜料；按其作用又可分为着色颜料、防锈颜料与体质颜料（即填料）。

着色颜料是建筑涂料中品种最多的一种。它的主要作用是使涂料具有一定的遮盖力和所需要的色彩。着色颜料的颜色有红、黄、蓝、白、黑、金属光泽及中间色等。

9.1.2.3 辅助成膜物质

辅助成膜物质又称助剂，是为进一步改善或增加涂料的某些性能，在配制涂料时加入的物质，其掺量较少，一般只占涂料总量的百分之几到万分之几，但效果显著。常用的助剂有如下几类：成膜助剂、分散剂、消泡剂、增稠剂、防腐防霉剂、防冻剂等。此外还有增塑剂、抗老化剂、pH调节剂、防锈剂、消光剂等。

9.1.2.4 建筑涂料的分类

按构成涂膜主要成膜物质的化学成分，可将建筑涂料分为有机涂料、无机涂料、无机和有机复合涂料三类。

（1）有机涂料　由于其使用的溶剂不同，常用的有以下三种类型。

① 溶剂型涂料。溶剂型涂料是以高分子合成树脂为主要成膜物质，有机溶剂为稀释剂，加入适量的颜料、填料（体质颜料）及辅助材料，经研磨而成的涂料。

常用基料品种：过氯乙烯、聚乙烯醇缩丁醛、氯化橡胶、丙烯酸酯等。

优点：涂膜细腻光洁而坚韧，有较好的硬度、光泽、耐水性、耐候性、耐酸碱性。

缺点：易燃、溶剂挥发对人体有害、价格高。

② 水溶性涂料。水溶性涂料是以水溶性合成树脂为主要成膜物质，以水为稀释剂，加

入适量的颜料及辅助材料，经研磨而成的涂料。一般只用于内墙涂料。常用品种有聚乙烯醇水玻璃内墙涂料、聚乙烯醇甲醛类涂料等。

优点：涂料的水溶性树脂可直接溶于水形成单相的溶液。缺点：耐水性较差，耐候性不强，耐水洗性差，一般只用于内墙涂料。

③ 乳胶涂料。乳胶涂料又称乳胶漆、合成树脂乳液涂料。它是由合成树脂借助乳化剂的作用，以 $0.1\sim0.5\mu m$ 的极细微粒子分散于水中构成乳液，并以乳液为主要成膜物质，加入适量的颜料、填料及辅助材料经研磨而成的涂料。

常用品种有聚醋酸乙烯乳液，乙烯-醋酸乙烯、醋酸乙烯-丙烯酸酯、苯乙烯-丙烯酸酯等共聚乳液。

优点：省去价格较贵的有机溶剂，以水为稀释剂，价格较便宜，无毒，不燃，对人体无害，有一定的透气性，涂膜固化后的耐水、耐擦洗性较高，可为内外墙涂料使用。

缺点：施工温度为 $10℃$ 以上，用于潮湿的部位，易发霉，需加入防霉剂。

（2）无机涂料　是以水玻璃、硅溶胶、水泥等为基料，加入颜料、填料、助剂等经研磨、分散等而成的涂料。

无机涂料的价格低，资源丰富，无毒，不燃，具有良好的遮盖力，对基层材料的处理要求不高，可在较低温度下施工，涂膜具有良好的耐热性、保色性、耐久性等。

（3）无机-有机复合涂料　不论是有机涂料还是无机涂料，在单独使用时，都存在一定的局限性。为克服其缺点，发挥各自的长处，出现了无机和有机复合的涂料。如聚乙烯醇水玻璃内墙涂料就比聚乙烯醇有机涂料的耐水性好。此外，以硅溶胶、丙烯酸系列复合的外墙涂料在涂膜的柔韧性及耐候性方面更好。

主要有三种形式的复合：一是两类以上的基料的复合；二是两类涂料的涂层的复合装饰；三是有机物与无机物通过化学反应而形成高分子有机-无机树脂的形式，即化学复合。

按建筑物使用部位，可将涂料分为外墙建筑涂料、内墙建筑涂料、地面建筑涂料、顶棚涂料和屋面防水涂料等。

9.1.3　我国建筑涂料的发展概况

在我国的建筑涂料中，聚乙烯醇及缩甲醛类、油脂类、天然树脂等类型的品种占很大比重。我国从 20 世纪 60 年代就开发了聚醋酸乙烯及其共聚乳液、丙烯酸及其共聚乳液类型的乳胶涂料、氯化橡胶、聚氨酯等类型的涂料，后完成了由平薄型向厚质型、多彩花纹、梦幻涂料（幻彩涂料）、真石漆（防石涂料）等高档装饰涂料的转化过程，形成了高、中、低档多层次建筑涂料的局面。

目前，国内内墙涂料主要品种有两类：一类是以聚乙醇水玻璃以及在此基础上进行各种改性的内墙涂料；另一类是各种合成树脂乳液涂料、聚醋酸乙烯乳液涂料、苯丙乳液涂料等。与国外的趋势一样，传统的溶剂型内墙涂料（油漆）比重逐年下降。近年来国内对乳胶漆、梦幻涂料、无污染环保型涂料的需求增加。

国内外墙涂料主要品种，大致可以分为两大类：一是合成树脂类，二是无机高分子类。合成树脂类主要品种有：醋酸乙烯-丙烯酸、苯乙烯-丙烯酸、氯乙烯-偏氯乙烯等各类薄涂料和厚涂料，以及合成树脂乳液砂壁状涂料（彩砂涂料）、复层建筑涂料（由底、中、面涂层组成）、溶剂型丙烯酸及丙烯酸聚氨酯类罩面涂料等。无机高分子涂料主要有硅酸盐、硅溶胶为基料配制的各种无机高分子涂料。此外，近年来国内还开发了有机高分子和无机高分子复层的涂料品种。多功能性涂料品种的开发，满足了现代建筑的特殊需要，赋予建筑涂料以特殊功能，如防水、防火、防霉、防潮、保温、吸声、发光、灭虫、取暖、防锈、调湿等，使建筑涂料的应用领域不断扩大。

据统计，世界 10 家最大的涂料公司的产量占世界涂料市场的 1/3，而市场占有率则达到 60%。国际环境保护法颁布后，发达国家先后提出了发展涂料工业的三大前提和四大原则，即无公害（无污染）、省资源、省能源和经济、效率、生态、能源。受此影响，建筑涂料从产品品种、规模应用、质量水平和研究水平上，都有了很大的发展。

我国城镇农村住宅平均每年竣工约 $5 \times 10^8 m^2$，需要装饰的面积至少在 $32 \times 10^8 m^2$ 左右。民用建筑装饰装修材料费用在（3000 亿~3500 亿元）/年，装饰工程年需装饰材料增加值在 600 亿元左右，建筑涂料需求量将在 $100 \times 10^4 t$ 以上。这将彻底扭转长期以来中国的涂料生产和涂料使用人均占有率与发达国家相比一直处在较低地位的局面（发达国家人均年消费涂料 15kg，而中国只有 1.5kg）。建筑涂料消费总量占到涂料消费总量的五成左右，市场空间可想而知。

随着我国城镇化发展的加快，作为我国国民经济发展的支柱产业的建筑业，在今后较长的一段时间内将有很大的发展，我国的建筑装饰将进入一个发展的黄金时代。与此密切关联的建筑涂料发展也进入了一个快速发展期。

9.1.4 建筑涂料质量检测

建筑涂料质量，从配方上讲，涂料组分中主要成膜物质（基料）的种类、在配方中的含量、涂料中的钛白粉和其他高档颜料的含量是决定涂料档次的关键因素。从使用效果来看，涂料成膜的好坏、涂膜的物理化学性能、使用年限均是涂料质量好坏的体现。另外，涂料的施工操作性能也很重要，关系着施工的难易程度、涂刷效果与耗料成本等。

由于建筑涂料使用的特殊性，国家重视建筑涂料的发展及产品质量，颁布了多项涂料产品的标准。其中常见涂料的标准主要有：《合成树脂乳液外墙涂料》（GB/T 9755—2001）、《合成树脂乳液内墙涂料》（GB/T 9756—2001）、《溶剂型外墙涂料》（GB/T 9757—2001）、《弹性建筑涂料》（JG/T 172—2005）等。

涂料生产内控检验指标，包括黏度、pH 值、细度、密度或固含量、遮盖力等，以确保生产的稳定性。国家规定的质量控制指标有耐洗刷性、耐水性、耐碱性、耐人工老化性等。

9.1.4.1 涂料的耐水性

建筑涂料在使用中，或多或少会接触到水，如雨水等，故需要考虑耐水性，以免受水的侵蚀而软化剥落。国家标准中对涂料的耐水性作了一定的要求，具体检验方法：在规定尺寸的石棉水泥板上制备标准厚度的漆膜，恒温恒湿养护至要求的 7d 时间；用 1:1 的松香和石蜡混合物封边；将板面积的 2/3 浸泡在蒸馏水或自来水中，浸泡标准规定的时间后，以涂膜表面变化现象表示，如粉化、变色、起泡、起皱、脱落等现象，以及干燥后的恢复时间，以此来判断涂料的耐水性。

9.1.4.2 涂料的耐碱性

耐碱性指的是漆膜对碱侵蚀的抵抗能力。在水泥基层上使用的涂料必须考虑耐碱性，以免受水泥中碱性物质侵蚀剥落。国家标准中具体检验方法为：首先在标准尺寸的石棉水泥板上按照标准规定制备试板，将制好的试板用 1:1 的石蜡和松香混合物封底封边；然后将试板面积的 2/3 浸入温度为（23±2）℃的氢氧化钙饱和溶液中，直至规定的时间，观察涂层是否出现起泡、裂痕、剥落、粉化等现象。

9.1.4.3 涂料的耐洗刷性

耐洗刷性是指漆膜在特定的条件下，经反复擦洗最终完全消失时被擦洗的次数。耐洗刷具体反映在工程上是经受雨水冲刷（或清洁墙面）的能力，是建筑装饰涂料（特别是外墙涂料）一个特有的质量指标。

国家标准中具体检验方法为：制作规定尺寸与厚度的标准试板，放入标准的耐洗刷试验仪，滴入洗涤介质，来回往复地擦洗，同时仪器自动记录洗刷次数，当漆膜完全被擦洗掉时（即出现露底现象），仪器上的数据即为耐洗刷次数。

9.1.4.4 涂料的低温稳定性

低温稳定性是用于考察涂料适应实际施工条件的能力，以及产品储运过程中的安全性。国家标准规定，将涂料试样装入约 1L 的塑料或玻璃容器内，大致装满，密封，放入（-5±2）℃的低温箱中，18h 后取出容器，放置在标准温度为（23±2）℃、相对湿度为 50%±5% 的环境下 6h，如此反复三次后，打开容器，充分搅拌试样，观察有无硬块、凝聚及分离现象，如无则认为"不变质"。

9.1.4.5 涂层耐温变循环性

主要考察漆膜适应环境的能力，尤其是北方气候，昼夜温差极大，只有通过检测的产品才可使用。国家标准规定，将已经干燥的标准试板，做 5 次温变循环 [（23±2）℃水中浸泡 18h，（-20±2）℃冷冻 3h，（50±2）℃热烘 3h 为一次循环]，观察样板是否出现粉化、开裂、起泡、剥落、明显变色等涂膜病态现象。

9.1.4.6 涂料的耐沾污性

国家标准规定，外墙涂料必须达到一定的耐沾污性。考虑到户外主要为粉尘污染，标准中采用了粉煤灰作为人工污染源，以检测漆膜抵抗粉煤灰的污染能力。

9.1.4.7 涂料的耐人工老化性

人工老化有助于了解涂料将来的户外耐候性，但并不能准确反映户外实际条件，不存在时间上的一一对应关系，试验数据通常用来作为参考。国家标准规定，将制备好的标准试板放入试验箱中，用经滤光器滤光的氙弧灯作为辐射源，模拟自然条件对涂层进行人工气候加速老化，最后评定样板老化结果。

9.1.4.8 涂料的对比率

对比率是用来评定产品遮盖能力的指标，具体操作为：在标准的聚酯膜或黑白格纸板上制备 $100\mu m$ 厚漆膜，并在实验室条件下干燥 24h，把聚酯膜放在黑、白陶瓷板上，使用反射率测定仪分别测定反射率，黑板与白板的反射数据比值即为对比率。产品的遮盖力越强，黑板与白板上的数据差别越小，其比值越接近 1.0。

9.2 内墙涂料质量检测

9.2.1 合成树脂乳液内墙涂料

9.2.1.1 概述

内墙涂料的主要功能是装饰及保护内墙墙面及顶棚，建立一个美观舒适的生活环境。内墙涂料应具有以下性能：

① 色彩丰富、细腻、协调；

② 耐碱、耐水性好，不易粉化；

③ 好的透气性、吸湿排湿性；

④ 涂刷方便，重涂性好；

⑤ 无毒，无污染。

合成树脂乳液内墙涂料（又称乳胶漆）是以合成树脂乳液为基料（成膜材料）的薄型内墙涂料。这类涂料的特点是以水为介质，安全无毒；保色性、透气性好；容易施工。其一般用于室内墙面装饰，但不宜用于厨房、卫生间、浴室等潮湿墙面。目前，常用的品种有苯丙乳胶漆、乙丙乳胶漆、聚醋酸乙烯乳胶漆、氯-偏共聚乳液内墙涂料等。

苯丙乳胶漆内墙涂料是由苯乙烯、甲基丙烯酸、丙烯酸丁酯等三元共聚乳液为主要成膜物质，掺入适量的填料、少量的颜料和助剂，经研磨、分散后配制而成的一种有色无光的内墙涂料。用于住宅或公共建筑物的内墙装饰，其耐碱、耐水、耐久性及耐擦洗性都优于其他内墙涂料，是一种高档内墙装饰涂料，同时也是外墙涂料中较好的一种。

乙丙乳胶漆是以聚醋酸乙烯与丙烯酸酯共聚乳液为主要成膜物质，掺入适量的填料及少量的颜料及助剂，经研磨、分散后配制成的半光或有光的内墙涂料。用于建筑内墙装饰，其耐碱性、耐水性和耐久性都优于聚醋酸乙烯乳胶漆，并具有外观细腻、耐水性好和保色性好的优点，是一种中高档的内墙涂料。

聚醋酸乙烯乳胶漆以聚醋酸乙烯乳液为主要成膜物质，加入适量填料、少量的颜料及其他助剂经加工而成的水乳型涂料。它具有无味、无毒、不燃、易于施工、干燥快、透气性好、附着力强、颜色鲜艳、装饰效果明快等优点，但其耐候性、耐碱性和耐水性稍差，适用于装饰要求较高的内墙。

氯-偏共聚乳液涂料属于水乳型涂料，它是以氯乙烯-偏氯乙烯共聚乳液为主要成膜物质，添加少量其他合成树脂水溶液共聚液体，掺入不同品种的颜料、填料及助剂等配制而成，可用于建筑物内墙面装饰、地下建筑工程墙面的防潮处理。

由于合成树脂乳液内墙涂料的优异性能，市场需求量不断增加，我国于 1988 年首次发布了合成树脂乳液内墙涂料标准，1995 年第一次做了修订，2001 年又做了第二次修订，于 2001 年 9 月 6 日发布了《合成树脂乳液涂料内墙标准》（GB/T 9756—2001），对其技术性能提出了更科学的要求。

合成树脂乳液内墙涂料产品分为三个等级：优等品、一等品、合格品。

9.2.1.2 技术要求及检测标准

合成树脂乳液内墙涂料的技术要求应符合表 9-1 的有关规定。

表 9-1 合成树脂乳液内墙涂料技术要求

项　　目	指　　标		
	优等品	一等品	合格品
容器中状态	无硬块，搅拌后呈均匀状态		
施工性	刷涂二道无障碍		
低温稳定性	不变质		
干燥时间（表干）/h	2		
涂膜外观	正常		
耐碱性	24h 无异常		
对比率（白色和浅色①）	0.95	0.93	0.90
耐洗刷性/次	1000	500	200

① 浅色是指以白色涂料为主要成分，添加适量色浆后配制成的浅色涂料形成的涂膜所呈现的浅颜色，按 GB/T 15608—1995 中 4.3.2 规定明度值为 6～9 之间（三刺激值中的 $Y_{D65} \geqslant 31.26$）。

9.2.1.3 主要仪器及参数

（1）耐洗刷试验机 构造如图 9-1 所示。该洗刷机是一种使刷子在试验样板的涂层表面作直线往复运动、对其进行洗刷的仪器。刷子运动频率为每分钟往复 37 次循环（74 个冲程），每个冲程刷子运动距离为 300mm，在中间 100mm 区间大致为匀速运动。

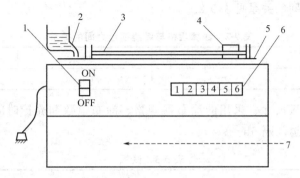

图 9-1 耐洗刷试验机构造示意图
1—电源开关；2—滴加洗刷介质的容器；3—滑动架；4—刷子及夹具；
5—试验台板；6—往复次数显示器；7—电动机

在 90mm×38mm×25mm 的硬木平板（或塑料板）上，均匀地打 60 个直径约为 3mm 的小孔，分别在孔内垂直地栽上黑猪鬃，与毛成直角剪平，毛长约为 19mm。

使用前，将刷毛浸入 20℃ 左右水中，12mm 深，30min，再用力甩净水，浸入符合规定的洗刷介质中 12mm 深，20min。刷子经此处理，方可使用。

刷毛磨损至长度小于 16mm 时，须重新更换刷子。

洗刷介质：将洗衣粉溶于蒸馏水中，配成 0.5%（质量分数）的溶液，其 pH 值为 9.5～10.0。

注：洗刷介质也可以是按产品标准规定的其他介质。

（2）反射率测定仪 主要用于漆膜遮盖力的测定和反射率的测量，完全符合国家标准 GB 9270—88 对该仪器的规定。

测量范围：0～100。

输入电源：220V，50Hz。

重复精度：≤0.3；示值误差：±1。

9.2.1.4 检测条件

合成树脂乳液内墙涂料性能试验的检测条件包括以下几个方面。

（1）试验环境条件 主要是指建筑涂料测试性能时的环境条件，即温度与湿度。我国规定的标准的试板的状态调节和试验的温湿度应符合 GB/T 9278—2008 的规定。试验的温度为 (23±2)℃，相对湿度为 45%～55%。

（2）试验样板的制备 在对涂料进行测试时，所检产品未明示稀释比例时，搅拌均匀后制板。若测试的建筑涂料产品明示了稀释比例时，除对比率外，其余需要制板进行检验的项目，均应按规定的稀释比例加水搅匀后制板，若所要测试的涂料规定了稀释比例的范围时，应取其中间值。

检验中用试板除对比率使用聚酯膜（或卡片纸）外，均为符合 JC/T412—1991（加压板，厚度为 4mm～6mm）技术要求的石棉水泥平板，其表面处理按 GB/T 9271—2008 中 7.3 的规定进行。即将石棉水泥平板切割成试验所需的尺寸，先用 2 号砂纸，再用 0 号磨砂纸将底板正面打磨平整，清除表面浮灰，经浸水使底板 pH 值接近 10，并在标准环境条件下放置 7d 以上。

在涂层的制备中，规定采用由不锈钢材料制成的线棒涂布器制板。线棒涂布器是由几种不同直径的不锈钢丝分别紧密缠绕在不锈钢棒上制成的，其规格为 80、100、120 三种，线棒规格与缠绕钢丝之间的关系见表 9-2。

表 9-2 线棒规格与缠绕钢丝之间的关系

规格	80	100	120
缠绕钢丝直径/mm	0.80	1.00	1.20

各检验项目的试板尺寸、采用的涂布器规格、涂布道数和养护时间应符合表 9-3 的规定。涂布两道时，两道间隔 6h。

表 9-3 试板

检 验 项 目	制板要求			
	尺寸/mm	线棒涂布器规格		养护期/d
		第一道	第二道	
干燥时间	150×70×(4～6)	100		
耐碱性	150×70×(4～6)	120	80	7
耐洗刷性	430×150×(4～6)	120	80	7
施工性、涂膜外观	430×150×(4～6)			
对比率		100		

注：根据涂料干燥性能不同，干燥条件和养护时间可以商定，但仲裁检验时为 1d。

9.2.1.5 检验步骤及质量评定

（1）容器中状态 打开包装容器，用搅棒搅拌时无硬块，易于混合均匀，则可视为合格。

容器中状态是指涂料在容器中的状态，如均匀、分层、沉淀、结块、凝胶等现象，它是直接给使用者以第一印象，明示其内部状况。按《涂料储存稳定性试验方法》（GB/T 3675.3—1986）进行具体如下。

① 从容器外表面除去所有的包装材料和其他杂物，小心地开启容器。

② 如果涂料表面有结皮，则尽可能完全地将它与容器的内壁分离并除去。

③ 用搅拌棒充分搅拌涂料，注意容器底是否有沉淀物存在。

（2）施工性 是测定涂料施工性能好坏的一项指标，用于检查涂料施工有无困难，是否流挂等。

用刷子在试板平滑面上刷涂试样，涂布量为湿膜厚约 $100\mu m$。使试板的长边呈水平方向，短边与水平面成约 85°角竖放。放置 6h 后再用同样方法涂刷第二道试样，在第二道涂刷时，刷子运行无困难，则可视为"涂刷二道无障碍"。

（3）低温稳定性 将试样装入约 1L 的塑料或玻璃容器（高约 130mm，直径约 112mm，壁厚约 0.23～0.27mm）内，大致装满，密闭，放入（−5±2）℃的低温箱中，18h 后取出容器，放置在标准温度为（23±2）℃、相对湿度为 50%±5% 的环境下 6h。如此反复三次后，打开容器，搅拌试样，观察有无硬块、凝聚及分离现象，如无则认为"不变质"。

(4) 干燥时间 按 GB/T 1728—1979 (1989) 中表干乙法的规定进行。

表干时间测定方法：以手指轻触涂膜表面，如感觉有些发黏，但无涂料黏在手指上，即认为表面干燥，记下所需要的时间即为表面干燥时间。

(5) 涂膜外观 将施工性试验结束后的试板放置 24h。目视观察涂膜，若无针孔和流挂，涂膜均匀，则认为"正常"。

(6) 对比率

① 在无色透明聚酯薄膜（厚度为 30~50μm）上，或者在底色黑白各半的卡片纸上按规定均匀地涂布被测涂料，在规定的条件下至少放置 24h。

② 用反射率仪（符合 GB/T 9270—1988 中 4.3 规定）测定涂膜在黑白底面上的反射率：如用聚酯薄膜为底材制备涂膜，则将涂漆聚酯膜贴在滴有几滴 200 号溶剂油（或其他适合的溶剂）的仪器所附的黑白工作板上，使之保证无气隙，然后在至少四个位置上测量每张涂漆聚酯膜的反射率，并分别计算平均反射率 R_B（黑板上）和 R_W（白板上）。

如用底色为黑白各半的卡片纸制备涂膜，则直接在黑白底色涂膜上各至少四个位置测量反射率，并分别计算平均反射率 R_B（黑纸上）和 R_W（白纸上）。

③ 对比率计算：

$$对比率 = \frac{R_B}{R_W} \tag{9-1}$$

④ 平行测定两次，如两次测定结果之差不大于 0.02，则取两次测定结果的平均值。

⑤ 黑白工作板和卡片纸的反射率为：黑色，不大于 1%；白色，(80±2)%。

(7) 耐碱性 按 GB/T 9265—1988 的规定进行。如三块试板中有两块未出现起泡、掉粉、明显变色等涂膜病态现象，可评定为"无异常"，如出现以上涂膜病态现象，按 GB/T 1766—1995 进行描述。

耐碱性是反映涂膜耐碱性能的一个测试项目，将涂膜浸入饱和氢氧化钙溶液，达到规定时间后，以涂膜表面变化现象表示，如粉化、起泡、褪色、剥落等。

① 材料和工具。石蜡、松香、底纹笔、搅拌棒、氢氧化钙（符合 HGB—3408—62 化学纯）、蒸馏水（去离子水）。

② 仪器设备。恒温水槽、天平（感量为 0.001g）。

③ 饱和氢氧化钙溶液配制。在 (23±2)℃ 的条件下，量取 100mL 蒸馏水，加入 0.12g 氢氧化钙，配制碱溶液并进行拌匀，pH 值为 12~13。

④ 测定方法。取三块 150mm×70mm×3mm 石棉水泥板按标准方法制成样板，参照耐水性测定方法，将试板浸泡在饱和的氢氧化钙溶液中 48h 或 24h。浸泡结束后，立即观察复涂层表面是否出现起泡、剥落、粉化、软化和溶出等现象。以两块以上试板涂层现象一致作为试验结果（对试板边缘约 5mm 和液面以下约 10mm 内的涂层区域，评定时不计）。

(8) 耐洗刷性 除试板的制备外，按 GB/T 9266—1988 的规定进行。同一试样制备两块试板进行平行试验。洗刷至规定的次数时，两块试板中有一块试板未露出底材，则认为其耐洗刷性合格。

① 按《涂料试验用试板的制备》的方法制备试板底板。耐洗刷性用底板为 430mm×150mm 3 块。

② 试板按 2.0g/dm² 的涂布量（或按产品标准规定的涂布方法和涂布量）在底板分两道均匀涂刷，间隔 6h，第一道涂布量为 1.2g/dm²，第二道涂布量为 0.8g/dm²，可用减量法

控制涂料用量。涂刷后置于无直射阳光处，并在标准环境条件下〔温度（23±2）℃，相对湿度 45％～55％〕放置 7d；或按产品标准要求的条件放置。

③ 按 5％的烷基苯磺酸钠溶液（洗衣粉）配制洗刷介质，并使 pH 值为 9.5～10.0 的范围内。配好后倒入洗刷试验机的洗刷介质容器中。

④ 将试板涂层面向上，水平固定在洗刷机的试验台板上，并将刷子用夹具置于试板涂层面上，使试板承受约 450g 的负荷。

⑤ 使刷子以 37 次/min 往返循环摩擦涂层，同时以约 0.04g/s 的速度滴加洗刷介质，使洗刷面保持湿润。

⑥刷至产品标准规定次数（合成树脂乳液内墙涂料 300 次为合格品）止，然后取下试板，用水清洗。

9.2.1.6 检验规则

合成树脂内墙乳液涂料产品检验分出厂检验和型式检验。出厂检验项目包括容器中状态、施工性、干燥时间、涂膜外观、对比率。型式检验项目包括前述所有技术要求。

在正常生产情况下，低温稳定性、耐碱性、耐洗刷性为半年检验一次。

检验结果的判定：单项检验结果的判定按 GB/T 1250—1989 中修约值比较法进行。产品检验结果的判定按 HG/T 2458—1993 中 3.5 规定进行。

9.2.2 合成树脂乳液外墙涂料

9.2.2.1 概述

外墙涂料的功能主要是装饰和保护建筑物的外墙面。它应有丰富的色彩，使外墙的装饰效果好，耐水性和耐候性好，耐污染性强，易于清洗。其主要类型有溶剂型、乳液型、复层建筑涂料、砂壁状及无机外墙涂料。

以高分子合成树脂乳液为主要成膜物质的外墙涂料，称为合成树脂乳液外墙涂料。按乳液制造方法不同可分为两类，其一是由单体通过乳液聚合方法生产工艺直接合成的乳液；其二是由高分子合成树脂通过乳化方法制成的乳液。按涂料质感又可分为乳胶漆（薄型乳液涂料）、厚质涂料及彩色砂壁状涂料等。

目前绝大部分乳液型外墙涂料是由乳液聚合方法生产的乳液作为主要成膜物质的。合成树脂乳液外墙涂料主要特点如下：

① 以水为分散介质，涂料中无易燃的有机溶剂。因而不会污染周围的环境，不易发生火灾，对人体毒性小。

② 施工方便，可以刷涂，也可以滚涂、喷涂，施工工具可以用水清洗。

③ 涂料透气性好，涂料中又含有大量水分，因而可以在稍湿的基层上施工，非常适宜于建筑工地的应用。

④ 外用乳胶型涂料耐候性能好，尤其是高质量的丙烯酸酯外墙乳液涂料，其光度、耐候性、耐水性、耐久性等各种性能可以与溶剂型丙烯酸酯外墙涂料媲美。

⑤ 目前乳液型外墙涂料存在的主要问题是在太低的温度下不能形成优质的涂膜，通常必须在 10℃ 以上施工才能保证质量，因而冬季一般不宜应用。

目前，乳胶漆类外墙涂料有以下几个品种：乙-顺乳胶漆、乙-丙乳胶漆、氯-乙-丙乳胶漆、苯-丙乳胶漆、丙烯酸酯乳胶漆等；乳液厚质涂料有乙-丙厚质涂料、氯-偏厚质涂料；砂壁状涂料有乙-丙彩砂涂料、苯-丙彩砂涂料；水乳型合成树脂乳液涂料有水乳型过氯乙烯涂料、水乳型环氧树脂涂料。

合成树脂乳液外墙涂料产品分为三个等级：优等品、一等品、合格品。

9.2.2.2 技术要求及检测标准

合成树脂乳液外墙涂料产品技术要求应符合表 9-4 的有关规定。按国家标准 GB/T 9755—2001 的有关规定进行检测。

表 9-4 技术要求

项目	指标		
	优等品	一等品	合格品
容器中状态	无硬块,搅拌后呈均匀状态		
施工性	刷涂二道无障碍		
低温稳定性	不变质		
干燥时间(表干)/h	≤2		
涂膜外观	正常		
对比率(白色和浅色①)	≥0.93	≥0.90	≥0.87
耐水性	96h 无异常		
耐碱性	48h 无异常		
耐洗刷性/次	≥2000	≥1000	≥500
耐人工气候老化性(白色和浅色①)	600h 不起泡、不剥落、无裂纹	400h 不起泡、不剥落、无裂纹	250h 不起泡、不剥落、无裂纹
粉化	≤1 级		
变色	≤2 级		
其他色	商定		
耐沾污性(白色和浅色①)/%	≤15	≤15	≤20
涂层耐温变性(5 次循环)	无异常		

① 浅色是指以白色涂料为主要成分，添加适量色浆后配制成的浅色涂料形成的涂膜所呈现的浅颜色，按 GB/T 15608—1995 中 4.3.2 规定明度值为 6 到 9 之间（三刺激值中的 Y_{D65}≥31.26）。

9.2.2.3 主要仪器及参数

合成树脂乳液外墙涂料质量检测所用的主要仪器为洗刷试验机与反射率仪。其性能参数与合成树脂内墙涂料质量检测所用的的仪器相同。

9.2.2.4 检测条件

（1）试验环境、试板的状态调节和试验的温湿度　应符合 GB/T 9278—2008 的规定。

（2）试验样板的制备　在对合成树脂乳液外墙涂料进行质量检测时，所检产品未明示稀释比例时，搅拌均匀后制板。若分析的涂料产品明示稀释比例时，除对比率外，其余需要制板进行检验的项目，均应按规定的稀释比例加水搅匀后制板，若所分析产品规定了稀释比例的范围时，应取其中间值。

检验用试板的底材除对比率使用聚酯膜（或卡片纸）外，其余均为符合 JC/T 412—1991 的规定。

检测中采用由不锈钢材料制成的线棒涂布器制板。线棒涂布器的规格与缠绕钢丝的关系见表 9-2。

各检验项目的试板尺寸、采用的涂布器规格、涂布道数和养护时间应符合表 9-5 的规定，涂布两道时，两道间隔 6h。

表 9-5　试板

检验项目	制板要求			
	尺寸/mm	线棒涂布器规格		养护期/d
		第一道	第二道	
干燥时间	150×70×(4～6)	100		
耐水性、耐碱性、耐人工气候老化性、耐沾污性、涂层耐温变性	150×70×(4～6)	120	80	7
耐洗刷性	430×150×(4～6)	120	80	7
施工性、涂膜外观	430×150×(4～6)			
对比率		100		1

注：根据涂料干燥性能不同，干燥条件和养护时间可以商定，但仲裁检验时为1d。

9.2.2.5　检验步骤及质量评定

（1）容器中状态　打开包装容器，用搅棒搅拌时无硬块，易于混合均匀，则可视为合格。

（2）施工性　用刷子在试板平滑面上刷涂试样，涂布量为湿膜厚约 $100\mu m$。使试板的长边呈水平方向，短边与水平面成约85°角竖放。放置6h后再用同样方法涂刷第二道试样，在第二道涂刷时，刷子运行无困难，则可视为"涂刷二道无障碍"。

（3）低温稳定性　将试样装入约1L的塑料或玻璃容器（高约130mm，直径约112mm，壁厚约 $0.23～0.27mm$）内，大致装满，密闭，放入（-5 ± 2）℃的低温箱中，18h后取出容器，再于试验环境条件下放置6h。如此反复三次后，打开容器，充分搅拌试样，观察有无硬块、凝聚及分离现象，如无则认为"不变质"。

（4）干燥时间　按 GB/T 1728—1979（1989）中表干乙法规定进行。

（5）涂膜外观　将施工性试验结束后的试板放置24h。目视观察涂膜，若无针孔和流挂，涂膜均匀，则认为"正常"。

（6）对比率　对比率测定步骤、试验所用仪器与合成树脂乳液内墙涂料对比率的测定步骤相同，质量评定按表9-4确定。

（7）耐水性　试板耐水性测试前除封边外，还需封背。将三块试板浸入 GB/T 6682—2008 规定的三级水中，如三块试板中有两块未出现起泡、掉粉、明显变色等涂膜病态现象，可评定为"无异常"。如出现以上涂膜病态现象，按 GB/T 1766—2008 进行描述。

（8）耐碱性　按 GB/T 9265—1988 的规定进行。如三块试板中有两块未出现起泡、掉粉、明显变色等涂膜病态现象，可评定为"无异常"，如出现以上涂膜病态现象，按 GB/T 1766—2008 进行描述。

（9）耐洗刷性　除试板的制备外，按 GB/T 9266—1988 规定进行。同一试样制备两块试板进行平行试验。洗刷至规定的次数时，两块试板中有一块试板未露出底材，则认为其耐洗刷性合格。

（10）耐人工气候老化性　试验按 GB/T 1865—1997 规定进行。结果的评定按 GB/T 1766—2008 进行。其中变色等级的评定按 GB/T 1766—2008 中的4.2.2进行。

（11）耐污染性

① 原理。本方法采用粉煤灰作为污染介质，将其与水掺和在一起涂刷在涂层样板上。干后用水冲洗，经规定的循环后，测定涂层反射系数的下降率，以此表示涂层的耐沾污性。

② 主要材料、仪器、装置。粉煤灰；反射率仪、天平、软毛刷；冲洗装置（水箱、水管和样板架用防锈硬质材料制成）。

③ 试验。粉煤灰水的配制：称取适量粉煤灰于混合用容器中，与水以 1∶1（质量比）比例混合均匀。

操作：在至少三个位置上测定经养护后的涂层试板的原始反射系数，取其平均值，记为 A。用软毛刷将（0.7±0.1）g 粉煤灰水横向纵向交错均匀地涂刷在涂层表面上，在（23±2）℃、相对湿度 50%±5% 条件下干燥 2h 后，放在样板架上。将冲洗装置水箱中加入 15L 水，打开阀门至最大冲洗样板。冲洗时应不断移动样板，使样板各部位都能经过水流点。冲洗 1min，关闭阀门，将样板在（23±2）℃、相对湿度 50%±5% 条件下干燥至第二天，此为一个循环，约 24h。按上述涂刷和冲洗方法继续试验至循环 5 次后，在至少三个位置上测定涂层样板的反射系数，取其平均值，记为 B。每次冲洗试板前均应将水箱中的水添加至 15L。

④ 计算。涂层的耐沾污性由反射系数下降率表示。

$$X = \frac{A-B}{A} \times 100\% \qquad (9\text{-}2)$$

式中　X——涂层反射系数下降率；

　　　A——涂层起始平均反射系数；

　　　B——涂层经沾污试验后的平均反射系数。

结果取三块样板的算术平均值，平行测定之相对误差应不大于 10%。

（12）涂层耐温变性　按规定做 5 次循环〔（23±2）℃水中浸泡 18h，（−20±2）℃冷冻 3h，（50±2）℃热烘 3h 为一次循环〕。三块试板中至少应有两块未出现粉化、开裂、起泡、剥落、明显变色等涂膜病态现象，可评定为"无异常"。如出现以上涂膜病态现象，按 GB/T 1766—2008 进行描述。

9.2.2.6　检验规则

合成树脂乳液外墙涂料的产品检验分出厂检验和型式检验。出厂检验项目包括容器中状态、施工性、干燥时间、涂膜外观、对比率。在正常生产情况下，低温稳定性、耐水性、耐碱性、耐洗刷性、耐沾污性、涂层耐温变性为半年检验一次，耐人工气候老化性为一年检验一次。

检验结果的判定：单项检验结果的判定按 GB/T 1250—1989 中修约值比较法进行。产品检验结果的判定按 HG/T 2458—1993 中 3.5 的规定进行。

9.2.3　防水涂料质量检测

9.2.3.1　概述

（1）防水涂料的概念及分类　建筑防水涂料（简称防水涂料）是一种建筑防水材料。将涂料单独或与胎体增强材料复合，分层涂刷或喷涂在需要进行防水处理的基层表面，即可在常温条件下形成一个连续无缝整体且具有一定厚度的涂膜防水层，从而能满足工业与民用建筑的屋面、地下室、卫生间和外墙等部位防水抗渗要求。防水涂料一般是由沥青、合成高分子聚合物、合成高分子聚合物与沥青、合成高分子聚合物与水泥或无机复合材料等为主要成膜物质，掺入适量的颜料、助剂、溶剂等加工制成的溶剂型、水乳型或反应型的，在常温下无固定形状的黏稠状液态或可液化的固体粉末状态的含高分子合成材料的复合材料。

防水涂料按其成膜物质可分为沥青类、高聚物改性沥青类（亦称橡胶沥青类）、合成高分子类（又可再分为合成树脂类、合成橡胶类）、无机类、聚合物水泥类五大类。按其状态与形式，大致可分为溶剂型、反应型、乳液型三大类。

① 溶剂型防水涂料。溶剂型防水涂料其主要成膜物质是高分子材料，以其溶解于（以分子状态存在于）有机溶剂中所形成的溶液为基料，加入颜填料、助剂制备而成。它是依靠溶剂的挥发或涂料组分间化学反应成膜的，因此施工基本上不受气温影响，可在较低温度下施工。涂膜结构紧密、强度高、弹性好，防水性能优于水乳型防水涂料。但在施工和使用中，有大量的易燃、易爆、有毒的有机溶剂逸出，对人体和环境有较大的危害，因此近年来应用逐步受到限制。溶剂型防水涂料主要品种有溶剂型氯丁橡胶沥青防水涂料、溶剂型氯丁橡胶防水涂料、溶剂型氯磺化聚乙烯防水涂料等。

② 反应型防水涂料。反应型防水涂料其作为主要成膜物质的高分子材料是以预聚物液态形式存在的。反应型防水涂料是通过液态的高分子预聚物与相应的物质发生化学反应成膜的一类涂料。反应型防水涂料通常也属于溶剂型防水涂料范畴，但由于成膜过程具有特殊性，因此单独列为一类。反应型防水涂料通常为双组分包装，其中一个组分为主要成膜物质，另一组分一般为交联剂。施工时将两种组分混合后即可涂刷。在成膜过程中，成膜物质与固化剂发生反应而交联成膜。反应型防水涂料几乎不含溶剂，其涂膜的耐水性、弹性和耐老化性通常都较好，防水性能也是目前所有防水涂料中最好的。反应型防水涂料的主要品种有聚氨酯防水涂料与环氧树脂防水涂料两大类。其中环氧树脂防水涂料的防水性能良好，但涂膜较脆，用羧基丁腈橡胶改性后韧性增加，但价格较贵且耐老化性能不如聚氨酯防水涂料。反应型聚氨酯防水涂料的综合性能良好，是目前我国防水涂料中最佳的品种之一。

③ 乳液型防水涂料。乳液型防水涂料为单组分水乳型防水涂料。涂料涂刷在建筑物上以后，随着水分的挥发而成膜。乳液型防水涂料其主要成膜物质高分子材料是以极微小的颗粒稳定悬浮在水中而成为乳液状涂料的。该类涂料施工工艺简单方便，成膜过程靠水分挥发和乳液颗粒融合完成，无有机溶剂逸出，不污染环境，不燃烧，施工安全，其价格也较便宜，防水性能基本上能满足建筑工程的需要，是防水涂料发展的方向。乳液型防水涂料的品种繁多，主要有：水乳型阳离子氯丁橡胶沥青防水涂料；水乳型再生橡胶沥青防水涂料；聚丙烯酸酯乳液防水涂料；EVA（乙烯-醋酸乙烯酯共聚物）乳液防水涂料；水乳型聚氨酯防水涂料；有机硅改性聚丙烯酯乳液防水涂料等。

防水涂料按照涂料的组分不同，一般可分为单组分防水涂料和双组分防水涂料。单组分防水涂料按液态不同，一般有溶剂型、水乳型。双组分防水涂料则以反应型为主。

建筑防水涂料按其在建筑物上的使用部位不同，可分为屋面防水涂料、立面防水涂料、地下工程防水涂料等几类。

（2）防水涂料的防水机理　防水涂料品种繁多，但其防水机理可分为两类，其一是涂膜型，其二是疏水型。

① 涂膜型防水涂料的防水机理。涂膜型防水涂料是通过形成完整的涂膜来阻挡水的透过或水分子的渗透来进行防水的。许多高分子涂膜的分子与分子之间总是有一些间隙的，其宽度约为几个纳米，按理说单个水分子是完全能够通过的，但自然界的水通常处于缔合状态，几十个水分子之间由于氢键的作用而形成一个很大的分子团，因此实际上是很难通过高分子间隙的，这就是防水涂料涂膜具有防水功能的主要原因。

② 疏水型防水涂料的防水机理。由于有些聚合物分子上含有亲水基团，故聚合物所形成的完整连续的涂膜并不能保证所有的聚合物涂膜均具有良好的防水性能。如果聚合物本身

具有疏水特性，使水分子与涂膜之间根本不相容，则就可以从根本上解决水分子的透过问题，聚硅氧烷防水涂料就是根据此原理设计的。

聚氯乙烯弹性防水涂料（以下简称 PVC 防水涂料）是以聚氯乙烯为基料，加入改性材料和其他助剂配制而成的热塑型和热熔型聚氯乙烯弹性防水涂料。PVC 防水涂料按施工方式分为热塑型（J 型）和热熔型（G 型）两种类型。PVC 防水涂料按耐热和低温性能分为801 和 802 两个型号。"80"代表耐热温度为 80℃，"1"、"2"代表低温柔性温度分别为"−10℃"、"−20℃"。

防水涂料品种多，不同的品种技术要求性能也有所不同。以聚氯乙烯弹性防水涂料为例说明防水涂料质量检测。

9.2.3.2 技术要求及检测标准

PVC 防水涂料技术要求有以下几个方面。

（1）外观 J 型防水涂料应为黑色均匀黏稠状物，无结块、无杂质。G 型防水涂料应为黑色块状物，无焦渣等杂物，无流淌现象。

（2）物理力学性能 PVC 防水涂料的物理力学性能应符合表 9-6 的规定。

表 9-6 PVC 防水涂料的物理力学性能

序号	项目		技术指标	
			801	802
1	密度/(g/cm³)		规定值①±0.1	
2	耐热性,80℃,5h		无流淌、起泡和滑动	
3	低温柔性/℃		−10	−20
			无裂纹	
4	断裂延伸率/%	无处理	≥350	
		加热处理	≥280	
		紫外线处理	≥280	
		碱处理	≥280	
5	恢复率/%		≥70	
6	不透水性,0.1MPa,30min		不渗水	
7	黏结强度/MPa		≥0.20	

① 规定值是指企业标准或产品说明所规定的密度值。

PVC 防水涂料质量检测标准按建材行业标准 JC/T 674—1997 进行。

9.2.3.3 检测条件

（1）实验室条件 标准试验条件为温度（20±2）℃，相对湿度 45%～60%。

（2）试件制备

① 试样。试样需经塑化或熔化后制备试件。J 型试样塑化时，边搅拌，边加热，温度至（135±5）℃时，保持 5min，降温至（120±5）℃时注模；G 型试样加热温度为（120±5）℃，熔化均匀后立即注模。

注：当冬季室温较低时，注膜前可将涂好隔离剂的玻璃底板放在 60℃ 左右烘箱内预热 30min 后趁热注模。

② 耐热性试件。底板用尺寸为 130mm×80mm×2mm 铝板，居中放置内部尺寸为100mm×50mm×3mm 的金属模框，同时制备 3 个。

③ 低温柔性试件。底板用涂有甘油滑石粉［配比为（1∶3）～（1∶4）］隔离剂的釉面砖，金属模框内部尺寸为 80mm×25mm×3mm。同时制备 3 个。

④ 无处理、加热处理、紫外线处理、碱处理的断裂延伸率和恢复率试件。应分片浇注成型，每片尺寸不小于 180mm×120mm×3mm。将模框居中放置在涂有隔离剂的玻璃底板上，并用透明胶带固定。拆模后将脱模的试片平放在撒有滑石粉的软木板上。按 JC/T 500—1992 附录 A 中有关哑铃片的规定，同时截取至少 5 片哑铃形试件，平放于撒有滑石粉的釉面砖上，每次裁样时裁刀上应沾有滑石粉。

⑤ 不透水性试件。将油毡原纸放在玻璃底板上，居中放置内部尺寸为 150mm×150mm×3mm 的金属模框，同时制备 3 个。

⑥ 黏结强度试件。先按 JC/T 408—2005 制备砂浆块，然后取 5 对断开的 8 字砂浆块，清除浮砂，擦净。分别蘸取少量已塑化或熔化好的涂料，稍加摩擦后对接两个半块，使黏结层涂料厚度为 0.5～0.7mm，然后立放在釉面砖上。

⑦ 所有制备好的试件，必须在室温条件下放置 24h，标准试验条件下放置 2h 后拆模。

9.2.3.4　检验步骤

（1）外观　取样时目测。

（2）耐热性　按 JC/T 408—2005 规定进行。

（3）低温柔性　按 JC/T 408—2005 规定进行，用 $\phi20mm$ 圆棒进行弯曲。

（4）密度　按 GB/T 13477—1992 规定进行。

（5）断裂延伸率

① 无处理时断裂延伸。按 JC/T 500—1992 附录 A 的规定进行试验。试验前以浅色广告画颜料标记间距 25mm 的两条平行标线，并用精度 0.02mm 的游标卡尺测量间距值（L_0）；试验拉伸速度为 500mm/min。试件两端垫油毡原纸以防污染试验机夹具。

② 加热处理后断裂延伸率。将脱模的试片平放在贴有脱水牛皮纸胶带或涂有硅油凡士林的釉面砖上，按 JC/T 408—2005 的规定进行加热处理，然后按①进行试验。

③ 紫外线处理后断裂延伸率。将脱模的试片平放在贴有脱水牛皮纸胶带或不粘纸的釉面砖上，按 JC/T 408—2005 的规定进行紫外线处理，然后按①进行试验。

④ 碱处理后断裂延伸率。脱模的试片按 JC/T 408—2005 的规定进行碱处理，但不需涂石蜡松香液，然后按①进行试验。

⑤ 结果计算。按式（9-3）计算断裂延伸率：

$$E=\frac{L-L_0}{L_0}\times100\% \tag{9-3}$$

式中　E——断裂延伸率，%；

　　L_0——拉伸前标线间距离，mm；

　　L——断裂时标线间距离，mm。

试验结果取 5 个有效数据的算术平均值，精确至 1%。

（6）恢复率　把试件拉伸至延伸率 100%（L_1）时，保持 5min，然后取下试件，平移至撒有滑石粉的釉面砖上，在标准试验条件下停放 1h，用精度为 0.02mm 的游标卡尺测量两标线间的距离（L_2）。按式（9-4）计算恢复率。

$$S=\frac{L_1-L_2}{L_1-L_0}\times100\% \tag{9-4}$$

式中　S——恢复率，％；

　　L_1——100％延伸率时的标线间距离，mm；

　　L_2——100％延伸率恢复后的标线间距离，mm；

　　L_0——拉伸前标线间距离，mm。

试验结果取 5 个试件的算术平均值，精确至 0.01％。

9.2.3.5　质量评定

PVC 防水涂料检验分为出厂检验和型式检验。

出厂检验：项目为外观、耐热性、低温柔性和无处理时断裂延伸率。

型式检验：项目为 JC/T 674—1997 规定的所有项目。

PVC 防水涂料质量评定中组批与抽样需按规定进行。以同一类型、同一型号 20t 产品为一批，不足 20t 也作一批进行出厂检验。型式检验按 GB 3186—1988 规定的数量进行，在批中随机抽取整桶（袋）产品，然后按 GB 3186—1988 中的规定，取混合样品 2kg 进行物理力学性能的检验。

评定时，外观质量不符合技术要求的规定，即判为不合格。单项结果判定时，耐热性、低温柔性、不透水性每个试件均符合规定，则判该项目合格。其余各项每组试件的算术平均值符合规定，则判该项目合格。

在出厂检验和型式检验中，若有两项或两项以上指标不符合规定，则该批产品为不合格品。若有一项不符合规定，允许在同批样品中加倍抽样对该项进行复检。若仍不符合要求，则判该批产品为不合格品。

9.2.4　油漆质量检测

9.2.4.1　概述

早期的涂料主要是以油脂和天然树脂为主要原料，所以当时称为油漆，如生漆、沥青漆、虫胶漆等。但随着科学的进步，合成树脂被广泛用作涂料的主要原料，生产出溶剂型涂料和水性涂料，现阶段技术分类将传统的油漆和现在的涂料统称为涂料。习惯上人们把新型水性漆（尤其是建筑涂料）称为涂料，而把传统的溶剂型漆称为油漆。油漆主要分为墙漆、木器漆和金属漆。

溶剂型建筑涂料（墙漆）是采用高分子合成树脂为主要成膜物质，并将其溶解在有机溶剂中，加入一定量的颜填料和助剂，经研磨而成的一类挥发性涂料。

按成膜机理不同，分为挥发固化型和反应固化型。挥发固化型是通过有机溶剂的挥发形成连续涂膜，挥发成分含量大于反应固化型。反应固化型是通过固化剂与成膜物质发生化学反应，进而形成三维网络的连续涂膜，挥发成分较少。

溶剂型建筑涂料由于溶剂挥发，存在易燃，毒害操作人员，涂膜透气性差，在潮湿基层上施工易起皮、脱落等不足。其具有涂膜密实、硬度、光泽、耐酸碱性、耐候性和耐污染性能优良等优点。

如丙烯酸酯溶剂型涂料是性能优异的外墙涂料，是以热塑性的丙烯酸酯合成树脂为主要成膜物质，加入溶剂、颜料、填料、助剂等，经研磨而制成的一种溶剂挥发性涂料。这类涂料的耐候性良好，在长期有光照、日晒雨淋的条件下，不易变色、粉化或脱落；对墙面有较好的渗透作用，结合牢固；使用时不受温度限制，在零度以下的冬季施工，也可很好地干燥成膜；施工方便，可采用刷涂、喷涂等施工工艺，可按要求配制面各种颜色。下面以溶剂型外墙涂料为例对这类型涂料质量检测进行相关的说明。

溶剂型外墙涂料国家标准 GB/T 9757—2001 将溶剂型涂料分为三个等级：优等品、一等品、合格品。

9.2.4.2 技术要求及检测标准

溶剂型外墙涂料产品应符合表 9-7 的技术要求。检测标准为国家标准 GB/T 9757—2001。

表 9-7　溶剂型外墙涂料技术要求

项　　目	指　　标		
	优等品	一等品	合格品
容器中状态	无硬块,搅拌后呈均匀状态		
施工性	刷涂二道无障碍		
干燥时间(表干)/h	≤2		
涂膜外观	正常		
对比率(白色和浅色)①	≥0.93	≥0.90	≥0.87
耐水性	168h 无异常		
耐碱性	48h 无异常		
耐洗刷性/次	≥5000	≥3000	≥2000
耐人工气候老化性(白色和浅色①)	1000h 不起泡、不剥落、无裂纹	500h 不起泡、不剥落、无裂纹	300 不起泡、不剥落、无裂纹
粉化	≤1 级		
变色	≤2 级		
其他色	商定		
耐沾污性(白色和浅色①)/%	≤10	≤10	≤10
涂层耐温变性(5 次循环)	无异常		

① 浅色是指以白色涂料为主要成分,添加适量色浆后配制成的浅色涂料形成的涂膜所呈现的浅颜色,按 GB/T 15608−1995 中 4.3.2 规定明度值为 6～9 之间(三刺激值中的 Y_{D65}≥31.26)。

9.2.4.3 检测条件

检测条件基本与前述合成树脂乳液型涂料相同。除对比率采用刮涂制板外,其他均采用刷涂制板。刷涂两道间隔时间应不小于 24h。各检验项目(除对比率)的试板尺寸、刷涂量和养护时间应符合表 9-8 的规定。

表 9-8　试板

检 验 项 目	制 板 要 求			
	尺寸/mm	刷涂量/(g/dm²)		养护期/d
		第一道	第二道	
干燥时间	150×70×(4～6)	1.6±0.1	1.0±0.1	
耐水性、耐碱性、耐人工气候老化性、耐污染性、涂层耐温变性	150×70×(4～6)	1.6±0.1	1.0±0.1	7
耐洗刷性	430×150×(4～6)	9.7±0.1	6.4±0.1	7
施工性、涂膜外观	430×150×(4～6)			

溶剂型外墙涂料质量检测中所用检测主要仪器、检验步骤、结果计算及质量评定与合成树脂乳液外墙涂料相同,在此不再重复进行说明。

【思考题】

1. 什么是建筑涂料？简述建筑涂料的三大功能。
2. 按基料的类别分类，有机涂料分为哪三大类？这三大类涂料有何特点？
3. 简述涂料对比率的含义。
4. 建筑涂料进行耐水性与耐碱性测试有何意义？
5. 简述合成树脂乳液内墙涂料的技术性能指标。
6. 合成树脂乳液外墙涂料与内墙涂料对涂膜耐洗刷性性能的要求有何不同？
7. 合成树脂乳液内墙涂料关于容器中状态性能指标有何要求？
8. 简述涂膜干燥时间测定的现实意义。
9. 溶剂型外墙涂料有何特点？

10 防水材料

【本章要点】 本章介绍了防水材料的分类、技术要求、性能特点、发展状况，以及防水材料及防水卷材的质量检测方法。通过学习了解防水材料的分类和应用特点，重点掌握防水材料及防水卷材的质量检测方法。

10.1 防水材料质量检测概述

防水材料是保证房屋建筑中能够防止雨水，地下水侵蚀、渗透的重要组成部分，属于功能性材料，是建筑工程中不可缺少的建筑材料，其质量的优劣直接影响建筑物的使用功能和寿命。

建筑工程中的防水材料可分为刚性防水材料和柔性防水材料两大类。刚性防水材料是以水泥混凝土自防水为主，外掺各种防水剂、膨胀剂等共同组成的水泥混凝土或砂浆自防水结构。而柔性防水材料常采用铺设防水卷材、涂敷防水涂料等做法，是产量和用量最大的一类防水材料，而且防水性能可靠，可适应不同用途和各种外形的防水工程，因此在国内外得到推广和应用。

柔性防水材料主要包括沥青防水材料、聚合物改性沥青防水材料和高分子防水材料等。下面主要介绍沥青防水材料。

沥青是一种憎水性的有机胶凝材料，构造致密，与石料、砖、混凝土及砂浆等能牢固地黏结在一起。沥青制品具有良好的隔潮、防水、抗渗、耐腐蚀等性能，在地下防潮、防水和屋面防水等建筑工程中及铺路等工程中得到广泛的应用。沥青在建筑工程上广泛应用于防水、防腐、防潮工程及水工建筑与道路工程中。

沥青是由多种有机化合物构成的复杂混合物。在常温下呈固体、半固体或液体状态；颜色呈褐色以至黑色；能溶解于多种有机溶剂。

沥青的种类很多，按产源可分为地沥青和焦油沥青。地沥青主要包括石油沥青和天然沥青；焦油沥青包括煤沥青、木沥青等。建筑工程中主要用的是石油沥青和煤沥青。

天然沥青指存在于自然界中的沥青，如沥青湖或含有沥青的砂岩等。将天然沥青提炼加工后即为所需的沥青产品，其性质与石油沥青相同。

石油沥青是石油原油经分馏提出各种石油产品后的残留物再经加工制得的产品。

煤沥青是煤焦油经分馏提出油品后的残留物再经加工制得的产品。

页岩沥青是油页岩炼油工业的副产品。页岩沥青的性质介于石油沥青与煤沥青之间。

10.1.1 石油沥青

石油沥青是一种有机胶凝材料，在常温下呈固体、半固体或黏性液体状态。颜色为褐色或黑褐色。它是由许多高分子碳氢化合物及其非金属衍生物组成的复杂混合物。

组分：按其物理、力学性质划分为若干组，称为组分（或称组丛）。

（1）石油沥青的组分与结构

① 油分。为沥青中最轻的组分，密度为 $0.7\sim1g/cm^3$。在 170℃ 较长时间加热可以挥发。它能溶于大多数有机溶剂，但不溶于酒精。在石油沥青中，含量为 $40\%\sim60\%$。油分使沥青具有流动性。

② 树脂质。为密度略大于 $1g/cm^3$ 的黑褐色或红褐色黏稠物质。能溶于汽油、三氯甲烷和苯等有机溶剂，但在丙酮和酒精中溶解度很低，在石油沥青中含量为 $15\%\sim30\%$。它使石油沥青具有塑性与黏结性。

③ 沥青质。为密度略大于 $1g/cm^3$ 的固体物质，黑色。不溶于汽油、酒精，但能溶于二硫化碳和三氯甲烷中。在石油沥青中含量为 $10\%\sim30\%$。它决定石油沥青的温度稳定性和黏性，它的含量愈多，则石油沥青的软化点愈高，脆性愈大。

此外，石油沥青中常含有一定量的固体石蜡，它会降低沥青的黏结性、塑性、温度稳定性和耐热性。

（2）沥青的主要技术性质

① 黏滞性（亦称黏性）。黏滞性是反映沥青材料在外力作用下，其材料内部阻碍（抵抗）产生相对流动（变形）的能力。液态石油沥青的黏滞性用黏度表示。半固体或固体沥青的黏性用针入度表示。黏度和针入度是沥青划分牌号的主要指标。

② 塑性。是指沥青在外力作用下产生变形而不破坏，除去外力后仍能保持变形后的形状不变的性质。塑性表示沥青开裂后自愈能力及受机械应力作用后变形而不破坏的能力，沥青的塑性用"延伸度"（亦称延度）或"延伸率"表示。延伸度以试件拉细而断裂时的长度表示。

③ 温度敏感性。是指石油沥青的黏滞性和塑性随温度升降而变化的性能。作为屋面防水材料，受日照辐射作用可能发生流淌和软化，失去防水作用而不能满足使用要求，因此温度敏感性是沥青材料的一个很重要的性质。温度敏感性常用软化点来表示，软化点是沥青材料由固体状态转变为具有一定流动性的膏体时的温度。软化点可通过"环球法"试验测定。不同沥青的软化点不同，大致在 $25\sim100℃$ 之间。软化点高，说明沥青的耐热性能好，但软化点过高，又不宜加工；软化点低的沥青，夏季易产生变形，甚至流淌。所以，在实际应用时，希望沥青具有高软化点和低脆化点，

④ 大气稳定性。是指石油沥青在热、阳光、氧气和潮湿等因素的长期综合作用下抵抗老化的性能，它反映沥青的耐久性。大气稳定性可以用沥青的蒸发减量及针入度变化来表示，即试样在 160℃ 温度加热蒸发 5h 后的质量损失率和蒸发前后的针入度比两项指标来表示，蒸发损失率越小，针入度比越大，则表示沥青的大气稳定性越好。

此外，沥青材料受热后会产生易燃气体，与空气混合遇火即发生闪火现象。当开始出现闪火时的温度，叫闪点，也称闪火点。

（3）石油沥青的技术标准　按用途分为道路石油沥青、建筑石油沥青及防水石油沥青等。

石油沥青的牌号主要根据其针入度、延度和软化点等质量指标划分，以针入度值表示。同一品种的石油沥青，牌号越高，则其针入度越大，脆性越小；延度越大，塑性越好；软化点越低，温度敏感性越大。

（4）石油沥青的应用　在选用沥青材料时，应根据工程类别（房屋、道路、防腐）及当地气候条件、所处工作部位（屋面、地下）来选用不同牌号的沥青或选取两种牌号沥青调配使用。

（5）沥青的掺配使用　当单独用一种牌号的沥青不能满足工程的耐热性（软化点）要求时，可以用同产源的两种或三种沥青进行掺配。两种沥青掺配量可按下式计算。

$$较软沥青掺量 = \frac{较硬沥青软化点 - 要求的沥青软化点}{较硬沥青软化点 - 较软沥青软化点} \times 100\% \qquad (10-1)$$

$$较硬沥青掺量 = 100\% - 较软沥青掺量 \qquad (10-2)$$

在实际掺配过程中，按上式得到的掺配沥青，其软化点总是较低于计算软化点。一般来说，若以调高软化点为目的掺配沥青，如两种沥青计算值各占 50%，则在实配时其高软化点的沥青应多加 10% 左右。如用三种沥青时，可先求出两种沥青和配比，然后再与第三种沥青进行配比计算。

根据计算的掺配比例和在其邻近的比例［±（5%～10%）］进行试配，测定掺配后沥青的软化点，然后绘制"掺配比-软化点"曲线，即可从曲线上确定所要求的掺配比例。

10.1.2　煤沥青

煤沥青是炼焦厂和煤气厂的副产品。烟煤在干馏过程中的挥发物质，经冷凝而成的黑色黏性液体称为煤焦油，煤焦油经分馏加工提取轻油、中油、重油、蒽油以后，所得残渣，即为煤沥青。按蒸馏程度不同分为低温沥青、中温沥青和高温沥青，建筑上多采用低温沥青。煤沥青的大气稳定性与温度稳定性较石油沥青差。煤沥青中含有酚，有毒性，防腐性较好，适于地下防水层或作防腐材料用。近来已很能少用于建筑、道路和防水工程中。

10.1.3　改性沥青

采取措施对普通沥青进行改性所得到的性能改善的新沥青，称为改性沥青。

改性沥青可分为橡胶改性沥青，树脂改性沥青，橡胶、树脂并用改性沥青，再生胶改性沥青和矿物填充剂改性沥青等数种。

10.2　防水卷材质量检测

10.2.1　概述

防水卷材是一种可卷曲的片状防水材料，根据其主要防水材料可分为沥青防水卷材、高聚物改性防水卷材和合成高分子防水卷材三大类。

各类防水卷材均应有良好的耐水性、温度稳定性和大气稳定性（抗老化性），并应具备必要的机械强度、延伸性、柔韧性和抗断裂的能力。

防水卷材是建筑工程防水材料的重要品种之一，任何防水卷材，均需具备以下性能。

① 耐水性。在水的作用下和被水浸润后其性能基本不变。在压力水的作用下，具有不透水性。

② 温度稳定性。在高温下不流淌、不起泡、不滑动，在低温下不脆裂，即在一定温度下，保持原有性能的能力，常用耐热度表示。

③ 机械强度、延伸率和抗断裂性。用拉力、拉伸和断裂指标表示。

④ 柔韧性。在低温条件下保持柔性的性能。它保证易于施工、不脆裂，十分重要，常用柔度、低温弯折等指标表示。

⑤ 大气稳定性。在阳光、热及化学侵蚀介质的作用下抵抗侵蚀的能力，用耐老化、热老化保持率表示。

防水卷材常用的品种主要有：石油沥青防水卷材、聚合物改性沥青防水卷材和合成高分子防水卷材三大类。

（1）石油沥青防水卷材　石油沥青防水卷材是用原纸、纤维织物、纤维毡等胎体浸涂石油沥青，表面涂上粉状物、粒状物或片状物制成卷材的防水材料。

对于屋面防水工程，根据国家标准规定沥青防水卷材料只用于一般的建筑，防水层合理使用年限为 10 年。对于防水等级高的屋面应选用三毡四油沥青卷材，也可用二毡三油沥青防水卷材防水。

（2）聚合物改性沥青防水卷材　聚合物改性沥青防水卷材是指用弹性体或塑性体高聚物对沥青进行改性，并用玻璃纤维或合成纤维胎体材料生产出的一类新型建筑防水材料。最有代表性的聚合物改性沥青防水卷材是由法国开发的 SBS 弹性体防水卷材和意大利开发的 APP 塑性体改性沥青防水卷材。

我国的改性沥青防水卷材，绝大多数为 SBS、APP 改性沥青防水卷材，其中 SBS 改性沥青防水卷材所占比例较大，APP 改性沥青防水卷材因原料需要进口，用量增长不大。

（3）合成高分子防水卷材　随着合成高分子材料的发展，出现了以合成橡胶、合成树脂为主的新型防水卷材——合成高分子防水卷材。

合成高分子防水卷材是以合成橡胶、合成树脂或两者的共混体为基料，再加入硫化剂、促进剂、补强剂和防老剂、填充剂，经密炼、拉片、挤出成型为可卷曲的片状防水卷材。其中有加筋和不加筋两种，具有高弹性、拉伸率高、延伸率大、耐热和低温柔性好、耐腐蚀、耐老化、可单层防水、使用寿命长等优点。其品种有三元乙丙橡胶防水卷材、氯丁橡胶防水卷材、聚乙烯共混防水卷材三大类。

10.2.2　建筑防水卷材的质量检测

2007 年颁布的 GB/T 328—2007《建筑防水卷材试验方法》分 27 个部分对防水卷材试验方法做了规定，本部分主要介绍沥青和高分子防水卷材的抽样规则，以及对外观、厚度、单位面积质量、长度、宽度平直度等的检测方法。

10.2.2.1　沥青和高分子防水卷材的抽样规则

交付批是指一批或交货的用来检测的建筑防水卷材。试样是指样品中用于裁取试件的部分。试件是指从试样上准确裁取的样品。样品是指用于裁取试样的一卷防水卷材。抽样是指从交付批中选择并组成样品用于检测的程序，见图 10-1。纵向是指卷材平面上与机器生产方向平行的方向。横向是指卷材平面与机器生产方向垂直的方向。

（1）原理　先从交付批中选择样品确定试样，再从试样上准确裁取样品做成试件。该方法主要是确定形成试样和试件的顺序过程。

（2）抽样　根据相关方协议的要求，若没有这种协议，可按表 10-1 所示进行。不要抽取损坏的卷材。

表 10-1　抽样

批量/m²		样品数量/卷	批量/m²		样品数量/卷
以上	直至		以上	直至	
—	1000	1	2500	5000	3
1000	2500	2	5000	—	4

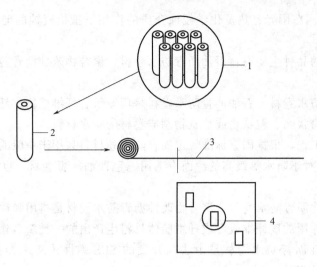

图 10-1　抽样

1—交付批；2—样品；3—试样；4—试件

（3）试样和试件　温度条件：在裁试样前样品应在（20±10）℃放置 24h。无争议时可在产品规定的展开温度范围内裁取试样。

① 试样。在平面上展开抽取的样品，根据试件需要的长度在整个卷材宽度上裁取试样。若无合适的包装保护，将卷材外面的一层去除。试样用能识别的材料标记卷材的上表面和机器生产方向。若无其他相关标准规定，在裁取试件前试样应在（23±2）℃放置至少 20h。

② 试件。在裁取试件前检查试样，试样不应有由于抽样或运输造成的折痕，保证试样没有 GB/T 328.2—2007 或 GB/T 328.3—2007 规定的外观缺陷。根据相关标准规定的检测性能和需要的试件数量裁取试件。试件用能识别的方式来标记卷材的上表面和机器生产方向。

（4）试验报告　试验报告至少包含以下信息：

① 相关标准中产品试验需要的所有数据；

② 涉及 GB/T 328—2007 的部分内容及偏离；

③ 与产品或过程有关的折痕或缺陷；

④ 抽样地点和数量。

10.2.2.2　沥青防水卷材的外观质量检测

气泡是指在卷材表面的凸起，有各种外形和尺寸，在其下面有空穴。裂缝是指裂纹从表面扩展到材料胎基或整个厚度，沥青材料会在裂缝处完全断开。孔洞是指贯穿卷材整个厚度，能漏过水的洞。矿物面卷材可能会有裸露斑，它主要是指缺少矿物料的表面面积超过 $100mm^2$。疙瘩是指在卷材表面的凸起，有各种形状和尺寸，其下面没有空穴。

（1）原理　抽取成卷沥青卷材在平面上展开，用肉眼检查。

（2）抽样和试验条件

① 抽样。按 GB/T 328.1—2007 抽取无损伤的沥青卷材进行试验。

② 试验条件。通常情况在常温下进行测量。有争议时，试验在（23±2）℃条件下进行，并在该温度放置不少于 20h。

（3）检验步骤　抽取成卷卷材放在平面上，小心地展开卷材，用肉眼检查整个卷材上下表面有无气泡、裂纹、孔洞或裸露斑、疙瘩或任何其他能观察的缺陷存在。

（4）试验报告　试验报告至少包括以下信息：

① 相关产品试验需要的所有数据；

② 涉及 GB/T 328—2007 的部分内容；

③ 根据检测步骤要求的抽样和试件制备信息；

④ 根据技术要求的外观测定；

⑤ 试验日期。

10.2.2.3　高分子防水卷材的外观质量检测

高分子防水卷材的裂缝是指裂纹扩展到材料外表面或整个厚度，橡胶或塑料会在裂缝处完全断开。擦伤是指由意外引起的卷材单面损伤。凹痕是指卷材表面小的凹坑和压痕。空包是指不定型的带入的空穴，含有空气或其他气体。另外卷材可能会含有杂质，主要指与产品无关的物质。

（1）原理　抽取成卷塑料、橡胶卷材的一部分，在平面上展开，在卷材两面和切割断面上检查。

（2）抽样和试验条件

① 抽样。按 GB/T 328.1—2007 抽取无损伤的高分子卷材进行试验。

② 试验条件。通常情况常温下进行测量。有争议时，试验在 （23±2）℃条件下进行，并在该温度放置不少于 20h。

（3）检验步骤

① 抽取成卷卷材放在平面上，小心地展开卷材的前 10m 检查，上表面朝上，用肉眼检查整个卷材表面有无气泡、裂缝、孔洞、擦伤、凹痕，或任何其他能观察到的缺陷存在。然后将卷材小心的调个面，用同样方法检查下表面。

② 靠近卷材端头，沿卷材整个宽度方向切割卷材，检查切割面有无空包和杂质存在。

（4）试验报告　试验报告至少包括以下信息：

① 涉及 GB/T 328—2007 的部分内容；

② 相关产品试验需要的所有数据；

③ 试验过程中采用的非标准步骤和遇到的异常；

④ 存在的气泡、裂缝、孔洞、擦伤或凹痕；

⑤ 在切割面存在的空包、杂质；

⑥ 试验日期。

10.2.2.4　沥青防水卷材的厚度、单位面积质量检测

厚度是指卷材上下表面间的尺寸。卷材可能会有明显的表面构造，即在卷材的一面或两面，影响卷材的厚度超过 10% 的一种构造形式或凸起。密实的纤维背衬是指固定在卷材底部，质量超过 80g/m² 的一层合成纤维纺织或无纺布层。凸起是指在制造过程中有意压在卷材一面或两面的一种构造形式。留边是指防水卷材表面留下的无矿物颗粒区域，或类似的帮助重叠黏合的表面保护。

（1）厚度测定

① 原理。卷材厚度在卷材宽度方向平均测量 10 点，这些值的平均值记录为整卷卷材的厚度，单位 mm。

② 仪器设备。测量装置：能测量厚度精确到 0.001mm，测量面平整，直径 10mm，施

加在卷材表面的压力为 20kPa。

③ 抽样和试件制备

a. 抽样。按 GB/T 328.1—2007 抽取无损伤的整卷卷材进行实验。

b. 试件制备。从试样上沿卷材整个方向裁取至少 100mm 宽的一条试件。

c. 试验试件的条件。通常情况常温下进行测定。有争议时，试验在 (23±2)℃条件下进行，并在该温度放置不少于 20h。

④ 检测步骤。保证卷材和测量装置的测量面没有污染，在开始测量前检查测量装置的零点，在所有测量结束后再检查一次。

在测量厚度时，测量装置下足慢慢落下避免试件变形。在卷材宽度方向取均匀分布的 10 点测量并记录厚度，最边的测量应距卷材边缘 100mm。

⑤ 结果表示。计算按检测步骤测量的 10 点厚度平均值，修约到 0.1mm 表示。试验方法的精确度没有规定。推论厚度测量的精确度不低于 0.1mm。

(2) 单位面积质量的测定

① 试件从试片上裁取并称重，然后得到单位面积质量平均值。

② 仪器设备。称量装置，能测量试件质量并精确到 0.01g。

③ 抽样。按 GB/T 328.1—2007 抽取无损伤的整卷卷材进行试验。

④ 试件的制备。从试样上截取至少 0.4m 长、整个卷材宽度宽的试片，从试片上截取 3 个正方形或圆形试件，每个面积 (10000±100)mm² ，一个从中心裁取，其余两个和第一个对称，沿试片相对两角的对角线，此时试件距卷材边缘大约 100mm，避免裁下任何留边（见图 10-2）。

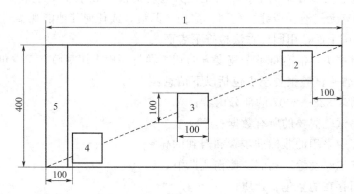

图 10-2 正方形试件示例

1—产品宽度；2～4—试件；5—留边

⑤ 试验条件。试件应在温度 (23±2)℃和相对湿度 50%±5% 条件下至少放置 20h，试验在 (23±2)℃进行。

⑥ 检测步骤。用称量装置称取每个试件，记录质量精确到 0.1g。

⑦ 结果计算。计算卷材单位面积质量 m，单位为 kg/m²，按式(10-3) 计算。

$$m = \frac{m_1 + m_2 + m_3}{3 \times 10} \tag{10-3}$$

式中 m_1——第一个试件的质量，g；

　　　　m_2——第二个试件的质量，g；

m_3——第三个试件的质量，g。

精确度：试验方法的精确度没有规定。推论单位面积质量的精确度不低于 $10g/m^2$。

(3) 试验报告　实验报告至少包括以下信息。

① 相关产品试验需要的所有数据；

② 涉及 GB/T 328—2007 的部分内容；

③ 根据厚度检测抽样、单位面积质量检测抽样和制备试件的信息；

④ 根据检测步骤和结果计算的试验结果；

⑤ 试验日期。

10.2.2.5　高分子防水卷材的厚度和单位面积质量检测

卷材的几种结构见图 10-3。高分子防水卷材表面构造是指在卷材的一面或两面，对卷材的影响在有效厚度与全厚度之间不超过 0.1mm ［见图 10-4(a) 和图 10-4(c)］的一种构造形式。表面形态（表面结构）是指在卷材表面高起的区域，对卷材的影响在有效厚度与全厚度之间超过 0.1mm ［见图 10-4(b)］。中间织物是指在卷材中间的合成纤维和无机纤维的纺织或无纺布层 ［见图 10-3(c)］，可以是增强或非增强层。背衬是用合成纤维或无机纤维或其他材料的纺织或无纺布层，固定在卷材的底部 ［见图 10-4(d)］。全厚度是指包括任何表面结构的卷材厚度。有效厚度是指卷材提供防水功能的厚度，包括表面构造，但不包括表面结构和背衬。

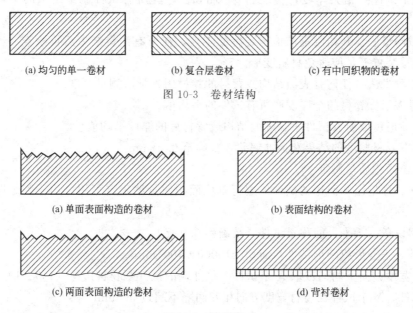

(a) 均匀的单一卷材　　　(b) 复合层卷材　　　(c) 有中间织物的卷材

图 10-3　卷材结构

(a) 单面表面构造的卷材　　　　　　(b) 表面结构的卷材

(c) 两面表面构造的卷材　　　　　　(d) 背衬卷材

图 10-4　表面形式

(1) 抽样　按 GB/T 328.1—2007 抽样。

(2) 厚度测定

① 原理。用机械装置测定厚度，若有表面结构或背衬影响，采用光学测量装置。

② 仪器设备。测量装置：能测量厚度精确到 0.01mm，测量面平整，直径 10mm，施加在卷材表面的压力为 20kPa。

光学装置：（用于表面结构或背衬卷材）能测量厚度，精确到 0.01mm。

③ 试件制备。试件为正方形或圆形，面积（10000±100）mm^2。从试样上沿卷材整个

宽度方向裁取 X 个试件，最外边的试件距卷材边缘（100±10）mm（X 至少为 3 个试件，X 个试件在卷材宽度方向相互间隔不超过 500mm），见图 10-5。

④ 检测步骤。测量前试件在（23±2）℃和相对湿度 50%±5%条件下至少放 2h，试验在（23±2）℃进行。试验卷材表面和测量装置的测量面洁净。

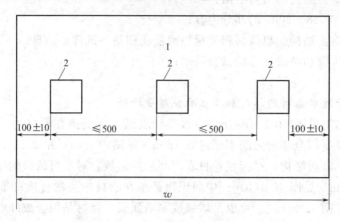

图 10-5 试件裁样平面图
1—试样；2—试件；w—卷材宽度

记录每个试件的相关厚度，精确到 0.01mm。计算所有试件测量结果的平均值和标准偏差。

⑤ 机械测量法。开始测量前检查装置的零点，在所有测量结束后再检查一次。在测定厚度时，测量装置下足应避免材料变形。

⑥ 光学测量法。任何有表面结构或背衬的卷材用光学法测量厚度。

⑦ 结果表示。卷材的全厚度取所有试件的平均值。

卷材有效厚度取所有试件去除表面结构或背衬后的厚度平均值。

记录所有卷材厚度的结果和标准偏差，精确至 0.01mm。

（3）单位面积质量测定

① 原理。称量已知面积的试件，进行单位面积质量测定（可用已用于测定厚度的同样试件）。

② 仪器设备。天平：能称量试件，精确到 0.01g。

③ 试件。正方形或圆形试件，面积（10000±100）mm²。

在卷材宽度方向上均匀裁取 X 个试件，最外端的试件距卷材边缘（100±10）mm（X 至少为 3 个试件，X 个试件在卷材宽度方向相互间隔不超过 500mm）。

④ 检验步骤。称量前试件在（23±2）℃和相对湿度 50%±5%条件下放 20h，试验在（23±2）℃进行。

称量试件精确到 0.01g，计算单位面积质量，单位 g/m²。

⑤ 结果表示。单位面积质量取计算的平均值，单位 g/m²，修约至 5g/m²。

（4）试验方法精确度　试验方法的精确度没有规定。

（5）试验报告　试验报告至少包括以下信息：

① 涉及 GB/T 328—2007 的部分内容；

② 相关产品试验需要的所有数据；

③ 根据（1）的抽样信息；

④ 厚度检测步骤和单位面积质量检测试件制备的细节；

⑤ 根据厚度测定结果和单位面积质量测定得到的试验结果；

⑥ 非标准步骤或试验过程中遇到的异常；

⑦ 试验日期。

10.2.2.6　沥青防水卷材的长度、宽度和平直度检测

长度是指卷材沿垂直于机器运行方向测量的尺寸。宽度是指卷材垂直于机器运行方向测量的尺寸。平直度：卷材纵向与直线的偏离程度。

（1）原理　抽取成卷沥青卷材在平面上展开，用金属尺测量长度和宽度。卷材平直度用相同的测量工具测量其与直线的偏离。

（2）仪器设备　长度：钢卷尺的长度应大于被测量沥青卷材的长度，保证测量精度10mm。宽度：钢卷尺或直尺的长度应大于被测量沥青卷材的宽度，保证测量精度1mm。平直度：用在沥青卷材上划直线的笔、钢卷尺或直尺，保证测量精度1mm。

（3）抽样与试件制备

① 抽样。按 GB/T 328.1—2007 抽取成卷未损伤的沥青卷材进行试验。

② 试验条件。通常在常温下进行测量。有争议时，试验在（23±2）℃条件进行，并在该温度放置不少于20h。

（4）试验步骤

① 一般要求。抽取成卷卷材放在平面上，小心地展开卷材，保证与平面完全接触。5min后，测量长度、宽度和平直度。

② 长度测定。长度测定在整卷卷材宽度方向的两个1/3处测量，记录结果，精确到10mm。

③ 宽度测定。宽度测定在距卷材两端头各（1±0.01）m处测量，记录结果，精确到1mm。

④ 平直度测定。平直度测量沿卷材纵向一边，距纵向边缘100mm处的两点做记号（见图10-6的 A、B 点），在卷材的两记号点处用笔划一参考直线，测量参考线与卷材纵向边缘的最大距离（g），记录该最大偏离（$g-100$mm），精确到1mm。卷材长度超过10m时，每10m长度如此测量一次（见图10-7）。

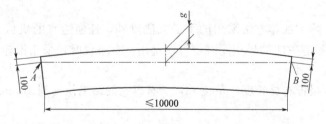

图 10-6　卷材长度不超过 10m 时平直度测量

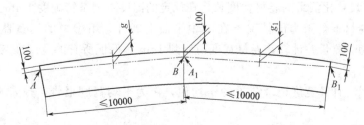

图 10-7　卷材长度超过 10m 时平直度测量

（5）结果表示

① 长度测定的结果。长度取两处测量的平均值，精确到 10mm。

② 宽度测定的结果。宽度取两处测量的平均值，精确到 1mm。

③ 平直度结果。卷材平直度以整卷卷材上测量的最大偏离表示，精确到 1mm。

④ 精确度。试验方法的精确度没有规定。以下是推论的：

长度测量精确度不低于 ±10mm；宽度测量精确度不低于 ±1mm；平直度测量精确度不低于 ±5mm。

（6）试验报告　试验报告至少包括以下信息。

① 相关产品试验需要的所有数据；

② 涉及 GB/T 328—2007 的部分内容；

③ 根据（3）要求的抽样和制备试件信息；

④ 根据（5）的试验结果；

⑤ 试验日期。

10.2.2.7　高分子防水卷材的长度、宽度、平直度和平整度检测

平整度是指卷材展开在平面上，卷材表面最高处与平面的偏离程度。

（1）抽样　抽样按 GB/T 328.1—2007 进行。

（2）长度测量

① 推荐方法

a. 仪器设备。平面如工作台或地板，至少 10m 长，宽度与被测卷材至少相同，同时纵向距平面两边 1m 处有标尺。至少在长度一边的该位置，特别是平面的边上，标尺应至少分度 1mm 的刻度用来测量卷材，在规定温度下的精确度为 ±5mm。

b. 检验步骤。如必要，在卷材端处做标记，并与卷材长度方向垂直，标记对卷材的影响应尽可能小。卷材端处的标记与平面（I）的零点对齐，在（23±5）℃不受张力条件下沿平面展开卷材，在达到平面的另一端后，在卷材的背面用合适的方法标记，和已知长度的两端对齐。再从已测量的该位置展开、放平，下一处没有测量的长度像前面一样从边缘标记处开始测量，重复这样过程，直到卷材全部展开、标记，像前面一样测量最终长度，精确至 5mm。

② 可选方法。除了推荐方法采用的手工方法以外，任何适宜的机械、机电、光电方法测量长度的结果与推荐方法结果相同时也可以选用，有争议时，采用推荐方法。

注：包括采用钢卷尺测量。

③ 结果表示。报告卷材长度，单位 m，所有得到的结果修约到 10mm。

（3）宽度测量

① 仪器设备。平面：如工作台或地板，长度不小于 10m，宽度至少与被测卷材一样。测量的卷尺或直尺：比测量的卷材宽度长，在规定的温度下测量精确度 1mm。

② 步骤。卷材不受张力的情况下在①中平面上展开，用①中的测量器具，在（23±5）℃时每间隔 10m 测量并计算，卷材宽度精确到 1mm。保证所有的宽度在与卷材纵向垂直的方向上测量。

③ 结果表示。计算宽度记录结果的平均值，作为平均宽度报告，报告宽度的最小值，精确到 1mm。

（4）平直度和平整度测定

① 仪器设备。平面如工作台或地板，长度不小于 10m，宽度至少与被测卷材一样。

测量装置：在规定的温度下能测量平直度和平整度，精确到 1mm。

② 步骤。卷材在 (23 ± 5)℃不受张力的情况下沿平面展开至少第一个 10m，在 (30 ± 5)min 后，在卷材的两端 AB（10m）（见图 10-8）直线处测量平直度的最大距离 g，单位 mm。

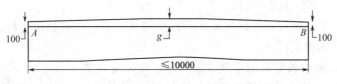

图 10-8 平直度测量原理

在卷材波浪边的顶点与平面间测量平整度的最大值 p，单位 mm。

③ 结果表示　按②测量，将距离 $(g-100\text{mm})$ 和 p 报告为卷材的平直度和平整度，单位 mm，修约到 10mm。

（5）试验方法的精确度　试验方法的精确度没有规定。

（6）试验报告　试验报告至少包括以下信息：

① 涉及 GB/T 328—2007 的部分内容；

② 相关产品试验需要的所有数据；

③ 每处测量的宽度，单位 m；

④ 宽度平均值，单位 m；

⑤ 平直度 $(g-100\text{mm})$，单位 mm；

⑥ 平整度 p，单位 mm；

⑦ 标准步骤和试验过程中出现的异常；

⑧ 试验日期。

10.2.3　弹性体改性沥青防水卷材质量检测

弹性体改性沥青防水卷材是以聚酯毡或玻纤毡为胎基、苯乙烯-丁二烯-苯乙烯（SBS）热塑性弹性体作改性剂，两面覆以隔离材料所制成的建筑防水卷材，简称"SBS卷材"。采用 GB 18242—2000 标准，本标准不适用于其他改性沥青、胎基和上表面材料制成的沥青防水卷材。

10.2.3.1　概述

弹性体改性沥青防水卷材按胎基分为聚酯胎（PY）和玻纤胎（G）两类。按上表面隔离材料分为聚乙烯膜（PE）、细砂（S）与矿物粒（片）料（M）三种。按物理力学性能分为Ⅰ型和Ⅱ型。Ⅰ型指胎体材料为玻纤毡和玻纤网格布、棉混合纤维无纺布和玻纤网格布；Ⅱ型指胎体材料为聚酯毡和玻纤网格布。

卷材按不同胎基、不同上表面材料分为六个品种，见表 10-2。

表 10-2　卷材品种

胎基 上表面材料	聚酯胎	玻纤胎
聚乙烯膜	PY-PE	G-PE
细砂	PY-S	G-S
矿物粒（片）料	PY-M	G-M

弹性体改性沥青防水卷材的规格为：幅宽 1000mm，聚酯胎卷材厚度为 3mm 和 4mm，玻纤胎卷材厚度为 2mm、3mm 和 4mm。每卷面积分为 15m²、10m² 和 7.5m² 三种。

弹性体改性沥青防水卷材标记方法如下：弹性体改性沥青防水卷材、型号、胎基、上表面材料、厚度和本标准号。

例如，3mm 厚砂面聚酯胎Ⅰ型弹性体改性沥青防水卷材标记为：

SBS　Ⅰ　PY　S3　GB 18242

SBS 卷材适用于工业与民用建筑屋面及地下防水工程，尤其适用于较低气温环境的建筑防水，一般具有以下特点。

① 厚度较厚，具有较好的耐穿刺、耐撕裂、耐疲劳性能；

② 优良的弹性延伸和较高的承受基层裂缝的能力，并有一定的弥合裂缝的自愈力；

③ 在低温下仍保持优良的性能，即使在寒冷气候时，也可以施工，尤其适用于北方；

④ 可热熔搭接，接缝密封保持可靠，但厚度小于 3mm 的卷材不得采用热熔法施工；

⑤ 温度敏感性大，大坡度斜屋面不宜采用。

10.2.3.2　技术要求

（1）卷重、面积及厚度　应符合表 10-3 的规定。

表 10-3　卷重、面积及厚度

规格（公称厚度）/mm		2		3			4					
上表面材料		PE	S	PE	S	M	PE	S	M	PE	S	M
面积/（m²/卷）	公称面积	15		10			10			7.5		
	偏差	±0.15		±0.10			±0.10			±0.10		
最低卷重/（kg/卷）		33.0	37.5	32.0	35.0	40.0	42.0	45.0	50.0	31.5	33.0	37.5
厚度/mm	平均值≥	2.0		3.0		3.2	4.0		4.2	4.0		4.2
	最小单值	1.7		2.7		2.9	3.7		3.9	3.7		3.9

（2）外观

① 成卷卷材应卷紧卷齐，端面里进外出不得超过 10mm。

② 成卷卷材在 4~50℃任一温度下展开，在距卷芯 1000mm 长度外不应有 10mm 以上的裂纹或黏结。

③ 胎基应浸透，不应有未被浸渍的条纹。

④ 卷材表面必须平整，不允许有孔洞、缺边和裂口，矿物粒（片）料粒度应均匀一致并紧密地黏附于卷材表面。

⑤ 每卷接头处不应超过 1 个，较短的一段不应少于 1000mm，接头应剪切整齐，并加长 150mm。

（3）物理力学性能　应符合表 10-4 的规定。

（4）包装、标志、储存与运输

① 包装。卷材可用纸包装或塑胶带成卷包装。纸包装时应以全柱面包装，柱面两端未包装长度总计不应超过 100mm。

② 标志。必须在产品上标示生产厂名、商标、产品标记、生产日期或批号、生产许可证号和储存与运输注意事项。

③ 储存与运输。储存与运输时，不同类型与规格的产品应分别堆放，不应混杂。避免

表 10-4 物理力学性能

序号	胎基			PY		G	
	型号			I	Ⅱ	I	Ⅱ
1	可溶物含量/(g/m²)		2mm	—		≥1300	
			3mm	≥2100			
			4mm	≥2900			
2	不透水性		压力/MPa	≥0.3	≥0.2	≥0.3	
			保持时间/min	≥30			
3	耐热度/℃			90	105	90	105
				无滑动、流淌、滴落			
4	拉力/(N/50mm)		纵向	450	800	350	500
			横向			250	300
5	最大拉力时延伸率/%		纵向	≥30	≥40	—	
			横向				
6	低温柔性/℃			−18	−25	−18	−25
				无裂纹			
7	撕裂强度/N		纵向	≥250	≥350	≥250	≥350
			横向			≥170	≥200
8	人工气候加速老化	外观		1级			
				无滑动、流淌、滴落			
		拉力保持率/%	纵向	≥80			
		低温柔性/℃		−18	−25	−18	−25
				无裂纹			

注：表中 1~6 项为强制性项目。

日晒雨淋，注意通风。储存温度不应高于50℃，立放储存，高度不超过两层。

当用轮船或火车运输时，卷材必须立放，堆放高度不超过两层，防止倾斜或横压，必要时加盖苫布。

在正常储存和运输条件下，储存期自生产日起为一年。

10.2.3.3 SBS 卷材质量检测

（1）卷重、面积及厚度

① 卷重。用最小分度值为 0.2kg 的台秤称量每卷卷材的质量。

② 面积。用最小分度值为 1mm 的卷尺在卷材两端和中部三处测量宽度、长度，以长度乘宽度的平均值求得每卷卷材面积。若有接头，以量出两段长度之和减去 150mm 计算。

当面积超出标准规定的正偏差时，按公称面积计算其卷重，当其符合最低卷重要求时，亦判为合格。

③ 厚度。使用 10mm 直径接触面，单位面积压力为 0.02MPa，分度值为 0.01mm 的厚度计测量，保持时间 5s。沿卷材宽度方向截取 50mm 宽的卷材一条（50mm×1000mm），在宽度方向测量 5 点，距卷材长边边缘 150mm±15mm 向内各取一点，在两点中均分取其余 3 点。对砂面卷材必须清除浮砂后再进行测量，记录测量值。计算 5 点的平均值作为该卷材的

厚度。以所抽卷材数量的卷材厚度的总平均值作为该批产品的厚度，并报告最小单值。

（2）外观　将卷材立放于平面上，用一把钢板尺放在卷材的端面上，用另一把最小分度值为 1mm 的钢板尺垂直伸入卷材端面最凹处，测得的数值即为卷材端面的里进外出值。然后将卷材展开按外观质量要求检查。沿宽度方向裁取 50mm 宽的一条，胎基内不应有未被浸透的条纹。

（3）物理力学性能

① 试件。将取样卷材切除距外层卷头 2500mm 后，顺纵向切取长度为 800mm 的全幅卷材试样 2 块，一块作物理力学性能检测，另一块备用。

按图 10-9 所示部位及表 10-5 规定的尺寸和数量切取试件。试件边缘与卷材纵向边缘间的距离不小于 75mm。

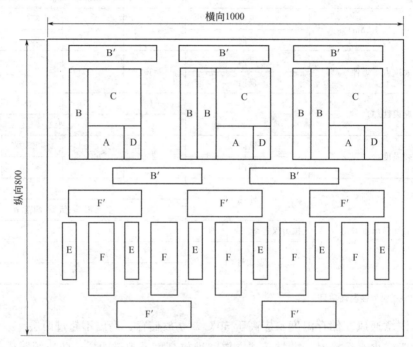

图 10-9　试件切取图

表 10-5　试件尺寸和数量

试验项目	试件代号	试件尺寸/mm	数量/个	试验项目	试件代号	试件尺寸/mm	数量/个
可溶物含量	A	100×100	3	耐热度	D	100×50	3
拉力和延伸率	B、B′	250×50	纵横向各5	低温柔度	E	150×25	6
不透水性	C	150×150	3	撕裂强度	F、F′	200×75	纵横向各5

人工气候加速抗老化性能试件按 GB/T 18244—2000 切取。共取 2 组。一组进行老化试验；一组作为对比试件，在标准条件下进行性能测定。

② 可溶物含量

a. 溶剂。四氯化碳、三氯甲烷或三氯乙烯，工业纯或化学纯。

b. 试验器具包括以下仪器。

分析天平，感量 0.001g。

萃取器，500mL 索氏萃取器。

电热干燥箱，温度范围 0~300℃，精度±2℃。

滤纸，直径不小于 150mm。

c. 试验步骤。将切取的三块试件分别用滤纸包好并用棉线捆扎后分别称量。

将滤纸包置于萃取器中，溶剂量为烧瓶容量的 1/2~2/3，进行加热萃取，直至回流的溶剂呈浅色为止，取出滤纸包，使吸附的溶剂先挥发。放入预热至 105~110℃ 的电热干燥箱中干燥 1h，再放入干燥器中冷却至室温，称量滤纸包。

d. 计算。可溶物含量按式(10-4) 计算。

$$A = K(G - P) \tag{10-4}$$

式中　A——可溶物含量，g/m^2；

　　　K——系数，$K = 100m^{-2}$；

　　　G——萃取前滤纸包重，g；

　　　P——萃取后滤纸包重，g；

以 3 个试件可溶物含量的算术平均值作为卷材的可溶物含量。

③ 拉力及最大拉力时延伸率

a. 拉力试验机。能同时测定拉力与延伸率，测力范围 0~2000N，最小分度值不大于 5N，伸长范围能使夹具间距（180mm）伸长 1 倍，夹具夹持宽度不小于 50mm。

b. 试验温度。(23±2)℃。

c. 试验步骤。将切取的试件（B、B′）放置在试验温度下不少于 24h。

校准试验机，拉伸速度 50mm/min，将试件夹持在夹具中心，不得扭曲，上下夹具间距离为 180mm。

启动试验机，至试件拉断为止，记录最大拉力及最大拉力时伸长值。

d. 计算。分别计算纵向或横向 5 个试件拉力的算术平均值作为卷材纵向或横向拉力，单位 N/50mm。

延伸率按式(10-5) 计算：

$$E = \frac{L_1 - L_0}{L} \times 100\% \tag{10-5}$$

式中　E——最大拉力时延伸率，%；

　　　L_1——试件最大拉力时的标距，mm；

　　　L_0——试件初始标距，mm；

　　　L——夹具间距离，180mm；

分别计算纵向或横向 5 个试件最大拉力时延伸率的算术平均值作为卷材纵向或横向延伸率。

④ 不透水性。按 GB/T 328.3—2007 进行，卷材上表面作为迎水面，上表面为砂面、矿物粒料时，下表面作为迎水面。下表面材料为细砂时，在细砂面沿密封圈一圈去除表面浮砂，然后涂一圈 60 号~100 号热沥青，涂平待冷却 1h 后检测不透水性。

⑤ 耐热度。耐热度按 GB/T 328.5—2007 进行，加热 2h 后观察并记录试件涂盖层有无滑动、流淌、滴落。任一端涂盖层不应与胎基发生位移，试件下端应与胎基平齐，无流挂、滴落。

⑥ 低温柔性

a. 试验器具包括以下仪器：

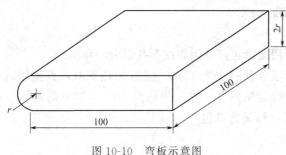

图 10-10　弯板示意图

低温制冷仪，范围 0～−30℃，控温精度±2℃。

半导体温度计，量程 30～−40℃，精度为 0.5℃。

柔度棒或弯板，半径（r）15mm、25mm，弯板示意图见图 10-10。

冷冻液，不与卷材反应的液体，如车辆防冻液、多元醇、多元醚类。

b. 试验方法。A 法（仲裁法）：在不小于 10L 的容器中放入冷冻液（6L 以上），将容器放入低温制冷仪，冷却至标准规定温度。然后将试件与柔度棒（板）同时放在液体中，待温度达到标准规定的温度后至少保持 0.5h。在标准规定的温度下，将试件于液体中在 3s 内匀速绕柔度棒（板）弯曲 180 度。

B 法：将试件和柔度棒（板）同时放入冷却至标准规定温度的低温制冷仪中，待温度达到标准规定的温度后保持时间不少于 2h，在标准规定温度下，在低温制冷仪中将试件于 3s 内匀速绕柔度棒（板）弯曲 180 度。

c. 试验步骤。2mm、3mm 卷材采用半径（r）15mm 柔度棒（板），4mm 卷材采用半径（r）25mm 柔度棒（板）。

六块试件中，三块试件的下表面及另外三块试件的上表面与柔度棒（板）接触。取出试件用肉眼观察试件涂盖层有无裂纹。

⑦ 撕裂强度

a. 拉力试验机。能同时测定拉力与延伸率，测力范围 0～2000N，最小分度值不大于 5N，伸长范围能使夹具间距（180mm）伸长 1 倍，夹具夹持宽度不小于 75mm。

b. 试验温度。（23±2）℃

c. 试验步骤。将切取的试件（F、F′）用切刀或模具裁成如图 10-11 所示的阴影处形状，然后在试验温度下放置不少于 24h。

校准试验机，拉伸速度 50mm/min，将试件夹持在夹具中心，不得扭曲，上下夹具间距离为 130mm。

启动试验机，至试件拉断为止，记录最大拉力。

d. 计算。分别计算纵向或横向 5 个试件拉力的算术平均值作为卷材纵向或横向撕裂强度，单位 N。

⑧ 人工气候加速老化。按 GB/T 18244—2000 进行，采用疝弧光灯法，试验时间 720h。老化后，检查试件外观，测定纵向拉力与低温柔性，并计算纵向拉力保持率。

（4）检验规则

① 检验分类。分为出厂检验与型式检验。出厂检验项目包括：卷重、面积、厚度、外观、不透水性、耐热度、拉力、最

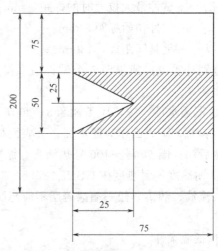

图 10-11　撕裂试件　单位：mm

大拉力时延伸率、低温柔性。型式检验项目包括技术要求中所有规定。

② 在下列情况下进行型式检验。

a. 新产品投产或产品定型鉴定时；

b. 正常生产时，每半年进行一次，人工气候加速老化每两年进行一次；

c. 原材料、工艺等发生较大变化，可能影响产品质量时；

d. 出产检验结果与上次型式检验结果有较大差异时；

e. 产品停产 6 个月后恢复生产时；

f. 国家质量监督检验机构提出型式检验时。

③ 组批。以同一类型、同一规格 10000m² 为一批，不足 10000m² 时亦可作为一批。

④ 抽样。在每批产品中抽取 5 卷进行卷重、面积、厚度与外观检查。

⑤ 判定规则

a. 卷重、面积、厚度与外观。在抽样的 5 卷样品中上述各项检查结果均符合卷重、面积、厚度与外观的技术规定时，判定其卷重、面积、厚度与外观合格。若其中一项不符合规定，允许在该批产品中另取 5 卷样品，对不合格项进行复查。如全部达到标准规定时则判为合格；若仍不符合标准，则判该批产品不合格。

b. 物理力学性能。抽样：从卷重、面积、厚度及外观合格的卷材中随机抽取 1 卷进行物理力学性能试验。判定：可溶物含量、拉力、最大拉力时延伸率、撕裂强度各项试验结果的平均值达到标准规定的指标时判为该项指标合格。

不透水性、耐热度每组 3 个试件分别达到标准规定指标时判为该项指标合格。

低温柔性 6 个试件至少 5 个试件达到标准规定指标时判为该项指标合格。型式检验和仲裁检验必须采用 A 法。

人工气候加速老化试验结果达到表 10-4 规定时判为该项指标合格。

各项试验结果均符合表 10-4 规定，则判该批产品物理力学性能合格。若有一项指标不符合标准规定，允许在该批产品中再随机抽取 5 卷，并从中任取 1 卷对不合格项进行单项复验。达到标准规定时，则判该批产品合格。

c. 总判定。卷重、面积、厚度、外观及物理力学性能均符合标准规定的全部技术要求时，且符合包装、标志的规定时，则判该批产品合格。

10.2.4　塑性体改性沥青防水卷材质量检测

塑性体改性沥青防水卷材是指以聚酯毡或玻纤毡为胎基、无规聚丙烯（APP）或聚烯烃类聚合物（APAO、APO）作改性剂，两面覆以隔离材料所制成的建筑防水卷材，统称 APP 卷材。采用 GB/T 18243—2000 标准，本标准不适用于其他改性沥青、胎基和上表面材料制成的沥青防水卷材。

10.2.4.1　概述

塑性体改性沥青防水卷材按胎基分为聚酯胎（PY）和玻纤胎（G）两类。按上表面隔离材料分为聚乙烯膜（PE）、细砂（S）与矿物粒（片）料（M）三种。按物理力学性能分为 I 型和 II 型。卷材按不同胎基、不同上表面材料分为六个品种，见表 10-2。

塑性体改性沥青防水卷材的规格为：幅宽 1000mm，聚酯胎卷材厚度为 3mm 和 4mm，玻纤胎卷材厚度为 2mm、3mm 和 4mm。每卷面积分为 15m²、10m² 和 7.5m² 三种。

塑性体改性沥青防水卷材标记方法如下：塑性体改性沥青防水卷材、型号、胎基、上表面材料、厚度和本标准号。

例如，3mm厚砂面聚酯胎Ⅰ型塑性体改性沥青防水卷材标记为：

APP Ⅰ PY S3 GB 18243

APP卷材适用于工业与民用建筑屋面及地下防水工程，以及道路、桥梁等建筑物的防水，尤其适用于较高气温环境的建筑防水。

10.2.4.2 技术要求

（1）卷重、面积及厚度 应符合表10-3的规定。

（2）物理力学性能 物理力学性能应符合表10-6的规定。

表10-6 物理力学性能

序号	胎　基			PY		G	
	型　号			Ⅰ	Ⅱ	Ⅰ	Ⅱ
1	可溶物含量/(g/m²)		2mm	—		≥1300	
			3mm	≥2100			
			4mm	≥2900			
2	不透水性		压力/MPa	≥0.3		≥0.2	≥0.3
			保持时间/min	≥30			
3	耐热度/℃			110	130	110	130
				无滑动、流淌、滴落			
4	拉力/(N/50mm)		纵向	450	800	350	500
			横向			250	300
5	最大拉力时延伸率/%		纵向	≥25	≥40	—	
			横向				
6	低温柔性/℃			−5	−15	−5	−15
				无裂纹			
7	撕裂强度/N		纵向	≥250	≥350	≥250	≥350
			横向			≥170	≥200
8	人工气候加速老化	外观		1级			
				无滑动、流淌、滴落			
		拉力保持率/%	纵向	≥80			
		低温柔性/℃		3	−10	3	−10
				无裂纹			

注：表中1～6项为强制性项目。

（3）包装、标志、储存与运输

与弹性体改性沥青防水卷材要求相同。

10.2.4.3 APP卷材质量检测

与弹性体改性沥青防水卷材的检测方法相同。

人工气候加速老化试验结果达到表10-6规定时判为该项指标合格。

各项试验结果均符合表10-6规定，则判该批产品物理力学性能合格。若有一项指标不符合标准规定，允许在该批产品中再随机抽取5卷，并从中任取1卷对不合格项进行单项复验。达到标准规定时，则判该批产品合格。

总判定：卷重、面积、厚度、外观及物理力学性能均符合标准规定的全部技术要求时，且符合包装、标志的规定时，则判该批产品合格。

10.3　冷底子油质量检测

10.3.1　概述

冷底子油属溶剂型沥青涂料，其实质是一种沥青溶液。由于形成涂膜较薄，故一般不单独作防水材料使用，往往仅作某些防水材料的配套材料使用。冷底子油可用于涂刷混凝土、砂浆或金属表面。

石油沥青冷底子油是由60号、30号或10号石油沥青，加入溶剂（如柴油、煤油、汽油、蒽油或苯等）配成的溶液。冷底子油调制方法是先将煎熬好的沥青倒入料桶中，再加入溶剂。如加入慢挥发性溶剂，则沥青的温度不得超过140℃，如加入快挥发性溶剂，则沥青的温度不得超过110℃。溶剂应分批加入，开始每次2～3L，以后每次5L。也可将深化的沥青成细流地加入溶剂中。加入时，应不停地搅拌至沥青全部溶化为止。溶剂可按质量比或体积比配合。

冷底子油一般可参考下列配合比（质量比）配制。

① 石油沥青∶汽油＝30∶70。

② 石油沥青∶煤油或轻柴油＝40∶60。

③ 焦油沥青∶苯＝45∶55。

在基层上涂刷冷底子油的作用如下。

① 封闭基层的毛细孔，调和基层与防水层的亲和性。沥青薄膜封闭基层，使上面的水分渗不下去，成为防水的一道防线，同时又能阻止下面的水汽渗透上来，从而减轻防水卷材的鼓泡。水泥砂浆的主要成分是硅酸钙，沥青的成分是沥青酯类，两者亲和性较差，涂刷冷底子油，可以使沥青与基层的黏结更好。因此，在铺贴油毡、防水卷材防水层时将其刷在水泥基层上作为打底，可防止防水层脱壳、起鼓。

② 增加防水卷材的黏着力。水泥路面、地坪、屋面找平层的分仓缝、墙面裂缝、伸缩缝、拼装缝在浇灌油膏或热沥青等时，把冷底子油涂刷在缝槽的底壁作为打底料，可增加黏结力延伸性等。

10.3.2　技术要求及检测标准

冷底子油的干燥时间应视其用途定为：

① 在水泥基上涂刷的慢挥发性冷底子油：12～48h；

② 在水泥基上涂刷的快挥发性冷底子油：5～10h。

10.3.3　主要仪器及用品

冷底子油、玻璃板、时钟。

10.3.4　检测条件

温度：（18±2）℃。

环境条件：不受日光直射。

10.3.5　检验步骤

①　在玻璃板上，将冷底子油以每平方米 200g 计刷成均匀的薄层；

②　将刷好的玻璃板平放在温度为（18±2）℃不受日光直射的地方；

③　用手指轻轻按在冷底子油层上，将涂刷时间和不留指痕的时间记录下来，其间隔时间为干燥时间。

10.3.6　结果计算及质量评定

检测冷底子油的干燥时间按其技术要求应在规定时间内，见 10.3.2。

【思考题】

1. 防水材料是如何分类的？各有哪些特点？

2. 石油沥青具有哪些性质？

3. 防水卷材有哪些种类？各有何特点？

4. 什么叫 SBS 防水卷材？如何进行质量检测？

5. 什么叫 APP 防水卷材？如何进行质量检测？

6. 什么叫冷底子油？如何配制？

7. 冷底子油具有哪些作用？

8. 如何对冷底子油进行质量检测？

11 金属装饰材料质量检测

【本章要点】 本章主要讲述了钢材制品、铝及铝合金制品、铜及铜合金制品等金属装饰材料的规格尺寸、技术标准、材料性能要求、适用范围和选用原则。

11.1 金属装饰材料质量检测概述

11.1.1 金属装饰材料

金属材料是指一种或两种以上的金属元素或金属元素与非金属元素组成的合金材料的总称。金属材料通常分为黑色金属和有色金属两大类，黑色金属的基本成分为铁及其合金，如钢和铁；有色金属是除铁以外的其他金属及其合金的总称，如铝、铜、铅、锌、锡等及其合金。

金属材料在建筑装饰过程中从使用性质和要求上看分为两种情况：一为结构承重材料，材料较为厚重，起支撑和固定作用，多用作骨架、支柱、扶手、爬梯等；另一为饰面材料，材料一般较薄且易于加工处理，但表面精度要求较高。

金属材料具有较高的强度，能承受较大的变形，制成各种形状的制品和型材，具有独特的光泽和颜色，作为建筑装饰材料，庄重华贵，具有新颖现代的独特装饰效果，且施工简便快捷，经久耐用，常与玻璃并称现代主义的代言人，广泛应用于古今中外的建筑装饰工程中。如北京颐和园中的铜亭、云南昆明的金殿、山东泰山顶的铜殿、西藏布达拉宫金碧辉煌的装饰都极大地赋予了古建筑独特的艺术魅力；法国著名的埃菲尔铁塔以其独特结构特征，创造了举世无双的奇迹；法国蓬皮杜文化中心则是金属与艺术有机结合的典范，创造了现代建筑史上独具一格的艺术佳作。在现代建筑中，从铝合金门窗到墙面、柱面、入口、栅栏、阳台等，金属材料无所不在，它们点缀并延伸了建筑的装饰效果。

11.1.2 金属装饰材料质量检测

在各种建筑装饰材料中，由于金属建筑装饰强调艺术效果与装饰技术的综合性能，因而在材料的色彩、光泽、质感以及施工可操作性方面具有特定的装饰要求。在使用金属材料时，应了解材料的性质及规格尺寸、材料的形态及表面处理方式、技术标准及选用原则，以便对金属装饰材料进行质量检测。在建筑装饰施工中常用到的金属装饰材料有不锈钢及彩色涂层钢板、铝及铝合金、铜及铜合金等装饰材料。

11.2 钢材制品装饰材料质量检测

在现代建筑装饰中，以普通钢材为基体添加多种元素或在普通钢材表面进行涂层处理，可使普通钢材成为一种全新的、功能独特的装饰材料。常用的建筑装饰钢材制品有不锈钢及制品、彩色涂层钢板、压型钢板、彩色复合钢板和轻钢龙骨等。

11.2.1 不锈钢及制品

11.2.1.1 不锈钢的一般特性

众所周知，普通钢材容易锈蚀，锈蚀不仅会使钢材有效截面积减小，降低钢材的强度塑性和韧性，浪费钢材，而且还会形成不同程度的锈坑、锈斑，严重影响装饰效果。钢材的锈蚀有两种，一是化学锈蚀，即在常温下钢材表面受氧化生成氧化膜层而锈蚀；二是电化学锈蚀，这是钢材在较潮湿的空气中，表面形成了"微电池"作用而产生的锈蚀，是钢材最主要的锈蚀形式。

不锈钢是以铬元素为主要元素的合金钢，通常是指含铬量12％以上的具有耐腐蚀性能的铁基合金。铬含量越高，钢的抗腐蚀性越好。不锈钢耐腐蚀的原理是钢中加入铬等元素后，因为铬的性质比铁活泼，铬首先与环境中的氧化合，生成一层与钢材基体牢固结合的致密的氧化膜层，称为钝化膜，同时改变了钢的分子结构，从而大大提高不锈钢耐腐蚀的能力。所以不锈钢能抵抗火、水、酸、碱和各种溶液对它的腐蚀，不生锈。科学家发现，钢的内部结构越均匀，各种组成成分就联系得越紧密，腐蚀物入侵就越困难，再加上表面又附着一层氧化物保护膜，就像给钢铁穿上盔甲一样，自然就不容易生锈了，从而达到保护钢材的目的。

不锈钢牌号用一位数字表示平均含碳量，以千分之几计，小于千分之一的用"0"表示，后面是主要合金元素符号及其平均含量，如2Cr13Mn9Ni4表示含碳量为0.2％，平均含铬、锰、镍依次为13％、9％、4％。

不锈钢除了具有普通钢材的性质外，还具有极好的抗腐蚀性和表面光泽度。不锈钢表面经加工后，可获得镜面般光亮平滑的效果，光反射比可达90％以上，具有良好的装饰性。

11.2.1.2 不锈钢薄板

在装饰工程中应用最多的不锈钢制品为板材，一般均为薄板，厚度不超过2mm，常用不锈钢板的力学性能见表11-1。

表 11-1　不锈钢板的力学性能

牌　号	力学性能			硬　度			备　注
	屈服强度/MPa	拉伸强度/MPa	伸长率/%	HB	HRB	HV	
1Cr17Ni7	≥21	≥58	≥45	≤187	≤90	≤200	经固溶处理的奥氏体型钢
1Cr17Ni8	≥21	≥53	≥40	≤187	≤90	≤200	
1Cr17	≥21	≥46	≥22	≤183	≤88	≤200	经退火处理的铁素体型钢
1Cr17Mo	≥21	≥46	≥22	≤183	≤88	≤200	
001Cr17Mo	≥25	≥21	≥20	≤217	≤96	≤230	

不锈钢板可用于建筑物的墙柱面装饰、电梯门、各种装饰压条、隔墙、幕墙、屋面等。

彩色不锈钢板是在不锈钢板上用化学镀膜的方法进行着色处理，使其表面成为具有各种绚丽色彩的不锈钢装饰板。彩色不锈钢板具有抗腐蚀性强，较高的机械性能，彩色面层经久不褪色，可耐200℃高温，色泽随光照角度不同会产生色调变幻等特点。彩色不锈钢板可用作厅堂墙板、天花板、电梯厢板、车厢板、建筑装潢、招牌等装饰之用。

11.2.1.3 不锈钢管材

不锈钢管可用于栏杆、扶手、隔离栅栏和旗杆等。不锈钢管材的力学性能见表 11-2。

表 11-2 不锈钢管材的力学性能

种 类	圆管与方管力学实验			圆管			
	屈服强度 /MPa	拉伸强度 /MPa	伸长率 /%	弯曲	矫平		扩口
					1号	2号	
AlS1430(1Cr17)	≥25	≥42	≥20	180°4D	2/3D	1/2D	0.7D
AlS1304(0Cr18Ni9)	≥21	≥53	≥35	180°3D	2/3D	1/2D	1.2D
AlS1316(0Cr17Ni2Mo2)	≥21	≥53	≥35	180°3D	2/3D	1/2D	1.2D

11.2.2 彩色涂层钢板

彩色涂层钢板又称彩色钢板，是以冷轧钢板或镀锌钢板为基层，通过在基板表面进行化学预处理和涂漆等工艺处理后，使基层表面覆盖一层或多层高性能的涂层后而制得的。钢板涂层可分有机涂层、无机涂层和复合涂层三种，以有机涂层钢板用得最多、发展最快，常用的有机涂层为聚氯乙烯、聚丙烯酸酯、环氧树脂等。有机涂层可以配制各种不同色彩和花纹，故称之为彩色涂层钢板。彩色涂层钢板的结构如图 11-1 所示。

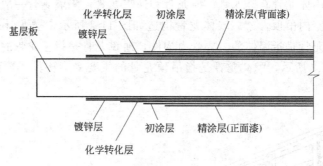

图 11-1 彩色涂层钢板的结构

彩色涂层钢板的长度为 500～4000mm，宽度为 700～1550mm，厚度为 0.3～2.0mm。彩色涂层钢板及钢带的表面不允许有气泡、划伤、漏涂、颜色不均等有害于使用的缺陷；彩色涂层钢板基材的化学成分和力学性能应符合相应标准的规定；彩色涂层钢板及钢带的性能应符合表 11-3 的规定。

表 11-3 彩色涂层钢板及钢带的性能 （GB/T 12754—2006）

板材类型 （按涂料种类）	涂层厚度/μm	光泽度/%			铅笔硬度	弯曲			反向冲击力/J			耐盐雾/h
		高	中	低		高	中	低	高	中	低	
聚酯	≥20	>70	40～70	≤40	F	≤1T	≤3T	≤5T	≤12	≥9	≥6	≥480
硅改性聚酯	≥20	>70	40～70	≤40	F	≤1T	≤3T	≤5T	≤12	≥9	≥6	≥600
高耐久性聚酯	≥20	>70	40～70	≤40	HB	≤1T	≤3T	≤5T	≤12	≥9	≥6	≥720
聚偏氟乙烯	≥20	>70	40～70	≤40	HB	≤1T	≤3T	≤5T	≤12	≥9	≥6	≥960

此外，彩色涂层钢板还应具有：耐污染性能，将番茄酱、口红、咖啡饮料、食用油等，涂抹在聚酯类涂层表面，放置 2h 后，用洗涤液清洗烘干，其表面光泽、色彩无变化；耐高温性能，即彩色涂层钢板在 120℃烘箱中连续加热 90h，钢板涂层的光泽、颜色无任何变化；耐低温性能，即彩色涂层钢板在 −54℃低温下放置 24h 后，彩色涂层钢板的弯曲、冲击性能

无明显变化；耐沸水性能，即各类涂层产品试样在沸水中浸泡 60min 后，表面的光泽和颜色无任何变化，也不出现起泡、软化、膨胀等现象。

彩色涂层钢板及钢带的最大特点是发挥了金属材料与有机材料的各自特性，板材具有良好的加工性，可切、弯、钻、铆、卷等。彩色涂层附着力强，色彩、花纹多样，经加热、低温、沸水、污染等作用后涂层仍能保持色泽新颖如一。主要有红色、绿色、乳白色、棕色、蓝色等。彩色涂层钢板的用途十分广泛，可用做建筑物内外墙板、吊顶、工业厂房的屋面板和壁板，还可作为防水渗透板、排气管道、通风管道及其他类似的具有耐腐蚀要求的物件及设备罩、汽车外壳等。

11.2.3 轻钢龙骨

建筑用轻钢龙骨是以冷轧钢板（带）、镀锌钢板（带）或彩色喷塑钢板（带）作原料，采用冷加工工艺生产而成，其钢板（带）厚度为 0.5～1.5mm。它具有自重轻、刚度大、防火、抗震性能好、加工安装简便等特点，适用于工业与民用建筑等室内隔墙和吊顶所用的骨架。

轻钢龙骨按断面分，有 U 型龙骨、C 型龙骨、T 型龙骨及 L 型龙骨（也称角铝条）；按用途分，有墙体（隔墙）龙骨（代号 Q）、吊顶龙骨（代号 D）；按结构分，吊顶龙骨有承载龙骨、覆面龙骨，墙体龙骨有竖龙骨、横龙骨和通贯龙骨。隔墙龙骨一般作为室内隔断墙骨架，吊顶龙骨用作室内吊顶骨架。墙体龙骨构造如图 11-2 所示，横龙骨是指墙体和建筑结构的连接构件，竖龙骨是指墙体的主要受力构件，通贯龙骨是指竖龙骨的中间连接构件；吊顶龙骨构造如图 11-3 所示，承载龙骨是指吊顶龙骨的主要受力构件。覆面龙骨是指吊顶龙骨中固定面层的构件。

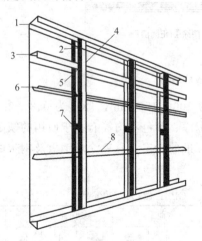 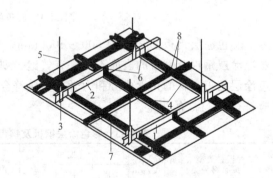

图 11-2　墙体龙骨示意图　　　　　　　图 11-3　吊顶龙骨示意图

1—横龙骨；2—竖龙骨；3—通贯龙骨；　　　　1—承接龙骨连接件；2—承接龙骨；

4—角托；5—卡托；6—通贯龙骨；　　　　　3—吊件；4—覆面龙骨连接件；

7—支撑卡；8—通贯龙骨连接件　　　　　　5—吊杆；6—挂件；

　　　　　　　　　　　　　　　　　　　7—覆面龙骨；8—挂插件

轻钢龙骨按断面的宽度划分规格。墙体龙骨主要规格分为 Q50、Q75、Q100；吊顶龙骨按承载龙骨的规格分为 D38、D45、D50、D60。国家标准《建筑用轻钢龙骨》（GB/T 11981—2008）对该产品的技术要求、试验方法和检验规则均作了具体规定。其技术要求主要包括外观质量、角度允许偏差、内角半径、尺寸允许偏差和力学性能等方面。具体要求如下。

11.2.3.1 外观质量

外形平整，棱角清晰，切口不允许有影响使用的毛刺和变形。

表面应镀锌防锈，镀锌层不许有起皮、起瘤、脱落等缺陷。对于腐蚀、损伤、黑斑、麻点等缺陷，按规定方法检测，应符合表 11-4 的规定。

表 11-4　轻钢龙骨的外观质量

缺陷种类	优等品	一等品、合格品
腐蚀、损伤、黑斑、麻点	不允许	无较严重的腐蚀、损伤、麻点,面积不大于 1cm² 的黑斑每米长度内不多于 3 处

11.2.3.2 形状和尺寸要求

龙骨的断面形状见图 11-4。其尺寸偏差应符合表 11-5～表 11-7 的规定。

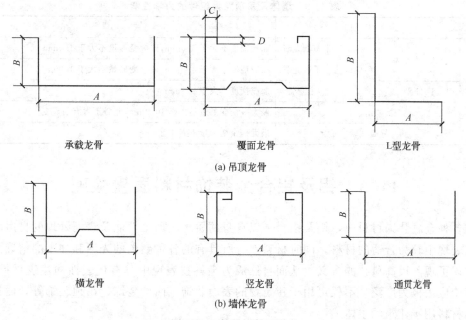

承载龙骨　　　　覆面龙骨　　　　L型龙骨

(a) 吊顶龙骨

横龙骨　　　　竖龙骨　　　　通贯龙骨

(b) 墙体龙骨

图 11-4　龙骨的断面形状

表 11-5　轻钢龙骨角度允许偏差要求（不包括 T 型、H 型龙骨）

成形角的最短边尺寸 B/mm	允许偏差
$B \leqslant 18$	$\leqslant 2°00'$
$B > 18$	$\leqslant 1°30'$

表 11-6　轻钢龙骨内角半径要求（不包括 T 型、H 型和 V 型龙骨）　　　单位：mm

钢板厚度 t	$t \leqslant 0.70$	$0.70 < t \leqslant 1.00$	$1.00 < t \leqslant 1.20$	$t > 1.20$
弯曲内角半径 R	$\leqslant 1.50$	$\leqslant 1.75$	$\leqslant 2.00$	$\leqslant 2.25$

轻钢龙骨防火性能好、刚度大、通用性强，可装配化施工，适应多种板材的安装，多用于防火要求高的室内装饰和隔断面积大的室内墙。

11.2.3.3 力学性能

墙体及吊顶龙骨组件的力学性能应符合表 11-8 的要求。

表 11-7　轻钢龙骨尺寸允许偏差　　　　　　　　单位：mm

项　目		允许偏差
长度 L	U、C、H、V、L、CH 型	±5
	T 形孔距	±0.3
覆面龙骨断面尺寸	尺寸 A	≤1.0
	尺寸 B	≤0.5
其他龙骨断面尺寸	尺寸 A	≤0.5
	尺寸 B	≤1.0
	尺寸 F(内部净空)	≤0.5
厚度 t、t_1、t_2		应符合 GB/T 2518—2004 表 7 中"公称宽度大于 600mm 小于等于 1200mm 栏"的要求

表 11-8　墙体及吊顶龙骨组件的力学性能

类别	项　目		要　求
吊顶	U、C、V、L 型 静载试验	覆面龙骨	加载挠度不大于 5.0mm，残余变形量不大于 1.0mm
		承载龙骨	加载挠度不大于 4.0mm，残余变形量不大于 1.0mm
	T、H 型	主龙骨	加载挠度不大于 2.8mm
隔断	抗冲击试验		最大残余变形量不大于 10.0mm，龙骨不得有明显变形
	静载试验		最大残余变形量不大于 2.0mm

11.3　铝及铝合金装饰材料质量检测

在各种金属装饰材料中，铝及铝合金以自身的质感、加工性能及表面处理的自由度，成为金属表现中较为合适的材料，同时材料本身所具有的各种颜色的光泽和加工的精确性也恰当地体现了现阶段高科技的含义，从而自然成为高科技表现中具有代表性的建筑材料之一，在建筑中应用极为广泛，不仅可用于建筑物的表面装饰、内墙装饰、吊顶装饰等，而且可作为结构材料用于建筑的主体。

11.3.1　建筑装饰铝及铝合金型材的性能

最常用的铝合金装饰型材，主要是 Al-Mg-Si 合金，其化学成分见表 11-9。铝合金建筑装饰型材的主要力学性能和物理性能见表 11-10 和表 11-11。

表 11-9　建筑装饰型材铝合金（LD_{31}）化学成分　　　　　　单位：%

Mg	Si	Fe	Cu	Mn	Cr	Zn	Ti	其他杂质		杂质总和	Al
								单个	合计		
0.2～0.6	0.45～0.9	0.35	0.10	0.10	0.10	0.10	0.10	0.05	0.15	0.85	其余

表 11-10　建筑装饰型材铝合金（LD_{31}）力学性能

状　态	抗拉强度 σ_6/MPa	屈服强度 $\sigma_{0.2}$/MPa	伸长率 δ/%	布氏硬度 HB/MPa	持久强度极限/MPa	剪切强度 τ/MPa
退火	89.18	49.0	26	24.50	54.88	68.8
淬火＋人工时效	241.08	213.44	12	715.4	68.8	151.9

表 11-11　建筑装饰型材铝合金（LD₃₁）物理性能

性能名称	相对密度	热导率(25℃) /[W/(m·K)]	比热容(100℃) /[kJ/(kg·K)]	电阻率(25℃) /(Ω·mm²/m)	弹性模量/MPa
数值	2.715	19.05	0.96	3.3×10^{-3}	7000

铝合金建筑装饰型材具有良好的耐腐蚀性能，在工业气氛和海洋性气候条件下，未进行表面处理的铝合金的耐腐蚀性能力优于其他合金材料，经过涂漆和氧化着色后，铝合金的耐蚀性能更高。

建筑装饰型材铝合金属于中等强度变形铝合金，可以进行热处理（一般为淬火＋人工时效）强化。铝合金具有良好的机械加工性能，可用氩弧焊进行焊接，合金制品经阳极氧化着色处理后，可着成各种装饰颜色。

11.3.2　建筑装饰铝及铝合金制品及质量标准

建筑装饰工程中应用的铝合金制品主要是铝合金门窗、铝合金幕墙、铝合金装饰板、铝合金龙骨以及室内各种装饰配件等。

11.3.2.1　铝合金装饰板

铝合金装饰板属于一种现代流行的装饰材料，具有质量轻、不燃烧、强度高、刚度好、经久耐用、易加工、表面形状多样（光面、花纹面、波纹面及压型等）、色彩丰富、装饰华丽、防腐蚀、防火、防潮等优点，主要适用于公共建筑室内外装饰饰面。铝合金装饰板的应用特点是：进行墙面装饰时，在适当部位采用铝合金装饰板，与玻璃幕墙或大玻璃窗配合使用，可使易碰、形状复杂的部位得以顺利过渡，且达到突出建筑物线条流畅的效果。

（1）铝合金花纹板　铝合金花纹板是采用防锈铝合金坯料，用特制的花纹轧辊轧制而成。表面花纹美观大方，筋高适中，不易磨损，防滑性能好，防腐蚀性能强，便于冲洗，且板材平整，剪裁尺寸精确，便于安装，适用于现代建筑物的墙面装饰以及楼梯踏步等处。铝合金花纹板的花纹图案有：方格形、扁豆形、五条形、三条形、指针刺和菱形等，如图 11-5 所示。

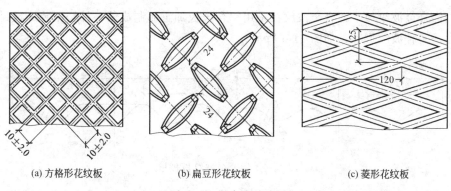

(a) 方格形花纹板　　　(b) 扁豆形花纹板　　　(c) 菱形花纹板

图 11-5　铝合金花纹板

另外还有铝合金浅花纹板，也是一种优良的建筑装饰材料，花纹精巧别致、色泽丰富，是我国特有的建筑装饰材料。铝合金浅花纹板除具有普通铝板的优点外，刚度相对提高了20%，抗污垢、抗划伤、抗擦伤能力均有所提高，它对白光反射率达 75%～90%，热反射率达 85%～95%。

根据国家标准《铝及铝合金花纹板》（GB/T 3618—2006）的规定，花纹板的代号、合金牌号、状态及规格应符合表 11-12 的规定。

表 11-12　铝合金花纹板的代号、合金牌号、材料状态和规格

代号	合金牌号	材料状态	底板厚度/mm	宽/mm	长/mm
1	L1、L2、L3、L4、L5、L6、LY12	Y CZ	3.0、3.5、4.0、4.5、5.0、5.5、6.0、10、12、15、18、20、25		
2	LY11	Y1	2.0、2.5、3.0、3.5、4.0		
3	L1、L2、L3、L4、L5、L6、LF2、LF43	Y M、Y2	1.5、2.0、2.5、3.0、3.5、4.0、4.5、5.0、6.0、7.0	1000～1600	2000～10000
4	LY11	Y1	2.0、2.5、3.0、3.5、4.0		
5	L1、L2、L3、L4、L5、L6、LF2、LF43	Y M、Y2	1.5、2.0、2.5、3.0、3.5、4.0、4.5、5.0、6.0、7.0		
6	LY11	Y1	4.5、5.0、6.0、7.0		

　　铝合金花纹板外形尺寸允许偏差见表 11-13。花纹板的不平度（是指将花纹板自由放在检查平台上，板面与平台的最大间隙）也应符合相应标准要求。

　　铝合金花纹板的显微组织与表面质量要求如下：显微组织不允许过烧，花纹面应加工良好，不应有影响使用的缺陷，花纹面上气泡总面积每平方米不得超过 $100mm^2$，缺陷深度不得超过底板厚度负偏差。

表 11-13　铝合金花纹板的外形尺寸允许偏差

底板厚度/mm	厚度允许偏差/mm	宽度允许偏差/mm	长度允许偏差/mm	底板厚度/mm	厚度允许偏差/mm	宽度允许偏差/mm	长度允许偏差/mm
1.0	−0.17			3.0	−0.36		
1.2	−0.20			3.5	−0.40	±5	
1.5	−0.23	±5	±5	4.0	−0.45		±5
1.8	−0.26			4.5	−0.47		
2.0	−0.28			5.0	−0.50	—	
2.5	−0.32			5.5	−0.55		

　　（2）铝合金波纹板　铝合金波纹板是用铝合金板加工而制成的一种轻型装饰板材，其横切面图形是一种波纹形状，如图 11-6 所示。

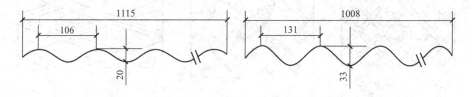

图 11-6　铝合金波纹板板型

　　这种板质量轻，强度高，阳光反射力强，能防火、防潮、耐腐蚀，在大气中可使用 20 年不需更换。适用于做工程的围护结构，也可用作墙面和屋面。屋面装饰一般用强度高、耐腐蚀性能好的防锈铝（LF43）制成；墙面板材可用防锈铝或纯铝制作。

　　根据国家标准《铝合金波形板》（GB 4438—1984）的规定，其牌号、状态和规格应符合表 11-14 的规定。其外形尺寸允许偏差如下：两种波形的长度允许偏差均为 +25mm、−10mm；波 20～106 的波高偏差为 ±2mm，波距偏差为 ±2mm；波 33～131 的波高偏差为 ±2.5mm，波距偏差为 ±3mm。

表 11-14 铝合金波纹板的合金牌号、状态和规格

合金牌号	供应状态	波形代号	规格/mm				
			厚度	长度	宽度	波高	波距
L1～L6	Y	波 20～106	0.6～1.0	2000～10000	1115	20	106
LF21		波 33～131	0.6～1.0	2000～10000	1008	33	131

铝合金波纹板表面要求清洁，不允许有裂纹、起皮、腐蚀及穿通气孔等影响使用的缺陷，还要求规整，两边均可搭接。

（3）铝合金压型板　铝合金压型板是一种新型建筑装饰材料。它具有重量轻、外形美观、耐久、耐腐蚀、安装容易等优点。通过表面处理，压型板可得到各种色彩，是目前广泛应用的一种新型建筑装饰材料，适用于建筑物的屋面和墙面装饰。铝合金压型板的合金牌号、状态和规格见表 11-15，部分板型的断面形状和尺寸见图 11-7。

表 11-15 铝合金压型板的合金牌号、状态和规格

合金牌号	供应状态	板型	规格/mm			
			厚度	长度	宽度	波高
L1～L6、LF21	Y、Y2	1	0.5～1.0	≤2500	570	25
		2		≤2500	635	
		3		2000～6000	870	
		4			935	
		5			1170	
		6			100	
		7		≤2500	295	295
		8			140	80
		9			970	25

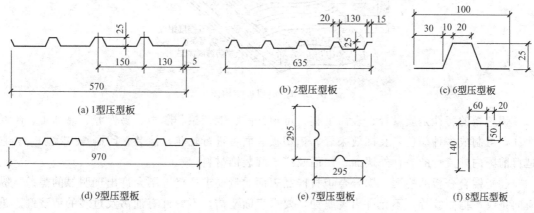

图 11-7 铝合金压型板的部分板型

铝合金压型板表面要求清洁，不允许有 10 倍放大镜所能观察到的裂纹、起皮、腐蚀及穿通气孔等影响使用的缺陷，边部应整洁，不允许有裂变。

（4）铝合金穿孔板　铝合金穿孔板是用各种铝合金平板经机械穿孔而成。其孔径为 6mm，孔距为 10～14mm。铝合金穿孔板既突出了板材质轻、耐高温、耐腐蚀、防火、防

潮、防震、化学稳定性好等特点，又可以将孔型处理成一定图案，立体感强，装饰效果好。同时，内部放置吸声材料后可以解决建筑中吸声的问题，可用于公共建筑和高级民用建筑中改善环境，是一种降噪兼装饰双重功能的理想材料，其规格、性能见表 11-16。

表 11-16　铝合金穿孔板的规格、性能

产品名称	性能和特点	规格/mm
穿孔平面式吸声板	材质:防锈铝(LF21) 板厚:1mm 孔径:6mm,孔距:10mm 降噪系数:1.16	495×495×(50～100)
穿孔块体式吸声板	材质:防锈铝(LF21) 板厚:1mm 孔径:6mm,孔距:10mm 降噪系数:2.17 工程使用降噪效果:4～8dB 吸声系数(Hz/吸声系数),厚度75mm: 125/0.13,250/1.04,500/1.18,1000/ 1.37,2000/1.04,4000/0.97	750×750×100
铝合金穿孔压花吸声板	材质:电化铝板 板厚:0.8～1mm 孔径:6～8mm 穿孔率:1%～5%,20%～28% 工程使用降噪效果:4～8dB	500×500×0.5 500×500×0.8 可根据用户要求加工
吸声吊顶、墙面穿孔护面板	材质、规格、穿孔率可根据需要任选, 孔形有圆孔、方孔、长圆孔、长方孔、三角 孔、菱形孔、大小组合孔等	

（5）铝塑板　铝塑板是一种复合材料，它是将氯化乙烯处理过的铝板用胶黏剂覆贴到聚乙烯板上面制成的，见图 11-8。按铝片覆贴位置不同，铝塑板分为单层板和双层板。

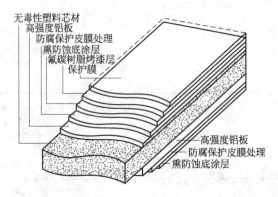

图 11-8　铝塑板结构图

铝塑板的特性是质量轻、表面平整、可塑性高、能减振和隔声、易保养、易加工、耐候性佳，可制成多种颜色，装饰效果好。铝塑板表面可进行轧花、涂装、印刷等二次加工。它是目前国内外流行的一种外墙面、门面及广告牌装饰材料。

（6）铝合金板的检测　铝合金板材产品表面质量要求严格，不允许出现明显的黑条、纵横向条纹、擦划纹等，不允许出现腐蚀，要求表面清洁，不允许有油污及过多的清洗剂。重点检测项目包括尺寸公差、力学性能、板型、表面质量（含表面清洁度）等。

11.3.2.2　铝合金门窗

门窗是重要的建筑物外围护结构之一，起着遮风挡雨、隔热隔声、采光通风等方面的功能，对人们的工作和生活环境有着重要的作用，是美化室内外建筑的关键部分之一。

铝合金门窗是将经表面处理的铝合金型材，经过下料、打孔、铣槽、攻丝、制配等加工

工艺制成的门窗框料构件，再与连接件、密封件、开闭五金一起组合装配而成。铝合金门窗尽管造价较高，但因与普通钢门窗相比具有质量轻、密封性能好、耐腐蚀、色调美观、造型新颖大方、施工速度快、长期维修费用低等明显优势，所以在世界范围内得到广泛应用。

铝合金门窗按结构与开闭方式可分为：推拉门窗、平开门窗、固定门窗、悬挂窗、回转窗、百叶窗，铝合金门还分有地弹簧门、自动门、旋转门、卷闸门等。其中以平开门窗和推拉门窗应用最为广泛，其主要品种与代号见表 11-17。

表 11-17　铝合金门窗产品的主要品种与代号

产品名	平开铝合金窗		平开铝合金门		推拉铝合金窗		推拉铝合金门	
	不带纱窗	带纱窗	不带纱窗	带纱窗	不带纱窗	带纱窗	不带纱窗	带纱窗
代号	PLC	APLC	PLM	SPLM	TLC	ATLC	TLM	STLM
产品名	滑轴平开窗	固定窗	上悬窗	中悬窗	下悬窗	立转窗		
代号	HPLC	GLC	SLC	CLC	XLC	LLC		

（1）铝合金门窗的特点　铝合金门窗与普通木门窗、钢门窗相比，具有以下主要特点。

① 强度及抗风压力较高。铝合金门窗能承受较大的挤推力和风压力，其抗风压能力为 1500～3500Pa，且变形较小。

② 质量轻。铝合金门窗用材省、质量轻，每平方米门窗用量平均为 8～12kg，而每平方米钢门窗用钢量平均为 17～20kg。

③ 密封性好。铝合金门窗采用了高级密封材料，因而具有良好的气密性、水密性、隔声性和保温隔热性。

④ 色泽美观、装饰性好。铝合金门窗的表面光洁，具有银白、古铜、黄金、暗灰、黑等颜色或带色的花纹，质感好，装饰性好。

⑤ 耐腐蚀、使用维修方便。铝合金门窗不锈蚀，不褪色，表面不需涂漆，使用寿命长，维修费用少。

⑥ 强度高，刚度好，坚固耐用。

（2）铝合金门窗的质量检测　铝合金门窗要达到规定的性能指标后才能安装使用，铝合金门窗通常要进行以下性能的检验。

① 强度。铝合金门窗强度是其主要性能，一般是用在压力箱内进行压缩空气加压试验时所加风压的等级来表示，单位为 Pa。一般性能的铝合金门窗可达 1961～2353Pa，高性能铝合金门窗强度可达 2353～2764Pa，测定窗扇中央最大位移应小于窗框内沿高度的 1/70。

② 气密性。铝合金窗在压力试验箱内，使窗的前后形成一定的压力差，用每平方米面积每小时的通气量来表示窗的气密性，单位为 $m^3/(h \cdot m^2)$。一般性能的铝合金窗前后压力差为 10Pa 时，气密性可达 $8m^3/(h \cdot m^2)$，高密封性能的铝合金窗可达 $2m^3/(h \cdot m^2)$。

③ 水密性。铝合金窗在压力试验箱内，对窗的外侧施加周期为 2s 的正弦波脉冲压力，同时向窗内每分钟每平方米喷射 4L 的人工降雨，进行连续 10min 的试验，在室内一侧不应有可见的漏渗水现象。水密性用水密性试验施加的脉冲风压平均压力表示，一般性能铝合金窗为 343Pa，抗台风的高性能窗可达 490Pa。

④ 开闭力。铝合金窗的开闭力较小，安装完毕并装好玻璃后，窗扇打开或关闭所需外应力应在 49N 以下。

⑤ 隔热性。通常用窗的热对流阻抗值来表示铝合金窗的隔热性能，单位为$m^2 \cdot h \cdot ℃/kJ$。一般可分为三级：$R_1 = 0.05 m^2 \cdot h \cdot ℃/kJ$，$R_2 = 0.06 m^2 \cdot h \cdot ℃/kJ$，$R_3 = 0.07 m^2 \cdot h \cdot ℃/kJ$。采用 6mm 厚的双层玻璃高性能隔热窗，热对流阻抗值可达到 $0.05 m^2 \cdot h \cdot ℃/kJ$。

⑥ 隔声性。铝合金的隔声性能优良，在音响试验室内对铝合金窗的音响声透过损失进行试验发现，当声频达到一定值后，铝合金窗的音响声透过损失趋于恒定，可测出隔声性能的等级曲线。有隔声要求的铝合金窗，音响声透过损失可达 25dB，即音响声透过铝合金窗声级可降低 25dB。高隔声性能的铝合金窗，音响声透过可降低 30～45dB。

⑦ 开闭锁的耐久性。开闭锁在试验台上用电机拖动，以 10～30 次/min 的速度进行连续开闭试验，当达到 30000 次时应无异常损伤现象。

性能试验应符合表 11-18 的规定。

表 11-18 性能试验方法（GB 8478—2003、GB 8479—2003）

项　目	标准编号	项　目	标准编号
抗风压性能	GB/T 7106—2008	启闭力	GB/T 9158—1988 中的第 6.1 条
水密性能	GB/T 7108—2002		QB/T 3892—1999（原 GB 9304—1988）（适用于推拉窗）
气密性能	GB/T 7107—2002	反复启闭性能	QB/T 3886—1999（原 GB 9298—1988）（适用于执手）
保温性能	GB/T 8484—2008		
空气隔声性能	GB/T 8485—2008		QB/T 3888—1999（原 GB 9300—1988）（适用于滑撑）
采光性能	GB/T 11976—2002		

（3）铝合金门窗的技术标准　随着铝合金门窗工业的迅速发展，我国已颁布了一系列有关铝合金门窗的国家标准，主要有《铝合金门》（GB 8478—2003）、《铝合金窗》（GB 8479—2003）等标准。

铝合金门窗按抗风压性能、气密性能、水密性能等分为普通型、隔声型保温型三类，见表 11-19。

铝合金门窗的保温性能和隔声性能应满足表 11-20 和表 11-21 的要求。

表 11-19 铝合金门窗按性能指标的分类（GB 8478—2003、GB 8479—2003）

性能项目	种　类			性能项目	种　类		
	普通型	隔声型	保温型		普通型	隔声型	保温型
抗风压性能（P_3）	◎	◎	◎	空气隔声性能（R_w）	○	◎	○
水密性能（ΔP）	◎	◎	◎	采光性能（T_r）	○	○	○
气密性能（$q_1 \times q_2$）	◎	◎	◎	启闭力	◎	◎	◎
保温性能（K）	○	○	◎	反复启闭性能	◎	◎	◎

注：○为选择项目；◎为必须项目。外推拉门、外平开门的抗风压、水密、气密性能为必选项目。

表 11-20 铝合金门窗的保温性能（GB 8478—2003、GB 8479—2003）

单位：$W/(m^2 \cdot K)$

级别	5	6	7	8	9	10
指标值	$4.0 > K \geqslant 3.5$	$3.5 > K \geqslant 3.0$	$3.0 > K \geqslant 2.5$	$2.5 > K \geqslant 2.5$	$2.0 > K \geqslant 1.5$	$K < 1.5$

表 11-21 铝合金门窗的隔声性能（GB 8478—2003、GB 8479—2003）　单位：dB

级别	2	3	4	5	6
指标值	$25 \leqslant R_w < 30$	$30 \leqslant R_w < 35$	$35 \leqslant R_w < 40$	$40 \leqslant R_w < 45$	$R_w < 45$

此外，铝合金门窗的外观质量、阳极氧化膜厚度、尺寸偏差、装配间隙、附件安装等也应满足相应的要求。

11.3.2.3 铝合金龙骨

铝合金龙骨材料是装饰工程中用量面较大的一种龙骨材料，它是以铝合金材料加工成型的型材，具有自重轻、刚度大、防火、耐腐蚀、抗震、安装方便等特点，特别适合于室内吊顶装饰。铝合金吊顶龙骨的形状，一般多为 T 字形，可与板材组成 450mm×450mm、500mm×500mm、600mm×600mm 的方格，铝合金吊顶龙骨不需要大尺寸的吊顶材料，可灵活选用小规格材料。铝合金材料经电氧化处理后，具有光亮、不锈、色调柔和的特点，成方格状外貌，美观大方。其规格和性能见表 11-22。

表 11-22　铝合金吊顶龙骨的规格和性能

名　　称	铝合金中龙骨	铝合金中龙骨	铝合金中龙骨	大龙骨	配件
断面及规格/mm	32 壁厚1.3 22	22 壁厚1.3 22	22 壁厚1.3 22	45 壁厚1.3 15	龙骨等的连接件及吊挂件
截面面积/cm²	0.775	0.555	0.555	0.87	—
单位质量/(kg/m)	0.21	0.15	0.15	0.15	0.77
长度	3 或 0.6 的倍数	—	3 或 0.6 的倍数	—	—
力学性能	抗拉强度 210Mpa，伸长率 8%				

11.3.2.4 铝箔和铝粉

（1）铝箔　铝箔是用纯铝或铝合金加工成 $6.3 \sim 200 \mu m$ 的薄片制品，具有良好的防潮、隔热性能。可作壁纸、壁板面。将铝箔片中嵌防潮隔热材料，制成铝箔牛皮纸、铝箔泡沫塑料板、铝箔波形板，既有很好的装饰作用，又能起到隔热、保温和吸声作用。

铝箔同时具有较好的力学性能，有一定的抗拉强度、伸长率、破裂强度和撕裂强度，硬质的抗拉强度应满足 $95 \sim 147 MPa$，伸长率 $0.4\% \sim 1.6\%$。

（2）铝粉　铝粉（俗称"银粉"）是以纯铝箔加入少量润滑剂，经捣击压碎成为极细的鳞状粉末，再经抛光而成。铝粉质轻，漂浮力强，遮盖力强，对光和热的反射性能均很高。在建筑工程中铝粉常用来制备各种装饰涂料和金属防锈涂料。

11.4　铜及铜合金装饰材料质量检测

铜是最先冶炼出的金属，也是中国历史上应用较早、用途较广的一种有色金属，是一种容易精炼的金属材料，铜和铜合金最初是用于制造武器而发展起来的，是继石材、木材等天然材料之后出现的古老的建筑材料。

11.4.1　铜的特性和应用

铜属于有色重金属，密度为 $8.92g/cm^3$。纯铜由于表面氧化生成的氧化铜薄膜呈紫红色，故常称紫铜。纯铜具有较高的导电性、导热性（仅次于银）、耐蚀性及良好的延展性、塑性（$\sigma_b \approx 230 \sim 250$MPa，$\delta$ 约 $40\% \sim 50\%$）和易加工性，可碾压成极薄的板（紫铜片），拉成很细的丝（铜线材），既是一种古老的建筑材料，又是一种良好的导电材料。但纯铜强度低，不宜直接作为结构材料，主要用于制造导电器材或配制各种铜合金。

我国纯铜产品分为两类：一类属冶炼产品，包括铜锭、铜线锭和电解铜；另一类属加工产品，是指铜锭经过加工变形后获得的各种形状的纯铜材，两类产品的牌号、代号、成分、用途见表 11-23。

表 11-23　纯铜牌号、代号、成分及用途

| 牌号 | 代　号 | | 铜量/% | 杂质含量≥/% | | | | 用途 |
	冶炼	加工		铋	铅	氧	总和	
一号铜	Cu-1	T1	≥99.95	0.002	0.005	0.02	0.05	导电材料
二号铜	Cu-2	T2	≥99.90	0.002	0.005	0.06	0.10	导电材料
三号铜	Cu-3	T3	≥99.70	0.002	0.010	0.10	0.30	一般用钢材
四号铜	Cu-4	T4	≥99.50	0.003	0.050	0.10	0.50	一般用钢材

在古建筑中，铜材是一种高档的装饰材料，多用于宫廷、寺庙、纪念性建筑以及商店铜字招牌等。在现代建筑装饰中，铜材仍是一种集古朴和华贵于一身的高级装饰材料，可用于宾馆、饭店、机关等建筑中的柱面、楼梯扶手、栏杆、防滑条等，使建筑物显得光彩照人、美观雅致、光亮耐久，体现了华丽、高雅的氛围。除此之外，还可用于外墙板、执手、把手、门锁、纱窗。

11.4.2　铜合金的特性

纯铜由于强度不高，不宜于制作结构材料，且价格贵，在建筑工程中更广泛使用的是在铜中掺入锌、锡等元素形成的铜合金。铜合金既保持了铜的良好塑性和高抗蚀性，又改善了纯铜的强度、硬度等力学性能。

建筑工程中常用的铜合金有黄铜（铜锌合金）、青铜（铜锡合金）等。

11.4.2.1　黄铜

黄铜是指以铜、锌为主要合金元素的铜合金，分为普通黄铜和特殊黄铜。锌是影响黄铜力学性能的主要因素，随着含锌量的不同，不但色泽随之变化，力学性能也随之改变。含锌量约为 30% 的黄铜其塑性最好，含锌量约为 4% 的黄铜其强度最高，一般黄铜含锌量多在30% 范围内。

普通黄铜的牌号用"H"加数字表示，数字代表平均含铜量的百分数。例如 H68 表示含铜量约为 68%，其余为锌。黄铜可进行挤压、冲压、弯曲等冷加工成型，但因此而产生的残余内应力必须进行退火处理，否则在湿空气、氨气、海水作用下，会发生蚀裂现象，称为黄铜的自裂。黄铜不易偏折，韧性较大，但切削加工性差，为了进一步改善黄铜的力学性能、耐蚀性或某些工艺性能，在铜锌合金中再加入其他合金元素，即成为特殊黄铜，常加入的合金有铅、锡、铝、锰、硅、镍等。加入铅可改善黄铜的切削加工性和提高耐磨性，加入锡、铅、锰、硅均可提高黄铜的强度、硬度和耐蚀性。

11.4.2.2　青铜

以铜和锡作为主要成分的合金称为锡青铜。锡青铜具有良好的强度、硬度、耐蚀性和铸造性。若含锡量超过 10%，塑性急剧下降，材料变脆。因此，常用的锡青铜中锡含量在10% 以下，铸造性好，力学性能也好。青铜的牌号用字母"Q"表示。

11.4.3　铜合金装饰制品

铜合金经挤制或压制可形成不同横断面形状的型材，有空心型材和实心型材。铜合金型材也具有铝合金型材类似的优点，可用于门窗的制作，尤其是以铜合金型材作骨架，以吸热玻璃、热反射玻璃、中空玻璃等为立面形成的玻璃幕墙，一改传统外墙的单一面貌，使建筑物乃至城市生辉。另外，利用铜合金板材制成铜合金压型板，应用于建筑物外墙装饰，使建筑物金碧辉煌，光亮耐久。铜合金的另一应用是铜粉，俗称"金粉"，是一种由铜合金制成的金色颜料。主要成分为铜及少量的锌、铝、锡等金属，其制造方法同铝粉，常用于调制装饰涂料，代替"贴金"。铜合金装饰制品的另一特点是源于其具有金色感，常替代稀有的价值昂贵的金在建筑装饰中作为点缀。

铜装饰线条是用黄铜制成的一种比较高档的装饰材料，具有强度高、耐磨性好、不锈蚀、经加工后表面有黄金色光泽等特点，主要用于地面大理石、花岗石、水磨石块面的间隙线，楼梯踏步的防滑线，高级家具的装饰线等。

以铜合金制成的产品表面往往光亮如镜，有高雅华贵的感觉。古希腊的宗教及宫殿建筑较多地采用金、铜等进行装饰、雕塑；具有传奇色彩的帕提农神庙大门为铜质镀金；古罗马的雄师凯旋门，图拉真骑马座像都有青铜的雕饰；中国盛唐时期，宫殿建筑多以金、铜来装饰，人们认为以铜或金来装饰的建筑是高贵和权势的象征。在现代建筑装饰中，显耀的厅门配以铜质的把手、门锁、执手；变幻莫测的螺旋式楼梯扶手栏杆选用铜质管材，踏步上附有铜质防滑条；浴缸龙头、坐便器开关、淋浴器配件、各种灯具、家具采用了制作精致、色泽光亮的铜合金制作，无疑会在原有豪华、高贵的氛围中更增添了装饰的艺术性，铜合金装饰制品应满足各个产品的规格和性能指标。

11.5　其他金属装饰材料质量检测

除以上最常用的铝合金、铜合金及不锈钢作为建筑装饰材料外，常用的还有铁艺制品。铁艺制品是以铁制材料经锻打、弯花、冲压、铆焊、打磨、油漆等多道工序制成的装饰性铁件，可用于铁制阳台护栏、楼梯扶手、庭院豪华大门、室内外栏杆、屏风、家具及装饰件等，装饰效果新颖独特。

铁艺制品制作过程是将含碳量很低的生铁材料烧熔，倾注在透明的硅酸盐溶液中，两者混合形成椭圆状金属球，再经高温剔除多余的熔渣，之后轧成条形熟铁环，铁艺制品还需经过除油污、除杂质、除锈和防锈处理后才能成为装饰工程中的装饰用品，所以表面是否光洁、防锈效果优劣是其重要的质量指标。

【思考题】

1. 建筑装饰工程中常用的金属材料有哪些？
2. 铝合金有哪些特性？在建筑装饰工程中主要应用于哪些方面？
3. 铝合金装饰板有哪些种类？主要应用于哪些方面？
4. 铝合金门窗有哪些特点？一般要进行哪些方面的检验？
5. 建筑装饰中常用的铜合金装饰制品有哪些？
6. 不锈钢与普通钢材相比，有哪些显著的优点？主要用于哪些方面？
7. 什么是彩色涂层钢板？有哪些特性？应进行哪些方面的检测？
8. 轻钢龙骨主要有哪些特点？质量检测标准有哪些？

参 考 文 献

[1] 陈继东编著. 建设工程质量检测人员培训教材. 北京：中国建筑工业出版社，2006.

[2] 施昌彦编著. 测量不确定度评定与表示指南. 北京：中国计量出版社，2000.

[3] 周惠芳编著. 统计学基础. 上海：立信会计出版社，2005.

[4] 中华人民共和国国家标准数值修约规则. GB 8170—87.

[5] 测量不确定度评定与表示. JJF 1059—1999.

[6] 向才旺编著. 新型建筑材料实用手册. 北京：中国建材工业出版社，2001.

[7] 高琼英编著. 建筑材料. 武汉：武汉理工大学出版社，2002.

[8] 赵斌编著. 建筑装饰材料. 天津：天津科学技术出版社，2000.

[9] 蓝治平编著. 建筑装饰材料与施工工艺. 北京：高等教育出版社，1999.

[10] 葛新亚编著. 建筑装饰材料. 武汉：武汉理工大学出版社，2004.

[11] 陆平，黄燕生编著. 建筑装饰材料. 北京：化学工业出版社，2006.

[12] 张健编著. 建筑材料与检测. 北京：化学工业出版社，2007.

[13] 全国水泥制品标准化技术委员会中国标准出出版社第五编辑室编. 建筑材料标准汇编. 北京：中国标准出版社，2005.

[14] 符芳，刘巽伯等编著. 建筑材料. 南京：东南大学出版社，2001.

[15] 苏达根编著. 建筑材料与工程质量. 广州：华南理工大学出版社，1997.

[16] 乔英杰，武湛君，关新春编著. 新型化学建材设计与制备工艺. 北京：化学工业出版社，2003.

[17] 雷远春编著. 硅酸盐材料理化性能检测. 武汉：武汉理工大学出版社，2007.

[18] 李洪君编著. 安全玻璃的性能及应用. 辽宁建材，1998，(3)：8-9.

[19] 许维军等编著. 安全玻璃及建筑上应用前景. 中国建材，1999，6：67-69.

[20] 李西平等编著. 安全环保夹层玻璃浅析. 中国建材，2007，4：34-36.

[21] 李惠茹编著. 建筑用安全玻璃的安全性能. 建筑与预算，2002，2：33-34.

[22] 刘志付等编著. 全国建筑用安全玻璃（钢化玻璃）质量状况分析. 玻璃，2002，100 (1)：36-38.

[23] 刘焕章等编著. 全国浮法办玻璃外观质量状况. 玻璃，2007，194 (5)：5-8.

[24] 张文玲编著. 新型建筑安全防火玻璃. 玻璃，2006，185 (2)：59-60.

[25] 黄爱清编著. 装饰工程检测. 北京：高等教育出版社，2005.

[26] 彭小青编著. 建筑材料工程专业实验. 北京：中国建材工业出版社，2004.

[27] 王福川编著. 新型建筑材料. 北京：中国建筑工业出版社，2008.

[28] 王忠德等编著. 实用建筑材料试验手册. 北京：中国建筑工业出版社，2003.

[29] 建筑材料工业技术监督研究中心，中国标准出版社第五编辑室编著. 建筑材料标准汇编建筑装饰装修材料. 北京：中国标准出版社，2006.

[30] 王梅丽，王泳等编著. 塑料装饰. 北京：化学工业出版社，2005.

[31] 周维祥编著. 塑料测试技术. 北京：化学工业出版社，1999.

[32] 翁其金编著. 塑料模塑成型技术. 北京：机械工业出版社，2007.

[33] 张智强等编著. 化学建材. 重庆：重庆大学出版社，2000.

[34] 戴志璋等编著. 材料性能测试. 武汉：武汉理工大学出版社，2004.

[35] 胡晓军等编著. 沥青类防水卷材检测中几个问题的探讨. 标准与检测，2007，6：33-37.

[36] 陆文良等编著. 防水卷材检测中存在的问题和看法. 建材标准化与质量管理，2001，1：38-39.

[37] 黄家骏，郭兵，陈玉萍编著. 建筑材料与检测技术. 武汉：武汉理工大学出版社，2004.

[38] 朱立，徐小连编著. 彩色涂层钢板技术. 北京：化学工业出版社，2005.

[39] 邵泽波，高路编著. 金属材料速查手册. 北京：化学工业出版社，2008.